地理学

学科发展报告

（地图学与地理信息系统）

REPORT ON ADVANCES IN GEOGRAPHY

中国科学技术协会　主编

中国地理学会　编著

U0315370

中国科学技术出版社

·北　京·

图书在版编目（CIP）数据

2012—2013地理学学科发展报告（地图学与地理信息系统）／中国科学技术协会主编；中国地理学会编著 . —北京：中国科学技术出版社，2014.2

（中国科协学科发展研究系列报告）

ISBN 978−7−5046−6542−3

I.①2… II.①中… ②中… III.①地理学－学科发展－研究报告－中国－2012—2013 ②地理信息学－学科发展－研究报告－中国－2012—2013 IV.① K90-12 ②P208-12

中国版本图书馆 CIP 数据核字（2014）第 006342 号

策划编辑	吕建华 赵 晖
责任编辑	左常辰 赵 晖
责任校对	何士如
责任印制	王 沛
装帧设计	中文天地

出 版	中国科学技术出版社
发 行	科学普及出版社发行部
地 址	北京市海淀区中关村南大街 16 号
邮 编	100081
发行电话	010-62103354
传 真	010-62179148
网 址	http://www.cspbooks.com.cn

开 本	787mm × 1092mm 1/16
字 数	310 千字
印 张	13.25
版 次	2014 年 4 月第 1 版
印 次	2014 年 4 月第 1 次印刷
印 刷	北京市凯鑫彩色印刷有限公司
书 号	ISBN 978−7−5046−6542−3/K · 143
定 价	47.00 元

2012—2013
地理学学科发展报告
（地图学与地理信息系统）

REPORT ON ADVANCES IN GEOGRAPHY

首席科学家　周成虎

顾 问 组　王家耀　叶嘉安　李德仁　徐冠华　高　俊
　　　　　龚健雅

专 家 组

　组 长　周成虎　华一新

　成 员　（按姓氏笔画排序）

万　钢	马　廷	王　丹	王英杰	兰恒星
艾廷华	刘耀林	华一新	朱　庆	汤国安
邬　伦	齐清文	冷疏影	吴立新	吴华意
张立强	张国友	李宝林	李满春	杨必胜
杨晓梅	杨崇俊	苏奋振	陆　锋	陈　静
陈毓芬	周成虎	林　珲	贲　进	唐新明
龚建华	景　宁	游　雄	童小华	

学 术 秘 书　马晓熠　杨典华　罗正琴　郭慧泉

序

科技自主创新不仅是我国经济社会发展的核心支撑，也是实现中国梦的动力源泉。要在科技自主创新中赢得先机，科学选择科技发展的重点领域和方向、夯实科学发展的学科基础至关重要。

中国科协立足科学共同体自身优势，动员组织所属全国学会持续开展学科发展研究，自2006年至2012年，共有104个全国学会开展了188次学科发展研究，编辑出版系列学科发展报告155卷，力图集成全国科技界的智慧，通过把握我国相关学科在研究规模、发展态势、学术影响、代表性成果、国际合作等方面的最新进展和发展趋势，为有关决策部门正确安排科技创新战略布局、制定科技创新路线图提供参考。同时因涉及学科众多、内容丰富、信息权威，系列学科发展报告不仅得到我国科技界的关注，得到有关政府部门的重视，也逐步被世界科学界和主要研究机构所关注，显现出持久的学术影响力。

2012年，中国科协组织30个全国学会，分别就本学科或研究领域的发展状况进行系统研究，编写了30卷系列学科发展报告（2012—2013）以及1卷学科发展报告综合卷。从本次出版的学科发展报告可以看出，当前的学科发展更加重视基础理论研究进展和高新技术、创新技术在产业中的应用，更加关注科研体制创新、管理方式创新以及学科人才队伍建设、基础条件建设。学科发展对于提升自主创新能力、营造科技创新环境、激发科技创新活力正在发挥出越来越重要的作用。

此次学科发展研究顺利完成，得益于有关全国学会的高度重视和精心组织，得益于首席科学家的潜心谋划、亲力亲为，得益于各学科研究团队的认真研究、群策群力。在此次学科发展报告付梓之际，我谨向所有参与工作的专家学者表示衷心感谢，对他们严谨的科学态度和甘于奉献的敬业精神致以崇高的敬意！

是为序。

2014 年 2 月 5 日

前　言

　　《2012—2013 地理学学科发展报告（地图学与地理信息系统）》是由中国科协发起、中国地理学会组织编写的第四部地理学学科发展报告。本学科发展报告系统总结了我国近年来"地图学与地理信息系统"学科取得的研究进展和重大突破，通过与国际先进水平比较，明确存在的差距，指出当前学科发展的态势和特点，以及未来 3—5 年的发展趋势与主要研究方向。

　　《2012—2013 地理学学科发展报告（地图学与地理信息系统）》项目于 2012 年正式启动并由中国地理学会组织编写。在项目首席科学家、中国科学院地理科学与资源研究所副所长、中国地理学会常务理事周成虎研究员的支持和号召下，中国地理学会邀请 34 名权威专家组成专家组，6 位院士组成顾问组，下设 9 个专题小组，共 48 名专家学者参与本学科发展报告的研讨及撰写。撰稿者都是工作在我国地理学研究第一线的专家及中青年学者。项目启动后，中国地理学会于 2012 年 9 月召开第一次研讨会，来自各高校和研究所的专家学者们着重讨论了学科发展报告的学科亮点，确定了专题分组并明确了报告的编写思路。随后的一年内，项目各专题组专家广泛收集和梳理了本学科整体发展趋势和各个专题的最新资料，并全面、深入地调研了大量的国内外文献，经过多次研讨和反复修改，完成专题初稿并交由项目首席科学家进行统稿。2013 年 9 月，中国地理学会召开了第二次学科发展研讨会，专家组集中针对专题内容细节进行评审和讨论，并提出中肯的修改意见。经过两年的努力，再经几易其稿的过程，项目组于 2013 年 11 月完成了本报告的编撰工作。

　　纵观我国地图学与地理信息系统的研究和发展历程，是在国家科技计划和市场需求的双重动力推动和影响下成长起来的。在国家自然科学基金委员会、中国科学院、教育部等部门的支持下，我国地理信息科学的基础理论研究取得了一定发展，并取得了原创性成果；在科技部、发改委、中国科学院等部门的支持下，我国自主知识产权的地理信息系统基础软件发展良好，国产化软件平台技术不断提高，品牌 GIS 软件得到市场的认同；在各行业和部门的推动和带动下，我国地理信息系统的应用不断深化，地理信息产业蓬勃发展；全国 GIS 的高等教育规模大、学科面广，为科学研究和产业发展提供了一大批专业人才。

　　地图学与地理信息系统是在地理学学科发展过程中不断交叉融合与渗透的两大热点。在本学科发展报告中，将二者视为一个学科的两个方面，进行紧密结合并加以深层探讨。地图学与地理信息系统是一门获取、处理和分析地理空间信息的科学技术领域，是跨越了地理科学、测绘科学、信息科学等学科领域的交叉学科。本学报发展报告重点介绍了近两年来我国地图学与地理信息系统的研究进展与整体状况，部分内容概述了近 5

年的进展。

在对地图学和地理信息系统学科的研究成果和研究现状的调查中，我们也认识到在学术研究和发表高质量的学术论文方面，与国际先进水平相比还存在一定的差距，国家的基础研究的科研考核体系也有待进一步改进。为了推动地图学与地理信息系统的创新和发展，仍需要继续对核心基础理论进行长期研究，以获得重大突破。

最后，我们由衷地向参与本次学科发展报告编写的诸多专家学者和中国科协表示感谢。感谢各方人士长期以来对地理学学科发展和中国地理学会各方面工作的大力支持和无私奉献；感谢各位院士和专家学者在完成繁重的科研项目和教学任务的同时，投入大量精力和心血，高质量地完成了本学科发展报告，为我国地图学与地理信息系统的创新发展营造了良好的社会基础，为推动我国地理学学科发展做出了重要贡献。

中国地理学会

2013 年 11 月

目 录

综合报告

专题报告

ABSTRACTS IN ENGLISH

Comprehensive Report

Reports on Special Topics

综合报告

地图学与地理信息系统学科发展研究

一、引言

　　地理信息系统（Geographical Information System，GIS）是一门获取、处理和分析地理空间信息的科学技术领域。地理信息系统萌芽于 20 世纪 60 年代初，加拿大的 Roger F. Tomlinson 和美国的 Duane F. Marble 教授在不同学科领域，从不同角度提出了发展地理信息系统的思想。1962 年，Tomlinson 提出利用数字计算机处理和分析大量的土地利用地图数据，并建议加拿大土地调查局建立加拿大地理信息系统（CGIS），以实现专题地图的叠加、面积量算等。当时，来自 IBM 以及 ARDA 的大批工作人员参与了 CGIS 的建立。1972 年 CGIS 全面投入运行与使用，成为世界上第一个业务化的 GIS 系统。CGIS 在技术上取得了重大突破，如地图数据的扫描输入、栅格—矢量数据转换；在系统设计上，提出空间分块、专题分层的数据结构，空间数据与属性数据相联结等思想。这对当今 GIS 的发展都有重要的影响。与此同时，Marble 在美国西北大学研究利用数字计算机研制数据软件系统，以支持大规模城市交通研究，并提出建立 GIS 软件系统的思想。同期，计算机辅助制图系统的研究开始发展起来，并对 GIS 发展产生深刻的影响。来自美国西北技术研究所的 Howard Fisher 教授在福特基金会的资助下，建立了哈佛计算机图形与空间分析实验室，开发了 SYMAP 和 ODYSSEY 软件包。SYMAP 对当今栅格 GIS 系统有着一定影响，ODYSSEY 被认为是当代矢量 GIS 的原型。其他国家也开展了 GIS 或相关技术的研究，如英国的 David P Bickmore 在英国自然环境研究会的资助下，成立了实验制图部，从事计算机制图与 GIS 研究。回顾近 50 年 GIS 的发展，其经历了 20 世纪 60 年代的启蒙期、70 年代的巩固发展、80 年代的应用发展、90 年代的普及化推广和 21 世纪第一个 10 年的地理信息服务发展的不同阶段。

　　我国地理信息系统发轫于 20 世纪 80 年代初期。中国科学院遥感应用研究所在 1980 年成立的地理环境信息研究室，揭开了我国地理信息系统研究与应用的序幕；1983 年，陈述彭先生发表的《地理信息系统的探索与试验》一文，提出了地理信息系统的 3 个基本构成——地理基础、标准化和数字化、多维结构，进而论述了地理信息系统的 3 个基本特征；1984 年颁布的《资源与环境国家信息系统规范报告》，被认为是我国地理信息系统及其标准化的纲领；1985 年筹建的资源与环境信息系统国家重点实验室标志着我国地理信息系统的发展全面起步。30 多年来，我国地理信息系统取得了长足发展：地理信息表达与分析、地表过程模拟与系统预测等基础研究不断深化，以 SuperMap、MapGIS、Geobean 等为代表的国产软件技术不断进步，地理信息系统在资源环境、灾害防御、卫生健康、公共安全等领域的应用日益普及。

在 GIS 的发展过程中，GIS 的内涵不断充实，外延不断拓展。目前，对其认识可归纳三个相互独立，又相互关联的观点：第一种是地图观点，强调地理信息系统作为信息载体与传播媒介的地图功能，认为地理信息系统是一种地图数据处理与显示系统。在此，每个地理数据集可看成是一张地图，通过地图代数实现数据的操作与运算，其结果仍然表现为一张具有新内容的地图。测绘及各种专题地图部门非常重视 GIS 的快速生产高质量地图的能力；第二种观点称为数据库观点，多为具有计算机科学背景的用户所接纳，强调数据库系统在 GIS 中的重要地位，认为一个完整的数据库管理系统是任何一个成功的 GIS 系统不可缺少的部分；第三种观点则是分析工具观点，强调 GIS 的空间分析与模型分析功能，认为地理信息系统是一种空间信息科学。这种观点普遍地为 GIS 界所接受，并认为这是区分GIS 与其他地理数据自动化处理系统的唯一特征。

从整个地理学来看，可以说地理信息系统是以一种新的思想和新的技术手段来解决地理学问题，是地理学研究方法上一次质的飞跃。齐清文较为系统地开展了地理信息科学方法论的研究，他认为：作为地理学方法论体系的分支之一，地理信息科学方法论有着重要的横断型学术地位和广泛的应用需求。地理信息科学方法论的核心由地理信息本体论、地理信息的科学方法和地理信息技术方法 3 部分组成。其中地理信息本体论在总体上继承了科学哲学中的自然观的思路，反映地理信息的特征、本质、信息机理、功能等，同时又在认识论和方法论的指导下阐述了地理信息的认识论和方法论本质；地理信息科学方法是以系统论、信息化、控制论、耗散结构论、协同论、超循环理论、分形与混沌理论、虚拟现实等信息系统科学理论为指导，在以地理信息为对象的研究活动中总结出来的信息系统整体思维方式，分为图形—图像思维方法、数学模型方法、地学信息图谱方法、智能分析与计算方法、模拟和仿真方法以及综合集成方法等 6 类；地理信息的技术方法是以改变地理环境中的物质和能量活动存储场所和形式，满足人类的勘探、调查、研究和改造自然环境的需求为目标，依靠地理环境规律和地理研究对象的物质、能量和信息，来创造、控制、应用和改造人工自然系统的手段和方法，包括地理信息采集和监测技术、地理信息管理技术、地理信息处理分析和模拟技术、地理信息表达技术、地理信息服务技术、地理信息网格技术以及地理信息 "5S" 集成技术等 7 类（齐清文，2011）。

当今，地理信息科学、地理信息系统技术和地理信息服务呈现一体化发展的综合趋势，地理信息系统的技术不断创新，地理信息科学的理论逐步完善，地理信息服务深化普及，一个地理信息的世界正在形成。近 5 年来，特别是最近两年，智慧地球、物联网、云计算等新思想、新方法、新技术不断涌现，极大地促进了地理信息科学的发展，也对 GIS 的发展提出了新的挑战。

二、近年的最新研究进展

我国地理信息系统的研究和发展是在国家科技计划和市场需求双重动力的推动下发展起来的。在国家自然科学基金委员会、中国科学院、教育部等部门的支持下，我国地理信息科学的基础理论研究取得了一定发展，在地理空间采样与内插、地理格网系统分析等方面，取得了原创性成果；在科技部、发改委、中国科学院等部门的支持下，我国自主知识产权的地理信息系统基础软件发展良好，国产化软件平台技术不断提高，品牌 GIS 软件得到市场的认同；在各行业和部门的推动和带动下，我国地理信息系统的应用不断深化，地理信息产业蓬勃发展。

（一）地理信息表达与组织管理

1. 地理信息表达与数据模型

地理信息的表达与数据模型是地理信息系统的基础研究问题。经典的欧氏空间点—线—面表达和数据模型已趋于成熟，时空动态、非欧氏空间几何表达成为研究前沿。胡最等从地理学语言研究的角度，阐述了 GIS 作为新一代地理学语言的本质特征、结构、功能以及内容体系，明确了其在地理学研究中的地位与作用，并从数字技术的影响、学科范式的转变、发展导向和地理表达能力 4 个方面对 GIS 语言的研究作了展望。这方面的研究在继承地图学作为地理学第二语言的传统基础上，应进一步深化，使其成为地理学甚至整个地球科学研究的一种基础方法与工具（胡最等，2012）。

三维空间数据模型是三维 GIS 的基础，也是现阶段 GIS 研究的重点和热点问题之一。高效、一体化地组织与管理复杂和不均匀分布的地上下三维空间数据成为亟需突破的难点之一。目前的三维空间数据模型大都面向特定的专业领域，如地质模型、矿山模型、地表景观模型、地形数据库等，不能满足地上下三维空间信息的语义表达、动态更新与一致性维护以及综合分析的需要。利用大型关系数据库管理系统进行三维空间数据一体化管理已成为发展方向。刘刚等提出了一种兼顾空间关系与语义关系的地上下一体化的三维空间数据库模型，设计了相应的概念模型、逻辑模型和物理模型，并针对复杂地质体的特点，给出了多尺度地下空间目标概念模型和多层次三维空间索引机制。该模型系统支持文件系统与数据库管理系统及其并行管理系统等多种存储环境，为三维实时可视化与空间分析等应用提供高效数据支持（刘刚等，2011）。

在一般三维空间数据模型研究的基础上，袁林旺等将共形几何代数（CGA）引入 GIS 三维空间数据模型研究，利用共形几何代数多维表达的统一性、几何意义的明确性及运算的坐标无关性等优势，构建了基于其上的 GIS 三维空间数据模型，有效解决了空间数据模型多维表达与分析框架不统一的问题，形成了新的思路。通过建立不同维度地理对象与 Clifford 代数基本要素（Blades）的映射，实现代数空间中不同维度、不同类型地理对象统一表达与运算；通过对内积、外积几何意义解析，可以给出点、点对、圆、直线、平面和球 6 类基本几何单形的内积和外积表达；利用多重向量实现不同维度、不同类型几何形体的统一表达，构建基于 CGA 的三维 GIS 空间数据模型的整体架构；根据面向对象的思想，可以构建基于 CGA 的三维 GIS 空间数据模型的存储结构及数据编辑、更新机制等（袁林旺等，2010）。

地理信息表达模型不仅包含了通用的基础数据模型，还有许多针对某一应用领域而构建的专业应用基础空间数据模型。当前研究较多是面向导航应用的车辆导航系统的实现需要多尺度路网数据的支持，以加快地图显示速度，提高大范围路径规划效率。导航数据交换标准的国际标准化组织制定的地理数据文件（GDF）虽然从功能上将路网数据分为几何描述层（用于地图显示）、简单要素层（用于路径导引）和复杂要素层（用于路径规划），但还缺乏针对单一功能（如路径规划）的细节层次结构。针对此，郑年波和陆锋等（2011、2010）根据不同功能对导航数据内容与尺度的要求，提出了一种支持高性能车辆导航的动态多尺度路网数据模型。该模型以车行道作为拓扑数据建模的基本单元，以完整道路作为几何数据建模的基本单元，在保证道路语义完整、减少数据冗余的同时，还充分考虑了交通因素的车道相关性；实现了路网拓扑/几何的分离与多尺度表达，能满足不同导航功能对路网数据内容、结构以及尺度的不同要求；实现了交通状态、交通事件、统计行程时间等动态信息与路网的集成表达，能有效地支持出行路径的动态规划。

2. 地理信息组织与管理

有效地组织和管理海量、非结构化的地理空间信息是 GIS 研究的基础性方向，包括空间数据组织模型、属性数据与空间数据一体化管理、高效的空间索引等方面。传统的属性数据与空间数据分离管理、通过关键词连接的方法，是最为常用的技术方法，并已在现有的 GIS 软件系统中得到较为成熟的应用。最新的数据库研究工作集中在底层数据模型的空间拓展和新型的空间数据库两方面。陈荣国等在系统解析关系数据库管理系统基础上，提出了在关系空间数据库内核中拓展空间数据模型的方式，解决了高可信空间数据库系统空间类型定义、空间数据存储、空间索引、空间算子、空间事务、空间查询优化、空间分布式处理以及空间安全访问 8 大关键核心技术问题，成功研制了我国首款高安全级地理空间数据库管理系统 BeyonDB。

空间数据索引是空间数据管理的核心技术。针对现有空间索引剖分结构复杂、节点重叠率高及对多维实体对象检索及运算支撑较弱等问题，俞肇元等提出了一种边界约束的非相交球实体对象多维统一空间索引。利用球的几何代数外积表达，构建了基于求交算子的直线—平面和直线—球面的相交判定与交点提取方法和多维实体对象体元化剖分方法及包含边界约束的非相交离散球实体填充算法，发展了最小外包球生成与更新的迭代算法与包含球体积修正的批量 Nested Oas 层次聚类算法，在尽可能保证球树包含分支平衡性的前提下，实现了索引层次体系的稳健构建。利用几何代数下球对象间几何关系计算的内蕴性与参数更新的动态性，实现了索引结构的动态生成与更新（俞肇元等，2012）。

有序而高效地存储与管理海量空间数据，特别是对地观测数据，形成统一的存储组织标准（基准、尺度、时态、语义），已经成为地理信息科学领域研究与应用重点关心的问题之一（吕雪峰等，2012）。针对智慧城市建设的需要，周东波等提出了一种高效的磁盘、内存、显存三级数据存储粒度与结构一致的数据组织方法：根据城市空间对象数据内容，建立了层次嵌套、多类型混合的空间索引结构，以空间索引节点统一磁盘存储、内存场景管理与绘制缓存的基本操作单元；以绘制缓存对象的紧凑存储结构为基础，统一内存场景管理对象与磁盘存储对象的数据块结构，并将数据布局方法扩展到对象粒度进行磁盘存储组织。该方法的 I/O 调用次数少，数据调度效率高，为大规模三维城市模型的实时绘制奠定了基础（周东波等，2011）。

针对大规模三维城市建模与数据库协同应用，朱庆等提出顾及语义的三维空间数据库模型，设计实现了一种高效的三维 GIS 数据库引擎，支持基于 Oracle 11g 的多模式数据库管理，在多层次三维空间索引、多级缓存、多线程调度以及异步通信传输等关键技术方面取得了重要进展，并用武汉市三维城市模型数据管理中得到应用检验（朱庆等，2011）。

自发地理信息是随着地球信息科学在新地理信息时代中发展出现的新概念，随着新一代互联网和无线网技术的发展而产生，具有海量、无序、非规范性等特点的自发地理信息的组织管理成为新出现的研究问题。李德仁等在分析了自发地理信息（VGI）数据的来源、分类、特点与管理要求的基础上，研究了以高效处理绘图查询与数据更新为目标的 VGI 图形数据管理问题，提出了动态线综合二叉树与缩放四叉树的设计思想，较好地解决了 VGI 图形数据管理中的难点问题（李德仁等，2010）。

全球离散格网模型（DGG）是备受关注的研究问题之一，涉及经纬度格网模型、自适应格网模型和正多面体格网模型，不同类型球面离散格网模型的几何结构、单元特征和应用模式等均有差别，相应的编码、精度、应用、误差、整合和定位等各不相同（赵学胜等，2012）。童晓冲等（2013）针对全球六边形格网，采用直接法和投影法相结合的方式，利用数值投影变换理论，建立平面与球面的对应关系，构建了几何属性更加均匀的全球六边形离散格网系统。与现有的基于 Snyder 等积投影建立的全球格网相比，该格网单元的均匀度更优，运算速度大约是 Snyder 投影的 2.5 ~ 3 倍。吴立新等（2012）提出了地球系统空间格网（ESSG）的概念和构建普适性 ESSG 的 8 项基本要求，并基于球体退化八叉树格网（SDOG）设计并实现了一种满足 8 项基本要求的 SDOG-ESSG 模型。

针对全球六边形格网系统的索引问题，贲进、童晓冲等从集合论的角度描述基于正八面体的、孔径为 4 的全球六边形格网系统，通过对偶、中心剖分两项基本操作建立不同层次六边形格网集合与三角形格网集合之间的递推、包含和层次关系，通过若干定理解决格网索引的核心问题，如单元笛卡儿坐标的计算和邻近、子、父单元的判定，从而构建了一

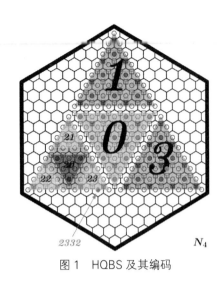

图 1 HQBS 及其编码

种高效的六边形四元平衡结构索引算法（Hexagonal Quaternary Balanced Structure，HQBS，图 1）。通过数学方法证明其单元编码加法运算是一个"Abelian 群"，据此设计了空间索引算法。实验表明，在同等条件下，该算法的执行效率约是国际上同类算法（如 PYXIS）的 1.6 倍。与其他的算法相比，该编码索引算法的优点体现在：①采用集合论描述格网剖分，理论基础严密，表达形式简洁；②建立了三角格网和六边形格网之间的关联，便于格网的三角化显示；③单元编码与其空间坐标的对应关系简单，转换方便；④单元层次、邻近关系明确，索引算法简单高效（贲进等，2011；XC Tong et al.，2012）。

3. 地理信息标准规范与共享

地理信息的标准规范是发展我国地理信息产业，推动地理信息共享的关键。为了推动城市地理信息系统技术的发展和应用，我国开展了相关城市 GIS 标准研究，先后制定了城市地理空间框架数据标准、城市三维建模技术规范等 10 个标准与规范，其中两个已经由国家颁发，作为行业标准使用。

城市地理空间框架数据是城市最基本的地理数据集，主要为其他空间和非空间信息提供统一的空间定位基准，以实现各种信息资源按照位置进行整合，从而促进信息共享。针对此问题，住房和城乡建设部组织相关单位联合研究和制定了《城市地理空间框架数据标准》。该标准提出了城市地理空间框架数据的定义和分类，规定了城市地理空间框架数据高位分类代码和城市地理空间框架数据的空间特征、属性特征和时态特征，确定了进行框架数据的应用、整合、集成和共享的 3 条强制性条文，提出了质量描述要求，使用数据志和质量基本元素（完整性、位置精度、时态精度、逻辑一致性和属性精度）对空间框架数据的质量进行规范性描述等。

在科学数据共享方面，中国科学院地理科学与资源研究所资源与环境信息系统国家重点实验室，联合国内 40 家单位，制定了第一套系统的地球系统科学数据共享标准规范体系，填补了跨学科、跨领域地球系统科学数据共享标准规范的空白；自主发展了高精度的空间栅格化方法和数据同化系统，为多学科、跨领域、不同类型的地球系统科学数据的集成分析与综合数据产品的生产奠定了模型方法基础；构建了新的科学数据共享技术体系，攻克了该体系下 3 大方面的关键技术，有效保障了分散、多学科、异构科学数据高效、安全的"一站式"共享，自主研发了首套分布式科学数据共享基础软件（DSDSS），建成了我国第一个地球系统科学数据共享国家平台（ESSDSP），建立了多学科的地球系统科学数据库群 23.72TB，并开展了持续的数据共享服务。该系统的建设和运行服务，推动了我国科技计划项目数据汇交及科技部"973"计划资源环境领域项目数据汇交管理中心、国家南北极数据中心、国际科学联合会世界数据系统、兴都库什—喜马拉雅山地信息共享网络等的发展。

（二）地理信息分析与模拟

1. 地理系统模拟

地理模拟系统是在计算机软、硬件支持下，通过自下而上的虚拟模拟实验，对复杂系统（如各种地理现象）进行模拟、预测、优化和显示的技术。黎夏等在对地理模拟系统研究的基础上，构建了可以对地理格局进行模拟、预测、优化分析的地理模拟优化系统（GeoSOS）平台，该系统能自动地从空间数据中挖掘出地理格局演变的规则，提供模拟与优化进行耦合的统一平台。与一般的GIS方法不同，其基本计算单元为微观个体，核心是微观个体与环境之间的相互作用，通过一系列自下而上的模型解决GIS过程模拟和空间优化的瓶颈问题。

最近，黎夏又开展了协同空间地理模拟与优化的研究，它是将地理模拟模型与空间优化模型进行耦合（图2），形成一个具有空间分析、过程模拟和空间优化功能的强大工具，为辅助相关空间决策服务（黎夏，2013）。

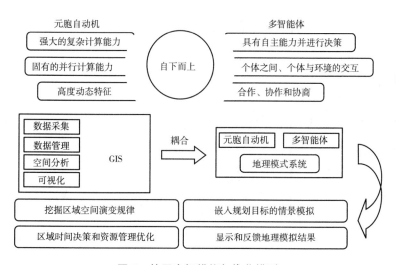

图2　协同空间模拟与优化模型

几何代数的多维统一与坐标无关特性为构建GIS多维统一计算模型奠定了基础。袁林旺等探索研究了基于几何代数基本算子构建面向几何、拓扑以及GIS分析的多维运算算子，构建了基于几何代数的多维统一计算框架（图3），实现了表达结构、运算结构以及分析结构的统一（图4），并可有效支撑复杂多维场景的统一表达和运算。基于几何代数构建多维统一数据模型，对多维地理场景进行一体化表达与建模，并进行GIS分析算法实现以支持地理分析，可望形成从理论架构—数据模型—数据表达—数据分析有机融合的基本框架与应用平台，为新一代地理计算、地理建模与模拟提供新的理论方法基础（袁林旺等，2012）。

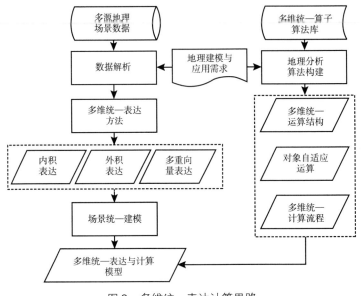

图 3　多维统一表达计算思路

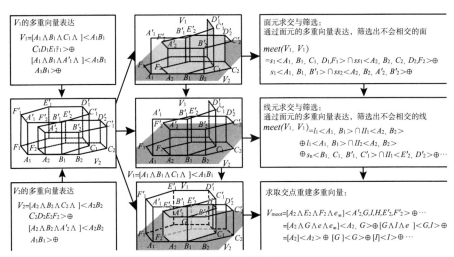

图 4　表达结构与计算结构统一

在模型的集成与共享方面，岳天祥等系统地梳理了资源环境领域的各种数学模型，针对资源环境系统的开放性、复杂性和易变性特点，将模型表达划分为要素集、关系集和运算集，提出模型的 ERO 集合概念；采用数学公式语义描述关系集，计算组件的迟绑定，实现模型的语义映射。通过与模型类模型实例的模型表达比较，说明模型的数学公式语义表达增强了资源环境模型库管理系统（REMMS）的用户友好性，涵盖了更多的模型关系集，避免了重复构建模型类模块；语义的动态映射实现了模型的关系集和运算集的解耦合，使得模型计算集不依赖关系集，计算实现可被不同模型共享和重组（王晨亮等，2013）。

2. 地理元胞自动机模型

地理元胞自动机模型是地理系统模拟的重要模型，也是地理模拟系统的核心模型，其研究备受关注。我国的黎夏及其团队、周成虎及其团队、童小华及其团队等在这方面开展了富有成果的工作。例如，冯永玖等采用面向对象技术，融合多种地理 CA 转换规则，有机结合矢量和栅格数据，构建了基于 GIS、可扩充的地理元胞自动机模型框架 SimUrban。同时，构建了基于核主成分分析方法（KPCA）的地理 CA 转换规则获取方法，通过核函数映射，在高维特征空间下不仅能够对多重共线的空间变量进行非线性降维，而且由此建立的地理元胞模型 KPCA-CA 参数物理意义明确，能够较好地体现城市化过程的非线性本质（冯永玖等，2010a、2012b）。

在传统元胞自动机（CA）模型中，静态的模型参数和模型误差不能释放是影响城市扩张模拟效果的两个重要原因。张亦汉等将集合卡尔曼滤波方法应用到 CA 模型，建立了基于联合状态矩阵的地理元胞自动机。该模型在模拟过程中可以通过同化遥感观测数据，动态地调整模型参数和纠正模拟结果，使模型参数能够反映转换规则的时空变化，同时也能较好地释放积累的模型误差。实验结果表明，模型能够准确地调整模型参数使之符合城市发展模式，同时也能有效地控制模型误差，其模拟的空间格局与真实情况吻合（张亦汉等，2011；张亦汉等，2013）。

利用地理元胞自动机模拟大尺度过程时，存在数据量大、计算复杂、计算时间长等难点，传统的基于 CPU 计算模式的计算能力有限，在一般计算机中难以执行这样的模拟，并行算法和 GPU 计算技术应用成为关键。李丹等（2012）将 GPU 高性能计算技术与元胞自动机（CA）模型相结合提出了 GPU-CA 大尺度土地利用变化模拟模型。实验表明，GPU-CA 模型可以将原有一般 CA 模型的运行效率提高 30 倍以上，能够有效地应用于省和国家级的土地利用变化模拟（李丹等，2012）

3. 数字地形分析与地貌认知

数字地形分析是 GIS 分析模型的重要组成，其研究主要包括坡面地形因子提取、特征地形要素提取、地形统计分析以及基于 DEM 的地学模型分析。地形因子的分析计算得到了广泛研究，进展显著。

在 DEM 地形分析的不确定性研究中，近年来主要包括 DEM 地形分析中的尺度问题（刘学军等，2007），地形指数的尺度效应与尺度推演（杨昕等，2007），DEM 地形信息量（董有福等，2012）、地形尺度相似性度量方法，该类研究为我们全面客观的厘清 DEM 及数字地形分析研究的不确定问题提供了有力支持。由于 DEM 应用领域广泛，对 DEM 信息量的概念界定，至今没有一个统一的认识，一定程度上也造成了 DEM 信息量模型设计和表达的不确定性。陶旸等（2012）从 DEM 子集划分策略对 DEM 信息量计算造成的不确定性的角度进行分析，提出基于最大熵定理的基本思路构建的 Hp（X）模型，可以客观地获得连续型栅格地形数据在信息量计算上的最优分级策略，有效降低了人为经验分级带入的不确定性。

在数字地形特征分析方面，陶旸等提出和设计了一套从语义规则、局部特征和全局特征等方面评价地形粗糙度模型的方法指标。通过对面积比率模型、矢量粗糙度模型、表面粗糙度因子、基于标准差计算的统计模型等 4 类 8 种常用地形粗糙度模型的测试表明，该算法对粗糙度剖面的转折特征和局部地形变异特征敏感，能够反映地形粗糙度表面的局部变化和线性方向上的连续变化特征，适用于评价地形粗糙度。借助该算法，探讨了 8 种地形粗糙度模型的适用性，可为不同地形特征、数据源等条件下地形粗糙度模型的有效选择提供一种定量评价方法（陶旸等，2011）。

4. 空间采样与内插

空间采样与内插是 GIS 中基本科学问题。王劲峰等在 Cochran 1977 年提出的经典抽样理论和 Haining 2003 年提出的考虑空间相关性的空间抽样理论基础上，发展并初步建立了针对异质陆表的空间抽样理论体系，提出了揭示陆表类型、抽样方案和统计推断三者交互作用的空间抽样 Trinity 原理，包括异质表面抽样 MSN 模型、有偏样点纠正 B-SHADE 模型、单点推断区域的 SPA 模型和异质表面插值的 Sandwich 模型（JF Wang, CS Jiang et al., 2012；JF Wang, A Stein et al., 2012；JF Wang, R Hanning et al., 2012）。

针对空间数据内插与建模这一经典的问题，岳天祥及其团队提出了高精度曲面建模理论（HASM）。该模型方法根据曲面论基本定理，结合高斯—科达齐方程，对所模拟的区域进行均匀正交剖分建立数值方程，是一种全新的曲面建模方法。其在采样数据的约束下，对正交剖分的均匀格网点进行求解，从而获得高精度的拟合曲面。

为了进一步解决 HASM 模型的计算速度问题，赵娜等对模型中的线性方程组，采用不同的预处理共轭梯度法，即不完全 Cholesky 分解预共轭梯度法和对称逐步超松弛预共轭梯度法求解，试验结果表明：与以往预处理方法相比，这两种方法均大大降低了 CPU 时间与收敛到一定精度解的迭代步数。同时，考虑了稀疏矩阵的压缩存储方式，这对大规模问题而言，解决了以往预处理共轭梯度算法中的内存不足等问题（赵娜等，2012）。

将高斯—柯达齐方程组引入高精度曲面模型 HASM 的求解过程，解决了 HASM 运算过程中的智能化问题，使 HASM 在理论上达到了尽善尽美的水平。基本形成了以全局近似数据为驱动场、以局地高精度数据为优化控制条件的地球表层模拟方法及其理论体系（Yue TX et al., 2012）。为了解决高精度曲面建模的高内存需求和计算速度慢问题，建立了高精度曲面建模的多重格网法（HASM-MG）和自适应法（HASM-AM）。利用 HASM-MG 算法求解 HASM 模型的偏微分主方程组，求解过程计算时间随着栅格总数线性增长，解决了传统的 HASM 模型运算量随栅格总数呈几何增长的问题；针对全局模拟与局域模拟问题，HASM-AM 算法根据模拟区域的复杂度和精度要求调整网格分辨率，从而在保证模拟精度的同时极大地减少了计算时间，降低了存储量。高精度高速曲面建模方法已成功运用于生态系统服务功能及其驱动力变化趋势和未来情景的模拟分析。已实现了全球 7 千米空间分辨率气候、生物量和生态系统等空间格局未来情景的模拟分析。基于 HASM 正在发展以遥感数据或模拟数据为驱动场，以地面实测数据为优化控制条件的大地一体化地球表层建模方法论体系（Yue TX，2011；Yue TX，ZM Fan et al.，2012；Yue TX，Jorgensen SE et al.，2011）。

5. 海洋时空信息分析

海洋地理信息建模和分析是海洋地理信息系统的核心内容。近年来，我国学者尤其在海洋地理信息建模方面取得了众多进展，例如，根据海洋数据的时空特性，设计了基于栅格的时空层次聚合模型，使得提取多维对象在各维上不同层次的聚合数据更为高效（苏奋振等，2006）；提出了基于过程对象分级抽象的时空过程建模思路，并成功应用于海洋时空过程数据库系统的建设（薛存金等，2010、2012）。针对海洋环境数据的特点，讨论了建立海洋环境领域本体的方法，设计了利用本体创建海洋环境数据仓库多维模型算法（鲍玉斌等，2009）；通过建立多维时空索引的方式改进 ArcGIS 海洋数据模型中针对海洋要素产品时空数据的组织方法，并运用到"数字海洋"原型系统项目中（刘贤三等，2010）；基于中国数字海洋建设的经验和成果，制定了海洋数据要素的分类方案，将海洋信息分为 5 大类：海洋点要素、海洋线要素、海洋面要素、海洋网格要素、海洋动态要素。采用基于特征的方法和面向对象的技术，设计了适合数字海洋大型信息系统工程建设的时空数据模型（刘金等，2011）。

6. 空间数据挖掘与知识发现

空间数据与人类的衣食住行息息相关，贯穿在各行各业，其数量、大小和复杂性都在急剧增加，大量的数据以文字、图表、影像、多媒体等方式被累积存储在空间数据库和空间数据仓库中。空间数据挖掘是凸现大数据价值、盘活大数据资产和有效利用大数据的基础技术。可以用于从数据中提取信息，从信息中挖掘知识，在知识中萃取数据智能，提高自学习、自反馈和自适应的能力，实现人机智慧。发现空间知识是利用空间数据挖掘方法从大数据中抽取事先未知、潜在有用、最终可解的规则的技术，也是一个由空间数据到空间信息、再到空间知识的循序渐进、逐渐升华的过程。空间数据挖掘系统就是使空间数据逐步归纳升华为空间知识，通过整合空间数据，深入数据抽取空间知识，再利用这些新知识认识和利用数据，实现数据的实时处理、智能判断和快速决策（王树良等，2013）。

在空间数据挖掘与知识发现领域，大量研究主要集中于各种统计方法和人工智能方法的应用，其方法可以归类分为基于聚类的方法、基于分类的方法、统计类方法、基于泛化和归纳的方法、基于空间关联的方法、云理论方法等（谢远飞等，2010）。空间聚类是空间数据挖掘广泛采用的方法，并在遥感图像分类、热点分析、制图综合及地震空间分布模式挖掘等众多领域得到应用，主要用于揭示空间数据的分布规律以及探测空间异常点。现有的空间聚类算法大致可以分为：基于划分的聚类方法，如 k-Means、k-Mediods

等；基于层次的聚类方法，主要有 BIRCH、CURE、CHAMELEON、AMOEBA 等；基于密度的聚类方法，例如，DBSCAN、OPTICS、DENCLUE、ADBSC、LDBSC、FTSC 等；基于网格的聚类方法，代表算法有 STING、WaveCluster 等；基于图论的聚类方法，如 ZEMST、AUTOCLUST 等；混合聚类方法，代表算法有 CLIQUE、NN–Density 等（邓敏等，2011）。邓敏等在空间数据场的基础上，引入了凝聚场来描述空间实体间的相互作用，通过模拟空间实体间的凝聚力作用，构建了一种基于场论的层次空间聚类算法 HSCBFT。该算法的聚类结果能很好地满足空间邻近且专题属性相似的要求，可发现任意形状的空间簇，且具有良好的抗噪性，并能够较好反映空间数据分布的层次性（邓敏等，2011）。

针对空间聚类有效性评价问题，李启亮等在分析了几何类的各种距离指标度量其紧密度和分离度的特征基础上，借助 Delaunnay 角网和 Voronoi 图提出了一种适用于空间聚类的凝聚力概念，进而构建了基于此力学概念的空间聚类有效性评价方法。通过实验分析以及与经典的 Dunn 指数的比较发现：该方法可以对任意形状空间簇的聚类有效性进行准确评价，同时很好地顾及了空间异常点对聚类结果的影响；可以有效指导最佳聚类算法和聚类参数的选择，且算法的效率较高，时间复杂度仅 $nlg(n)$（刘启亮等，2011）。

裴韬、周成虎等长期开展点过程模式的数据挖掘，系统建立了针对任意时空点过程数据实施多尺度分解的理论框架体系（Pei T et al.，2012；You W et al.，2012）。该体系共分为 3 个部分：第一部分是时空点过程均匀性判别模型，可用于判别任意点集均一性以及优势类中点事件的数目；第二部分为已知点过程数目的时空分解模型，即在已知点过程数目的情况下，可通过 EM 或 MCMC 方法将整个点集分解为均匀点过程组分；第三部分为未知点过程数目的时空分解模型，在未知点过程数目的情况下，即可通过 Reversible jump MCMC 或 Stepwise EM 方法将整个点集分解为均匀点过程组分。该理论可推广至任意点集，基本实现了"时空点过程数据的多尺度分解"，即"时空点集数据的小波变换"。

丛集区域的提取是地理信息科学研究的基础理论问题之一。该问题的实质是从区域统计量（如发病人数和人口总数、犯罪事件数和人口总数）的分布中提取发生率较高的区域。近几十年来，不少学者针对该问题进行了长期的探索，基本解决了规则丛聚区域的提取方法。传统方法应用于实际问题时存在以下两个挑战：其一，在很多情况下疾病和犯罪等丛集区域的形状是任意的，而传统方法中所使用的规则窗口则难以准确估计丛集区域的形状；其二，在实际情况中，丛聚区域的数目往往不止一个，而由于区域之间的影响，传统的方法难以准确锁定潜在的丛集区域。为了解决提取任意形状丛集区域的问题，本研究将蚁群算法引入其中，建立了 AntScan 方法。AntScan 方法利用蚁群算法强大的优化能力求取比率值最大的连通区域。其主要思路是：首先将区域多边形抽象为点，使得连通区域转化为由节点组成的图，通过蚁群的优化最终获得图中的最优路径，而最优路径即为所求的丛聚区域。为了解决多个丛集模式的问题，提出了将蚁群算法和 SatScan 扫描结合在一起的 ACOMCD 算法，该算法的思路是在空间扫描的基础上产生备选丛聚区域，然后将区域近似为路径，通过利用蚁群算法得到多个丛集区域（Pei T，2011；Pei T et al.，2011；You W et al.，2012）。

随着浮动车、手机信令等实时交通信息采集技术的迅速发展，如何从非结构化的海量移动目标轨迹中快速提取交通信息，识别城市交通时空变化模式已成为当前位置服务研究的热点和难点。针对城市道路网络交叉口通行耗时难以准确估计的现状，提出了基于浮动车轨迹的交叉口通行耗时估计方法。采用基于非参数回归的主曲线模型从浮动车历史轨迹数据中获取交叉口通行耗时的基准值，并结合当前的实时交通信息进行修正，结合路段出行耗时计算结果，得到较为准确和可靠的城市交通出行时间估计结果；针对城市道路的交通变化并非各向同性的现象，提出了一种基于城市道路结构特征识别的城市交通空间自相关分析方法。利用复杂网络中网络结构特征分析方法，探明了不同表达粒度下的城市道路结构特征，分析了城市路网结构特征对城市交通的影响，获取了地理空间中联系紧密、交通状态相互影响较大的路段集合，定量化分析了交通状态的空间自相关特征（段滢滢、陆锋，2012；刘兴权等，2012）。

（三）地图与地理信息可视化

1. 地图与制图研究

地图学既是一门有着几乎和世界文明同样悠久历史的古老科学，又是一门永远充满生机与活力的科学。王家耀等从思维辨析的角度，从地图作为表达复杂地理世界的最伟大的创新思维、由传统地图学的"封闭体系"到现代地图学的"开放体系"、由经验地图制图到更加严密的理论模型研究、从手工地图制图到电子计算机地图制图再到数字地图制图与出版一体化、从地理信息系统到地理信息服务、从地图可视化到空间信息可视化再到虚拟地理环境、从地图分析到 GIS 空间分析再到空间数据挖掘与知识发现、从地图空间认知到基于思维科学的多模式时空综合认知等 8 个方面，论述了地图学的发展及其演化，为大数据时代地图学的研究提出了方向（王家耀等，2011）。

地图自适应可视化是当前地图研究的热点，其发展方向包括地图制作数据资源的自适应加工处理和地图受众用户的自适应服务两方面。前者包括多源异构、多尺度、多形式地图数据的智能化处理、适应可视化表达的数据集成匹配与变换；后者体现在针对不同用户群、在地图内容、形式、应用环境方面能够因人而异、量体裁衣地输出地图服务，彰显以人为本特点。地图自适应可视化的应用种类繁多，因此研究通常针对某一种或几种类型进行。在地图自适应可视化的概念框架中，计算机领域的自适应用户界面也纳入研究范畴，提高人机交互操作自适应能力，降低软件交互时的认知负荷（王英杰等，2012）。提出了可变比例尺设计和地图内容表达和细节层次配置在小屏幕和导航应用中的自适应可视化方法（艾廷华等，2007；杨必胜等，2008）。

地图自适应可视化目标是以人为本和"个性化"实时服务，当前技术尤其是移动互联网、智能手机、传感器网络和泛在计算的发展为地图自适应可视化从理论走向实践提供了丰富的现实基础。未来，用户模型依然是研究的重点，对用户的需求进行分类、聚类、匹配，需要通过地图应用受众分析、地图认知实验等方法获得用户的分类。用户需求获取方式可通过用户设定、交互学习（统计分析用户的地图交互操作方式，建立同类用户群体）、基于阅读环境传感器的主动感知（王英杰等，2012）。技术方面，实时在线制图综合算法、与多种载体相匹配的地图可视化方法、地图设计模板的用户匹配技术、针对地图阅读分析的感应器技术以及三维印刷和大数据的地图表达等亟待解决。

2. 虚拟地理环境

虚拟地理环境（Virtual Geographic Environments，VGE）旨在实现地理环境的模拟分析与表达，改变传统的空间知识表达与获取方式。虚拟地理环境是以化身人、化身人群、化身人类为主体的一个虚拟共享空间与环境，它既可以是现实地理环境的表达、模拟、延伸与超越，也可以是指赛博空间中存在的一个虚拟社会（社区）世界。虚拟地理环境的研究、系统建设与应用，涉及地理学、认知科学、计算科学、地理信息科学、遥感科学、虚拟现实技术、计算机网络技术等多个学科和技术领域。

闾国年在总结分析虚拟地理环境研究的现状、目标及关键问题的基础上，探讨了面向地理分析的虚拟地理环境的整体框架与结构功能（图5）。围绕虚拟地理环境的构建理论和实现技术，分析了面向地理分析的虚拟地理环境的建设目标，构建了虚拟地理环境整体框架；将虚拟地理环境分为数据环境、建模环境、表达环境与协同环境4个子环境，深入

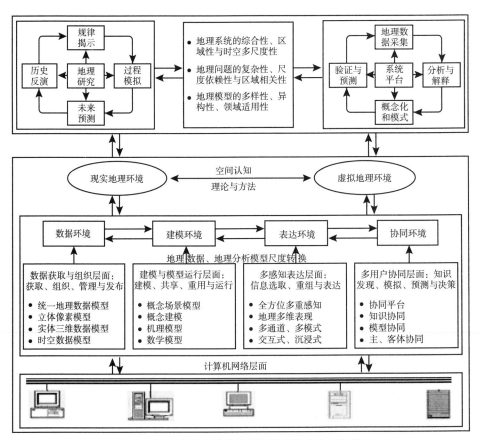

图5　面向地理分析的虚拟地理环境的体系框架

解析了各子环境的功能、关键技术与研究思路，为虚拟地理环境进一步发展及虚拟地理环境平台研制与开发提供参考（闾国年，2011）。

近年来，龚建华、林珲、游雄等通过一系列的论文和专著较为系统地开展了虚拟地理环境理论和方法的探索。龚建华等在较系统论述虚拟地理环境的思想、概念与特征的基础上，从地理哲学与地理科学层面，提出了虚拟地理环境研究的一个理论研究框架。虚拟地理环境提供了一种思考的张力与可能，让我们反思（地理、遥感）信息系统技术的发展，让我们思考模拟图像、虚拟空间、虚实矛盾与结合、信息集成的本质与力量，从而为全球环境变化与区域可持续发展、为公众参与式信息与知识社会的发展提供了概念思考与技术基础框架（龚建华等，2010）。

虚拟地球是数字地球研究的技术基础。采用全球分布的大量服务器系统和高效的空间数据传输与三维实时可视化技术，使任何人在任何时候都可以查询到全球任何地方的地理空间信息，已成为当代地理信息技术的重要标志。国际上谷歌和微软等 IT 巨头凭借雄厚的资金和技术实力纷纷拓展这一领域，开发出 Google Earth 和 Virtual Earth 等系统，美国 NASA 也组织开发了开源的虚拟地球软件 World Wind，正在形成影响广泛的新兴地理信息产业。Google Earth 利用宽带技术与三维可视化技术，整合多源卫星影像、航空影像与电子地图，为用户展现一个三维虚拟地球。为了适应大众化应用需求，Google Earth 提供了诸多人机交互功能，如距离和面积量测、地名标注与图片上传，并可导入自建三维建筑模型。龚健雅领导的武汉大学测绘遥感信息工程国家重点实验室在已有研究的基础上，突破全球空间数据模型、数据调度、网络传输、共享集成与可视化等关键技术方法，基于地理信息服务规范和标准，设计了开放的服务体系架构，用 C++ 语言从底层开发了开放式虚拟地球集成共享平台软件 GeoGlobe（龚健雅，2011）。

3. 三维可视化

三维实体空间一体化的高精度建模、准确度量分析、高保真可视化是 GIS 研究的永恒主题与核心（朱庆，2011）。地球空间信息三维可视化已经和大众化、开放性、可量测、可挖掘一并成为信息化服务的基本要求。李德仁从基本原理、技术内涵及表现形式 3 方面，对基于图形信息的三维可视化和基于影像信息的三维可视化的两种主要技术方法进行了系统分析，提出将两者优化组合是当前地球空间信息三维可视化应用的一个显著特征，能在某种程度上实现 GIS 三维可视化既经济又高效的目标，更好地适应未来空间信息服务需求的多样性（李德仁，2010）。

近年来，关于三维 GIS 可视化的研究，针对地下的地质、管线、构筑物，地表的土地、交通、建筑、植被以及室内的设施、房产等整个立体环境信息的一体化处理与集成分析，提出了几何、拓扑、尺度和语义统一表示的三维 GIS 数据模型，刻画三维空间实体几何—尺度—语义的特征及其相互关系，建立了低层视觉特征与高层语义之间的有效连接，为解决多粒度对象统一表示的复杂性与高性能计算难题奠定了基础（Zhu et al., 2010），并在三维几何模型细节层次的量化分析与保特征的数学形态学综合简化方法（Zhao et al.,

2012）、顾及多细节层次的自适应三维 R- 树空间索引（龚俊等，2011）、大规模三维空间数据库高效管理与多级缓存的海量三维空间数据动态调度（朱庆等，2011）、CPU 和 GPU 协同的复杂三维场景高性能真实感可视化、语义约束的三维实体分析（Xie et al.，2012）等一系列核心技术上取得了突破，研制成功了自主知识产权的大型高端真三维 GIS 基础软件平台 GeoScope（地球透镜），制定了中华人民共和国住房和城乡建设部标准《城市三维建模技术规范》并已颁布实施，这些成果在日益普及的三维数字城市建设中得到了广泛应用（科学技术部，2012）。

针对城市公共安全和室内应急响应等重大需求，在三维 GIS 基础上，深化发展了视频 GIS 和全息位置地图等新概念和新方法，多层次、多粒度、全方位、动态三维的室内地图将为室内外三维立体空间中精细化的位置感知与智能化的位置服务提供新的更有效的技术支撑，这也是国内外争夺的战略制高点。

4. 国家大地图集编研

从国际上看，世界上已有 90 多个国家编制出版了国家地图集，近年来其中大多数国家进行过再版、三版，美国、加拿大等还都建立了国家级地图集网站，面向科研部门、政府和社会公众提供服务。我国先后于 20 世纪 60 年代和 80 ～ 90 年代曾经过两个版本的国家大地图集编制出版工作，先后编制完成了农业、经济、普通、自然等国家大地图集，近年来还相继推出了国家大地图集部分分卷的英文版和电子版，国家历史地图集也将于近期出版。在 2005 年前后，以陈述彭院士为首的地图学家们提出了编纂《新世纪版国家大地图集》的建议。经过多年努力，2013 年科技基础性工作专项重点项目"新世纪版《中华人民共和国国家大地图集》编研"正式得到科技部立项，并确立了《中华人民共和国普通地图集》《中华人民共和国经济地图集》和《中华人民共和国区划地图集》为示范编研图集，其中前二者为更新编研，后者为补充编研，承担单位分别为基础地理信息中心、中国科学院地理科学与资源研究所、武汉大学与中国地图出版社等。随着新世纪版《中华人民共和国国家大地图集》编研的正式启动，将带动编制出版一批新的国家和区域专题地图集。

（四）地理信息系统技术与软件

基础软件和应用软件是支撑地理信息系统应用和产业化发展的重要基础之一，也是 GIS 发展的三大基石。自 1987 年第一套国际 GIS 软件 ArcInfo 引进中国以来，我国的地理信息系统技术得到了快速发展，国产 GIS 软件走过了引进、消化、吸收和再创新的发展道路，以 SuperMap、MapGIS、GeoBeans、GeoGlobe 等为代表的国产 GIS 基础软件和应用软件已经形成品牌，在国土资源、测绘、环保、基础设施管理等行业与部门得到广泛的应用，并逐步进入国际市场。国产 GIS 平台软件的研发成功和广泛应用，提升了我国 GIS 软件研发和应用水平，使我国的 GIS 技术水平基本达到国际同等先进水平，提升了国家战略安全。

1. 跨平台大型平台软件 SuperMap GIS

SuperMap GIS 以组件技术为核心，通过共相式 GIS 技术创新，形成了共相式、服务式和真空间 GIS 三大技术体系，从核心上解决了高性能和跨平台等关键技术问题，实现了 GIS 内核从 32 位向 64 位的跨越，为云 GIS 技术的发展奠定了基础。其主要技术特点如下（科技部，2012）。

1）共相式 GIS 技术体系：借鉴哲学"共相"（Universal）思想，采用标准的 C++ 自主研发了共相式 GIS 内核（UGC）。基于微内核技术，可一次编写代码，针对多平台编译，实现了 GIS 软件的跨平台，成功地实现了 UGC 从 32 位向 64 位的迁移。

2）服务式 GIS 技术体系：基于 SOA 的相关标准，以 UGC 为内核，创新了服务器端服务聚合技术，支持 XML 与 JSON 格式以及 SOAP 和 REST 协议，集成了客户端 mushup 技术和 RIA 技术，形成了跨平台的服务式 GIS（Service GIS）技术。

3）真空间 GIS 技术体系：针对三维 GIS 应用的发展，在 UGC 内核中集成了三维 GIS 数据模型，支持地心坐标系和海量三维空间数据管理，扩展了三维 GIS 数据处理、分析和可视化功能，形成了二、三维一体化的真空间 GIS 技术体系。

在推动国产化普及应用的同时，SuperMap GIS 已出口到日本、韩国、东南亚、南亚、中亚、欧洲、非洲等国家和地区。老挝电子政务建设采用了 SuperMap GIS 软件，华为在其出口的产品与服务中将 SuperMap GIS 作为其电信资源管理系统的支撑平台。SuperMap GIS 在成为国内主流 GIS 软件的基础上，将通过走出去战略，进入国际市场。

2. 分布式大型 GIS 基础软件 MapGIS

MapGIS K9 是应用新一代面向服务的悬浮式体系架构技术率先推出的可视化开发平台，是完全支持面向专业领域的空中、地上、地表、地下一体化真三维模型分析和处理的集成开发平台，是率先实现支持云计算的 GIS 集成开发平台。其主要技术创新体现在以下 4 个方面（科技部，2012）。

1）体系结构创新。基于"纵向多级、横向网格"的架构，采用"面向服务"的设计思想，构建分布式多级服务器协同工作环境，形成分布式多层多级体系结构。

2）二次开发模式创新。提出基于插件式、配置式、搭建式的零编程二次开发，构建新一代面向分布式服务组件的二次开发平台，包括"业务逻辑分析处理器"、"工作流控制器"、"信息系统集成搭建平台"。采用基于网络控制的工作流模型，实现了业务的灵活调整和定制。支持多用户在线、多事务并发等应用模式，拥有可视化的工作流开发环境，只需拖拽相应事件元素即可设计出相应的业务流程，不需要编码或者小量编码实现复杂应用，可将开发周期缩短 50% ~ 80%，实现了"一次搭建、处处运行"。

3）集成模式创新。通过"数据中心 + 数据仓库"的架构实现多数源 / 多尺度的数据集成，通过"软件框架 + 软件插件"的形式实现多行业 / 多应用的系统集成。

4）算法创新。研制基于多重四叉树的编码索引技术、LOD–OR 树三维空间矢量数据索引编码技术等。

3. 大型多模式网络 GIS 平台软件 GeoBeans

大型多模式网络地理信息系统平台软件 GeoBeans 由数据层、服务层、应用层组成，各层之间通过服务接口连接，应用层、服务层及支撑工具可以交互直接或间接访问数据库，是我国第一个大型的网络 GIS 平台。其代表性的技术包括以下 4 个方面（科技部，2012）。

1）网络环境下分布集中混合结构软件技术，可以实现一套系统的多级部署应用。

2）地理信息的虚拟四叉树数据模型将数据的组织方式和数据的存储方式分离，通过空间数据的四叉树组织框架的建立，实现将空间数据附着到虚拟的四叉树上，由此建立起多级空间数据的金字塔模型，用于解决分布式部署带来的多服务器间、跨区域、跨多比例尺的栅格地图数据集成。

3）高速无缝的地图漫游、三维地理信息快速分析及可视化、地理信息在线更新等技术。

4）分布式地理信息计算与服务技术，用于挖掘和发现分布式地理空间信息服务之间的内在联系，来建立分散空间信息服务的组合框架，进而达到把分布式地理空间信息服务组合在一起，统一对外提供服务的目的。

4. 开放式虚拟地球集成共享平台 GeoGlobe

武汉大学测绘遥感信息工程国家重点实验室和武大吉奥公司联合研制的虚拟地球集成共享平台 GeoGlobe，突破网络三维虚拟地球 4 个关键问题：数据管理问题，即多源、多尺度、海量空间数据高效组织与异构虚拟地球数据共享；数据调度问题，即对各种分布式空间数据进行统一索引与协同调度；数据传输问题，即在有限带宽条件下实现空间数据的高效传输与实时可视化；信息集成问题，即解决分布式异构系统之间的数据集成和软件共享与互操作的问题。其代表性技术如下（科技部，2012）。

1）提出了全球多源空间数据的时空一体化编码方法。将全球金字塔格网的经纬度二维表达转化成统一的 Morton 一维线性编码，并加入时间编码，形成每个格网的时空编码；提出了一种扩展四叉树的全球空间索引方法，建立了以时空一体 Morton 码为关键字的空间索引。

2）根据栅格、矢量和三维城市模型等不同数据特点，以及虚拟地球快速传输与可视化要求，研究设计了不同的高效传输与可视化方法；通过网络服务节点进行并发控制与数据的动态调度，构建了多网络环境下一体化索引与调度方法，实现海量数据的高效服务。

3）从虚拟地球与专业 GIS 无缝集成与互操作的需要出发，提出了基于语义的服务注册、发现和聚合方法，构建了适合地理信息和服务组合的特点的、基于有向图和块结构的空间信息服务链元模型，使得地理信息领域的概念、数据、分析以及相互关系都可以得到形式化的描述，并且建立了该模型到 WS-BPEL 模型的映射，使得构建的服务链可以直接使用 BPEL 引擎驱动运行。

开放式虚拟地球集成共享平台软件 GeoGlobe 不仅是网络二维虚拟地球的浏览系统，而且也是地理信息共享与集成服务平台软件，具有以下鲜明特点。

1）具有与异构虚拟地球数据共享的能力，能够集成 Google Earth、World Wind 等多种类型的虚拟地球数据。

2）具有与专业地理信息系统集成与互操作的能力，可以实现与各种网络或者桌面 GIS 平台的无缝集成，广泛用于地理信息系统的专业应用部门。

3）与空间信息处理服务无缝集成应用，通过对空间信息服务注册中心的访问，实时获取服务元信息，在虚拟地球环境下实现空间信息服务链的构建、执行与集成应用，拓宽了地理信息应用服务的能力。

5. 地理空间数据库管理系统 BeyonDB

与 Oracle、DB2 等通用关系数据库管理系统不同，地理空间数据库管理系统是一种面向 3S 行业的专业化数据库系统，既包含通用关系数据库功能，同时更专业化于海量多维地理空间数据的高效存储、查询、分析和操作。中国科学院地理科学与资源研究所联合中国科学院软件研究所、中国人民解放军国防科学技术大学等单位，潜心攻关，解决了高可信空间数据库系统空间类型定义、空间数据存储、空间索引、空间算子、空间事务、空间查询优化、空间分布式处理以及空间安全访问八大关键核心技术问题，研制成功了我国首款高安全级地理空间数据库管理系统 BeyonDB。其代表性技术主要有以下几个方面。（科技部，2012）

1）建立了具备空间内核、关系内核、安全内核三核集成式数据库内核体系架构。与国际上 Oracle、DB2 等通用数据库系统不同，BeyonDB 内置空间、安全、关系一体化处理引擎，空间、安全功能不再作为关系数据库内核的扩展模块实现，而真正融入到内核体系中，使之成为真正意义上的安全级空间数据库管理系统。

2）攻克了实现空间数据库内核的系列关键技术。解决了空间数据库的空间数据类型定义、空间数据存储、空间索引、空间算子、空间事务、空间查询优化 6 大关键技术问题，实现了地理空间数据的特大数据量、高效能的存储、查询、分析与操作。

3）建立了基于空间作用域的安全增强技术体系。针对日益严峻的地理空间数据非法访问、泄密等带来了安全威胁，BeyonDB 对常规的国三级标准安全数据库功能进行了扩展，提出了基于"空间图层—空间区域—空间要素"的多粒度空间安全访问控制模型，建立了基于空间作用域的安全增强技术体系，真正从 DBMS 的内核层次实现了对空间数据的安全访问控制。

4）引入了数据库"插线板"管理模式，实现了数据库企业级高级特性。为解决常规数据库系统臃肿、功能定制弱、整体价格昂贵的弊端，提出并实现了"插线板"式内核系统架构，形成了精简高效内核，并通过模块化扩展，实现了大表分区、分布式查询与处理、高可用集群等企业级高级特性。

（五）地理信息服务与应用

我国地理信息产业市场的三大主体——政府、企业和公众，对地理信息及应用服务的需求在日益增长。地理信息越来越成为政府管理与决策的重要信息，电子政务建设已成为我国政府信息化建设与发展的主要内容，巨大的政府需求将成为推动我国地理信息产业发展的重要动力。在公众信息服务方面，位置服务、汽车导航、教育、娱乐、咨询等信息服务业正在启动，极具前景。我国现有 8000 万互联网用户、3 亿固定电话用户和 3 亿移动电话用户，公众地理信息服务具有全球最大的市场。

我国资源与环境信息系统的研究是地理信息系统应用最早的领域，也是发展相对成熟的领域，全国水资源信息系统、全国土壤环境质量信息系统、全国国土资源"一张图"工程等，均进入了业务化运行服务的阶段。

1. 地理信息服务发现与质量评价

经过 50 多年的发展，地理信息系统进入了地理信息服务的时代，地理信息服务不仅成为地理信息科学研究的重大面题，也成为新兴信息产业发展的方向之一。服务描述方式、服务注册机制和服务匹配策略是实现空间信息服务发现的关键环节。建模是空间信息服务组合的核心问题之一，目前空间信息服务组合建模理论基础比较薄弱，模型表达能力有限并缺乏动态性。王艳东等模型驱动架构技术（MDA）引入空间信息服务领域，提出了一种基于 MDA 的空间信息服务组合建模方法。该方法使用 UML 设计空间信息服务组合元模型，利用 MDA 模型转换机制生成空间信息服务链设计器，利用设计器构建空间信息服务组合模型。该建模方法能很好地描述数据流和控制流，通过引入空间信息服务本体库，实现服务资源动态组合建模（王艳东等，2011）。

分布式环境下的服务发现是实现空间信息数据共享、服务集成和协同工作的前提，针对目前服务发现效率低和自动化程度差的问题，王强等提出基于本体和智能 Agent 的空间信息服务发现模型。首先提出了本体支持的空间信息服务描述方式，分析了注册中心的扩展方法，给出了综合多种因素的服务语义相似度匹配算法，结合智能 Agent 设计了服务发现框架和流程，并开展了系列应用（王强等，2010）。

如何从大规模地理信息服务集合中快速且准确地发现目标服务是地理信息服务应用中的一个关键问题，而基于关键字的服务发现方式缺乏语义支持，搜索效率低。郑亮、李德仁提出了地理信息服务描述的层次模型和基于空间服务语义模式的服务发现方法，将地理信息从语法模式转换为语义模式，通过基于规则的逻辑推理发现用户请求与服务之间的匹配关系，明确表达空间数据中隐含的知识，实现地理信息服务的自动、精确发现（郑亮、李德仁，2011）。

当代，地理信息共享不再仅限于数据、信息和知识的交互、递进和演化，所有的服务提供者、用户也都成为这个共享的一部分。一个用户提供的知识（模型）可以是另外一个用户的模型的一部分，同一个服务可以有多个提供者，同一个服务可以有很多直接和间接的用户。聂健雅等设计和开发的对地观测数据、空间信息和地学知识共享平台 GeoSquare。该系统集传感器服务、空间数据服务、处理软件（中间件）服务、地学知识服务等，覆盖传感器—空间数据—处理软件—地理信息—应用模型—地学知识的完整服务流程，实现分布式计算环境下对地观测数据—空间信息—地学知识的智能化、自动化转化。

针对地理信息服务质量的评价，章汉武等从地理空间信息服务质量评价的概念与过程、地理空间信息服务质量的不同类型与质量要素、原子地理空间信息服务执行质量的度量方法、组合地理空间信息服务执行质量与服务组合模型的关系等 4 方面，对地理信息服务质量评价进行了讨论，提出将地理空间信息服务质量评价分为服务实体质量评价与服务执行质量评价。地理空间信息服务实体是一种软件产品，因此，其质量评价应该以软件产品的研究成果为基础。地理空间信息服务执行质量评价的基本过程不同服务实体评价在于度量过程，其中原子地理空间信息服务执行质量度量的方法包括基于网络数据包的方法、基于中间件的方法、基于代理的方法、修改源代码的方法等 4 种。假定原子地理空间信息服务的服务执行质量已知，可以通过一定的算法和模型推导出组合地理空间信息服务的服务执行质量。但是，由于组合地理空间信息服务执行的过程质量受到传输通道的影响，因此，服务质量组合的结果只能是一种估计与近似（张汉武等，2012）。

2. 地理信息服务公共平台——天地图

国家地理信息公共服务平台公众版——"天地图"是运行于互联网环境的地理信息服务平台，以门户网站、二次开发接口的方式向政府、企业和公众提供 24 小时不间断的权威、可信、统一的"一站式"地理信息服务。

"天地图"集成了来自国家测绘局和相关企业的丰富地理信息数据资源，其中主节点集成的源数据总量约 30TB，在线数据量约 10TB，电子地图总瓦片数超过 30 亿个。主要包括全球范围 1 ~ 10 级矢量电子地图、影像电子地图；全球范围地形晕渲数据；国外重点区域 11 ~ 15 级影像电子地图；全国范围 11 ~ 18 级矢量电子地图（现势性为 2011年秋季）；全国范围 11 ~ 15 级影像电子地图（2.5m 分辨率影像，现势性为 2011 年秋季）；全国 340 余个城市建成区的 16 ~ 18 级影像电子地图（0.5m 分辨率影像，现势性为 2007—2012 年）；全国约 50 个城市主要道路实拍街景数据；近 20000 万条地名地址数据；通过服务聚合的方式集成了 11 个省的省级在线服务资源（15 ~ 17 级矢量电子地图、影像电子地图、相应的地名地址数据）、3 个城市的在线服务资源（18 ~ 20 级矢量电子地图、影像电子地图、相应的地名地址数据），现势性均优于 2011 年年初。

"天地图" 1 ~ 18 级国内矢量数据每年全面更新两次，全国 2.5m 分辨率影像数据每年全面更新至少 1 次。此外还将逐步发布城市实拍街景、三维模型、国外多分辨率卫星数据等。两年内将使"天地图"国内区域地理信息具有较大优势，国外区域地理信息具有影响力和竞争力。"天地图"在技术和服务模式上的创新如下（科技部，2012）。

1）在技术上，"天地图"采用了集成创新与原始创新相结合的技术策略。在原始创新方面，围绕地理信息在线服务的需求，参考国内外先进成果，设计了总体技术架构和节点技术结构，提出了我国现阶段条件下地理信息公共服务的数据规范、服务规范，实现了零的突破。集成创新主要是根据天地图建设需求，选择现有相关成熟、先进、适用的技术，采用具有自主知识产权的软件产品，在消化吸收的基础上实现有特色的技术集成、改造、优化，实现核心技术和关键技术的集成创新与突破。

2）服务模式方面，采用"统一规范、分建共享、在线集成、协同服务"的创新模式，将国家各级测绘部门、企业的信息资源聚合起来，通过统一的门户网站和服务接口向用户提供服务。专业部门、企业、个人用户可以通过"天地图"的标准服务接口和 API 调用"天地图"所有的地理信息资源，即可将它们嵌入已有的 GIS 应用系统或服务网站，也可以快速搭建一个新的 GIS 应用系统或服务网站。从而大大降低开发 GIS 应用系统或网站的成本和周期，省去处理并维护公共地理框架数据、承担底层服务的高昂成本。"天地图"的这一创新模式，为普通公众、专业部门访问权威优质的地理信息资源提供了有效途径，向企业提供了资源共享、增值开发的平台，必将极大地提高测绘公共服务水平、推动地理信息事业与产业发展。

3. 地理国情监测与分析

地理国情是指那些与地理相关的自然和人文要素的国情，它从空间角度反映一个国家自然、经济、人文的状况，包括国土疆域面积、地理区域划分、地形地貌特征、道路交通网络、江河湖海分布、土地利用与土地覆盖、城市布局和城镇化扩张、生产力空间布局、灾害分布等在内的自然和人文地理要素在宏观层面的综合表达，是基本国情的重要组成部分（陈俊勇，2012；李德仁等，2012）。

地理国情监测就是从地理的角度，采用空间化的方法，对国情进行持续观测并对观测结果进行描述、分析、预测和可视化的过程，其主要任务是自然与人文地理要素信息的动态获取、综合分析与评估、产品生产与发布（陈俊勇，2012）。针对地理国情的监测，李德仁等提出：在技术方面，需要通过多学科联合，进行空天地多平台、多传感器的协同观测，实现空天地一体化观测；应该充分利用先进卫星定位技术手段建设全国统一和共享的卫星导航定位服务"一个网"，提供高精度、高效率的导航定位服务；利用地理空间信息网格技术、多维时空数据挖掘技术、空间信息云计算技术等实现地理国情信息的自动化挖掘和定量化分析；加快国家地理信息公共服务平台建设，把"天地图"打造成国际一流的地图服务网站，尽快建成可为各类用户提供全国乃至全球地理信息"一站式"服务的"一个平台"，进行地理国情的实时发布与交互式服务（李德仁等，2012）。

地貌类型单元和地貌区划单元是地理国情分析的基本单元。周成虎等系统地开展了中国地貌类型的研究，构建了中国数值地貌分类系统，建成了 1：25 万的中国地貌类型信息系统（周成虎等，2009）。在地貌区划单元方面，李炳元等分析总结了国内外地貌区划的相关研究成果，系统探讨了地貌区划的具体步骤与方法、地貌区划的原则、各级地貌区划的依据和标准，提出地貌类型组合和地貌成因类型的基本异同是各级地貌区划的依据，将中国地貌区划分为东部低山平原大区、东南低中山地大区、中北中山高原大区、西北高中山盆地大区、西南亚高山地大区和青藏高原大区 6 个地貌大区和 38 个地貌区。

可靠性地理国情动态监测是由地理信息科学衍生而来的一个新的研究、应用和发展方向。可靠性和时空动态性是其两大主要特点。可靠性问题、快速响应问题及一致性问题是地理国情动态监测需解决的 3 大核心问题。地理国情动态监测特别是可靠性地理国情动态监测不仅是国家的重大战略，也是一项国际前沿学术，需要完备的技术体系，深厚的理论方法为可靠性地理国情动态监测的发展提供支撑。史文中等针对可靠性地理国情动态监测，提出从可靠性分析与质量控制入手，以地理国情的时空变化和动态监测为主线，论述了可靠性地理国情动态监测的基础理论和关键技术，其主要分支理论与技术包括动态监测空间数据的可靠性理论、可靠性非空间信息的空间化表达方法、空间目标的可靠性动态检测技术、时空过程的动态建模理论、时空数据库的更新与一致性检验、可靠性空间分析与空间数据挖掘、时空数据的可视化表达等（史文中等，2012）。

4. 智慧城市与 GIS

智慧城市是伴随智慧地球概念的提出而出现的新概念，并很快得到学术界、工业界和管理部门的高度认同，其目标是让城市的运转更加精细化、高效化和智能化，这就涉及个人、企业、组织、政府间的互动，还有现实世界与数字世界之间的互动，而他们之间的任何互动都将提高效率和生产力的机会。李德仁等认为，智慧城市是数字城市与物联网和云计算等技术有机融合的产物，主要由数字城市和物联网、云计算 3 大类支撑技术组成。在数字城市建立的基础框架上，通过物联网将现实世界与数字世界进行有效融合，由云计算中心处理其中海量和复杂的计算，为城市管理和公众服务提供更智能化的服务（李德仁等，2012）。童庆禧指出：智慧城市的"智慧"主要体现在从宏观到微观遥感监控，还有多源、时空的连续性和更新的格式性，多维空间的延展，室内外无缝定位信息和导航网，物性的获取，无处不在的传感网，固、移相结合的通信网和个人终端完全覆盖，城市多网、无线、电视、广播、互联网等全面融合。从能力方面来说，智慧城市应该具有全方位的信息采集能力，要有强有力信息处理和分析能力，要有多网合一的泛在通信网络的能力以及完善的应急事件处理能力。

王家耀认为"智慧城市"将推动城市智慧服务和智慧产业的发展，提升进入 21 世纪信息化时代城市的核心竞争力，并总结出智慧城市的 6 大显著特征（王家耀，2012）。

1）透彻感知：对现实城市的全面、综合透彻感知和对城市运行的各种信息系统的实时感测，是面向现实城市的正确判断和决策的数据获取保障。

2）全面互联：传感器的全面互联并实现感知数据的智能传输和存储，是智慧城市核心数据动态流。

3）深度整合：对多源异构空间数据的深度整合，可实现从海量数据中获取知识，提供一致性数据服务和信息共享。

4）协同运行：基于网格环境的城市各个要素、单元和系统及其参与者的组织和高效的协同运行，促进城市运行最佳状态的达到。

5）智能服务：云计算这种新的智能服务模式，可为人们提供各种不同层次、不同要求的低成本、高效率的个性化服务。

6）激励创新：激励创新机制，为政府、企业和公众提供科技和业务创新及寻找新的经济增长点的实验平台，为城市经济社会发展提供源源不断的动力。

龚健雅在剖析智慧城市内涵的基础上，提出了面向智慧城市建设，地理信息技术面临的五大新挑战，包括多源异构传感器信息的实时接入与融合处理、多源异构传感器信息的统一接入与加载标准、多源异构信息的自主加载与融合而形成面向主题的综合信息服务、海量传感器信息的基于异常变化发现的数据更新机制、面向智慧城市运行的空间信息智能处理，并指出智慧城市中地理信息系统需要解决的6方面问题，即多传感器接入、传感器及观测数据的信息模型与传感网的互操作、多传感器信息的实时接入、多源异构信息的自主加载与内容融合、面向主题的高效时空信息管理与实时更新、智慧城市时空数据仓库与时空信息高效服务（龚健雅等，2013）。

城市内分布着大量建筑物，对城市建筑物的编码是智慧城市建设的基础之一。高效、易用的邮政建筑物编码方法可以增加智慧城市的智慧，方便政府与企业的分区管理和市场分析，使物流公司可以准确无误地将货物送往目的地，消费者可以准确找到他们要去的商家和办公室，减少出行时间，增加商贸效率。针对此问题，叶嘉安等提出了一种新型、易记、高精度、基于邮政编码区参照系的建筑物编码方法。任何一个建筑物的编码由3部分组成：第一部分为所在邮区的邮政编码，如100118；第二部分为其中心点相对邮区参考点的秒度差值，如分别为34-5=29和40-24=16；第三部分为校验码位，其作用是检查编码结果的正确性，如采用最简单按各码位数值求和取个位数值的方法，此处校验码位值为9。图6

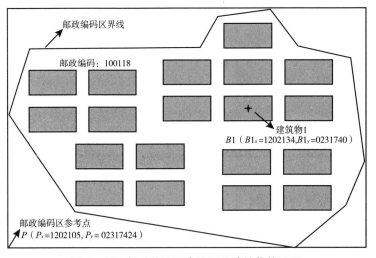

图6　基于邮政编码区参照系的建筑物编码图

中的建筑物 B1 最终的地理编码为 100118 ～ 29169。

我国城镇化发展进入一个新的阶段时期，推进智慧城市的建设是一项战略布局，也是一项长期过程。国家住房城乡建设部颁布了《国家智慧城市试点暂行管理办法》，并已经选择了 193 个城镇作为试点，其中包括 120 个市区级、70 个县镇级和 3 个镇，并确定了评价"智慧城市"的指标主要包括以下 5 方面。

1）决策和应急能力。这主要体现在面向领导的决策信息服务、综合和专项应急指挥等方面，"智慧城市"的一个重要价值是让领导获取的信息更加直观、全面、有效、实时，决策更加科学、指挥更加及时有效。

2）城市运行综合能力。这主要包括智能交通、资源环境、公共安全、生产安全、市政市容、园林绿化、食品安全等方面，城市管理各相关部门能够及时获取城市运行状态信息，支持业务精细化、智能化管理，以及对公众提供便捷化、个性化的服务。

3）经济活力与产业竞争力。这主要包括工业运行、绿色农业、商业服务、金融服务、科技创新、信息产业、节能减排、旅游、信用等方面，经济发展各主管部门以更加智慧的手段，加快促进产业结构升级，营造可持续的、健康的经济发展环境。

4）市民素质与生活幸福指数。这主要包括教育、医疗卫生、社会保障、就业、住房、养老、社区安防等方面，面向针对关乎社会公众切身利益的问题，采取更加有效的手段，切实保障和改善民生。

5）信息化统筹管理与服务能力。这主要包括基础支撑平台、基础和共享信息资源、基础网络和计算存储设施、信息服务门户，以及容灾备份等安全基础设施等方面的统筹管理能力。没有信息化的统筹管理，就无法实现信息的及时获取和互联互通、业务的协同运行。

国家测绘地信局网站推动的"智慧城市"建设，是以地理信息为基础，通过使用互联网、云计算等新一代技术，为公众提供个性化的服务。目前全国累计开发涉及国土、房产、公安、环保、卫生等几十个领域的 2000 多个应用系统，为构建"智慧城市"提供了信息资源、平台基础、高新技术和人才储备。同时，国家测绘地理信息局还研制了 30 余项国家标准和 10 余项行业标准，攻克了一系列技术难题，形成了以 NewMap、MapGIS、SuperMap 等为代表的一批具有我国自主知识产权的软件产品，部分功能和性能指标均优于国外同类产品，并着力开展自主研制的"智慧城市"时空信息云平台的推广应用。该"智慧城市"时空信息云平台是通过泛在网络、传感设备、智能计算等新型高科技手段，实时汇集城市各种时空信息，而形成的地理信息服务平台，是"智慧城市"建设的重要的空间信息基础设施。另外，国家测绘地理信息局也选择太原、广州、徐州、临沂、郑州、重庆、武汉、无锡、淄博 9 个城市作为其智慧城市建设的试点，标志着我国数字城市建设开始向智慧城市建设全面升级。

5. 健康卫生与公共安全

随着经济社会的发展和人口的增多，公共健康问题日益受到关注和重视。公共健康常常与区域地理环境、人口构成与流动等因素密切相关。GIS 在公共健康与公共安全领域的应用成为地理信息科学应用研究的热点。王劲峰及其团队长期坚持公共健康 GIS 的研究，取得了显著的进展，主要成果如下。

1）出生缺陷与环境关系。出生缺陷是世界各地婴儿死亡和残疾的主要成因之一，但是迄今为止，大多数类型的出生缺陷仍然病因未明。疾病发病率地图制作和分析手段的发展，为分析出生缺陷疾病的空间分布和寻找可能的环境影响因素提供了可能。他们以山西省和顺县农村地区 1998—2001 年的神经管畸形数据为基础，对两种常用的疾病相对风险制图方法—分层贝叶斯模型和空间过滤方法进行了深入探讨（F Wu, Lin Q Y et al., 2011）。

2）儿童手足口病发生环境特征分析。手足口病（HFMD）是我国常见的传染病之一。基于中国东南部 1456 个县 11 个月 HFMD 的发病率数据和同期气象数据，综合运用贝叶斯最大熵（BME）和自组织映射（SOM）方法，经数据同化后，分别并联合提取 HFMD 发病率和气象因子的时空型，据此发现：HFMD 在组合时空域中展现出规律性，而非单纯的时间和空间变化；HFMD 具有散发和聚集爆发，后者与月降水时空型存在明显的空间关联性（JF Wang, YS Guo et al., 2011; M Hu et al., 2012）。

3）疾病的聚集区域探测。空间扫描统计量被广泛应用于地理疾病监测中探测某种疾病的聚集区域。但是由于复杂的社会、经济和交通原因，疾病聚集区域中的高风险区域并不一定存在于聚集区域的中心位置，并且研究区域内可能同时存在地理上不连接的多个聚集。在这种情况下，常规的方法难以准确地探测到高风险区域和所有聚集区域。他们提出了一种新的空间扫描统计量方法，不论它处于聚集区域的任何位置，都可以准确地探测到高风险区域，并且在预先大概估计出聚集区域个数的情况下，可以准确地探测到全部的聚集区域（ZX Li et al., 2011）。

4）区域发病率/流行率无偏估计。区域发病率/流行率往往通过哨点医院的监测记录进行估计。但是，这些记录本身的误差及哨点医院设立的有偏性，使得样本抽取的随机性难以保障，得到的区域流行率估计值将是有偏的，这将误导疾病干预。他们建立了有偏样本纠正 B-shade 模型，它充分利用地理空间横向相关性，以及样本与区域总体之间的纵向相关性，基于有偏哨点医院数据，计算得到研究区疾病流行率最优无偏估计（JF Wang, BY Reis et al., 2011）。

警用 GIS 是 GIS 在公安部门的应用和实践。全国警用地理信息基础应用平台（简称"PGIS 平台"）研究，按照"统一组织、统一标准、统一软件"原则，构建了警用地理信息理论与应用体系，确定了部、省、市三级分布式技术体系架构，制定了面向公安行业的空间数据管理模型、数据、管理和平台技术等系列标准，解决了一体化海量空间信息管理、基于栅格图片引擎的高效地图访问、空间信息联网查询和分布式访问、公安业务信息与空间信息的关联集成、基于消息的大规模实时定位信息分发与展示、中文地址高效智能匹配等关键技术，开发建立了基于 ARCGIS 的 PGIS 平台，在公安部、4 个省级、115 个城市共 120 个单位组织完成了规模化应用示范建设，并在 20 余个省级公安机关、70 余个地市做了进一步应用推广，实现平台之间互联互通，全国"一张图"无缝漫游和信息共享。

6.国土资源遥感监测"一张图"

我国正处于工业化、城镇化、农业现代化"三化"同步快速推进时期，资源需求刚性上升，资源供给刚性制约，面临着保障发展和保护资源的双重压力和"两难"局面。复杂和严峻的国土资源管理形势，对全面掌握960万平方千米的国土资源及开发利用状况提出了新的要求。通过研发和集成国土资源数据获取、处理加工、应用与服务等一系列关键技术，探索形成可推广、实用化和可业务化运行的调查评价和应用服务的技术体系，建立全面覆盖、全国统一、上下一致的国土资源行业数据资源体系和以信息化为支撑的国土资源监管体系，实现对全国国土资源及其开发利用状况的全面掌握和动态、实时监测，满足国土资源管理和监测监管、宏观调控和社会化服务的需要，提升国土资源管理的精细化和科学化水平。针对此应用需求，构建了全国国土资源遥感监测"一张图"体系，该体系的主要技术特点与优势如下。

1）在关键技术研究和综合应用基础上，整合建立了全国国土资源遥感监测"一张图"和综合监管平台。形成了覆盖土地、矿产、地质环境和地质灾害等国土资源管理主要业务的核心数据库，全面掌握资源的数量、质量、分布、潜力，同时将国土资源规划、调查评价、监测、管理与数据生产、汇交、更新和应用相对接，实现对各级国土资源管理行为、开发利用状况、市场交易的全面全程监管，初步实现了从"以数管理"到"以图管地、管矿"的根本转变。

2）首次整合和集成了全国土地、矿产、地质环境和地质灾害等国土资源管理各专业领域及资源开发利用状况的数据，全面掌握了资源数量、质量、布局、潜力，摸清了家底。全国建设用地审批、土地供应、土地利用和土地市场、耕地补充等土地开发利用全过程，矿业权配置、矿产资源规划、潜力评价、储量统计与储量核查等矿产资源开发利用全过程，以及700多个县的10多万处地质灾害隐患点数据已经全部纳入国土资源遥感监测"一张图"（图7）。高分辨率遥感影像数据已经实现覆盖全国960万平方千米，并且结合每年的年度土地利用变更调查等专项调查评价项目，实现"一张图"底图每年更新一次。

3）推进了国土资源数据共享和社会化服务。在国土资源系统内部，国土资源遥感监测"一张图"为全国矿业权核查、矿产资源潜力评价、全国整装勘查区、全国土地整治规划修编、矿产开发秩序专项整治等专项工作提供底数，发挥了重要的基础保障作用。在其他领域，国土资源遥感监测"一张图"已经开始为相关部门提供信息共享服务，为第六次人口普查、第一次全国水利普查、汶川和玉树地震等专项调查提供覆盖全国的遥感影像数据服务，为银监会土地抵押贷款等社会经济相关领域提供土地登记等信息服务。

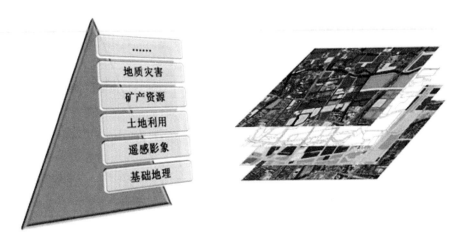

图 7　综合集成国土资源调查评价成果数据和管理信息的国土资源遥感监测"一张图"

三、国内外研究进展比较

地理信息系统是 20 世纪 60 年代起源于美国、80 年代初引进中国的一项技术，经历了初期的技术为主体、科学引导、服务牵引的 3 个时期，发展成为融科学、技术与服务于一体的综合科学技术领域。

（一）基础理论与方法

20 世纪 90 年代中期开始，国际上广泛开展地理信息系统的基础理论研究，并由此开始了地理信息科学研究的时代。美国自然科学基金委员会启动了一系列的关于 GIS 基础理论与方法研究的项目，如支持美国国家地理信息与分析研究中心的系列计划，包括地理本体、空间数据表达、空间分析模型、GIS 的社会应用等，出版了一系列研究报告。在最近的两年，美国学者主要侧重于时空动态数据分析、复杂系统的模拟，如华裔学者韩家伟在美国伊利诺伊大学推进空间数据挖掘的研究、肖世伦教授在美国田纳西大学开展时间 GIS 的研究、关美宝教授致力于人类空间行为感知的研究等；美国麻省理工学院构建了可感知城市研究中心，通过将对传感网数据的空间关联，挖掘各种事件发生的空间轨迹，如电子垃圾的循环利用空间分布、基于手机信号的区域土地利用特色分析等。

我国的自然科学基金委员会、中国科学院、教育部及其下属的相关高等院校等，均立项支持开展 GIS 的基础研究。最近两年来，我国自然科学基金委员会连续支持了一批重点项目，开展地理系统模型、时空数据挖掘等，学者们在国内外发表一批高水平的学术论文，如黎夏的地理元胞自动机与智能体的结合、裴韬的时空点过程异常模式的识别与提取、王劲峰的空间无偏估计、岳天祥的高曲面建模、童小华的空间数据的可信分析等。

在国家"973"计划的支持下，龚健雅组织国内优势团队系统地开展了空间数据—空间信息—空间知识转换研究，提出了地理服务网络概念与网络空间信息共享系列方法，建立了基于语义的空间信息资源分类、注册、发现、匹配和组合智能服务方法与技术体系，开展了传感网时空信息聚焦服务的模型与方法研究，提出了传感器信息元描述模型和事件驱动的空天地多传感器协同观测方法，为空间信息智能服务、传感网时空信息即时服务等奠定了理论与方法基础；王劲峰等针对 SARS、禽流感等疾病，开展流行病的空间传播模拟分析，开拓了我国公共卫生与健康 GIS 研究的先河。

通过上述的案例比较分析可以发现，中美两国在 GIS 基础理论与方法研究在早期有一些差异，美国较中国先前开展研究，处于引领地位；在最近的 5 年，中国科学家在国家科技计划的支持下，面向科学的前沿，特别是大数据时代的 GIS 理论方法，开展了较有成效的基础研究，在空间抽样、空间建模、时空数据挖掘、空间数据的不确定性与可信分析等方向上，取得了领先的研究成果。同时，我们认识到在高质量的论文发表等方面，还存在一定的差距，国家的基础研究的科研考核体系有待进一步改进，促进需要长期研究的核心基础理论的重大突破。

（二）核心技术与软件系统

在 GIS 的发展过程中，各类 IT 技术一直是 GIS 发展的重要带动力，通过各类先进 IT 技术的应用，极大地提升了 GIS 的技术能力，进而带动了其应用的深化。例如，在 GIS 发展的初期，微机的普及化，促进了桌面 GIS 的发展；互联网技术的发展与普及化，带动了 WebGIS 的发展；当代移动互联网的发展，带动了地理信息服务业发展。因此，在一定意义上，GIS 是 IT 技术在地理科学中应用的集中体现。

我国地理信息系统技术走过了引进、消化、吸收和再创新的发展过程。在 20 世纪 80 年代初引进 ArcInfo 基础软件，安排学者到美国系统环境研究所学习技术。之后，我国学者开始研发国产化的 GIS 基础软件，如早期北京大学研发的 GeoUnion、中国科学院遥感应用研究所研发的 SpaceMan 等。从 1996 年开始，在国家科技计划的支持下，国产化软件的研发进入一个新的阶段，通过关键计划的协同攻关和综合集成等，催生出我国第一代 GIS 软件，如 MapGIS、SuperMap、GeoStar、InterReal 等。通过在国家科技计划中引进竞争机制，使得科技投入的资源相对集中，成功地培育出我国自主的品牌 GIS 软件 SuperMap 和 MapGIS。目前，自主品牌的 GIS 基础软件已经占据了国内市场的 60% 以上，并开始走向国际市场。

与国际先进的 GIS 基础软件 ArcGIS 相比，我国的 GIS 基础软件在可靠性、稳定性等方面，还存在一定的差距，对于超大型应用系统的支持能力还不能全部满足要求，国际市场的竞争力还比较薄弱。综合比较中外的 GIS 基础软件的发展模式，我国以国家科技计划的支持为主，仅在近期才开始引进市场资本，天使类的风险投资刚刚介入；美国的 GIS 基础软件的研发，从一开始就和资本市场密切联系，实现资本运作和技术发展有机衔接，极大地促进了技术的创新和软件的成熟。

随着云计算、物联网等兴起和发展，传统的 GIS 已难以适应时代的需求，面向高性能计算、海量数据管理和处理分析、网络化服务为特征的新一代 GIS 软件，成为当代 GIS 技术与软件发展的前沿。抓紧新的技术战略机遇，与世界同步发展新一代云 GIS，是我国实现赶超世界的有利机会。针对新一代 GIS 软件，中美两国均启动了重大项目开展研究。美国自然科学基金委员会于 2010 年 10 月启动了 CyberGIS 项目，旨在建设一个无缝集成信息化基础设施、GIS、空间分析和建模功能的软件框架，提供增强高性能和协作式地理空间问题求解能力。该系统的硬件平台支撑主要基于网格技术建立的信息化基础设施，包括集成了信息化基础设施和 GIS 系统的信息分析平台 GISolve，实现对数据和知识挖掘、可视化、高性能计算系统及协作的支持，辅助对地理信息科学和信息化基础设施的研究和教学。其应用主要有提供全球流行病分布信息的疾病预防控制 CDC 项目、生物能时空数据分析处理中间件项目、通过地理信息支持科学研究和决策（如生态环境、交通、公共卫生等）的 TeraGrid 地理计算系统和框架为地理现象分析与过程模拟提供了一个建模及运行环境。通过使用统一的数据接口、模型标准以及通用工具，提高了模型的开发效率、模型间的互操作性、模型的可移植性以及模拟性能。

国家"863"计划于 2010 年启动了"面向新型硬件架构的复杂地理计算平台"的重点项目，在海量地理空间数据处理和分析方面，自主设计并实现了地图投影、坐标转换、格式变换等并行处理算法 10 个，27 种矢量、栅格空间分析并行化算法，11 个地形因子的并行化算法，以及并行遗传算法、微粒群算法、蚁群算法、模拟退火算法和免疫算法等，设计并构建了智能地理计算并行算法库与中间件的总体框架，初步实现了智能地理计算与基础 GIS 平台的集成，并在 Amzon 云平台上进行了试验部署以及我国网格地质信息平台上部署。该系统的研发，使我国 GIS 技术与软件的发展实现了与世界发展的同步，有望推动我国 GIS 技术的跨越发展。

（三）行业应用与地理信息服务

应用是驱动 GIS 发展的主要动力之一，特别是在 GIS 发展的初中期，例如，加拿大国家 GIS 系统建设带动了 GIS 技术的发展。从应用的角度看，在早期，GIS 主要用于资源与环境领域，如土地利用、设施管理、环境质量评价等，特别是 20 世纪的 80 年代和 90 年代，以 GIS 为纽带，形成了一系列专业化 GIS 群，如土地管理与 GIS、公共设施制图与 GIS、环境系统模拟与 GIS 等，GIS 与各应用领域的结合，促进了 GIS 的多样化发展，GIS 出现了细化与分化发展的态势。通过这些应用的驱动，GIS 的各种空间分析功能又得到进一步的增强，并形成了 GIS 与专业模型系统的直接耦合。我国 GIS 发展初中期，均是应用拉动。例如，国家在 1985—1995 年的十年间，持续通过国家科技攻关计划，以资源与环境的重大问题的解决为目标，系统开展 GIS 的应用基础与应用研究，如黄土高原土壤侵蚀、三北防护林资源管理、黄河下游及三角洲区域发展等。也正是因为国家的主导，使得我国 GIS 的发展之初就和应用需求密切结合，使得 GIS 发展的生命力根植于应用。

对于行业发展而言，GIS 的应用对测绘的技术更新是一个史无前例的历程，实现了对行业的全面改造，无论中外，均是如此。GIS 的广泛使用，是传统的制图工程从专业化变成了普及化，作为一门专门的制图技术因为 GIS 的普及化，而得到巨大发展并成为一门通用的技术。地图作为数据载体的功能，也因为 GIS 空间数据存储能力发展，电子地图成为时代的主流。今天，实时制图网络在线服务等成为地图应用的基本模式。

随着 GIS 应用的深化，GIS 的应用领域不断拓展，北美在 20 世纪 90 年代中后期，GIS 应用拓展了生命健康、公共卫生、社会发展等领域，甚至美国总统竞选过程中，GIS 也被用于选票的空间分布与竞选策略分析。例如，柳林教授在美国辛辛那提大学利用 GIS 开展城市犯罪记录的分析，研究犯罪的时空特征。欧洲 GIS 应用传统的人文色彩一直比较浓厚，奥地利维也纳经济大学的 Fisher 教授长期开展 GIS 与经济分析研究，英国剑桥大学的 Hanning 教授长期开展空间统计分析与人口健康的研究。我国 GIS 的应用自 21 世纪初前后，进入深化和拓展的发展阶段。经济社会、公共卫生与健康等领域采用 GIS 辅助空间制图和空间分析。例如，2003 年的 SARS 期间，GIS 对全国的发生病例实时空间关联与发布，2010 年的上海世博会采用 GIS 进行人群密集区的可能疾病空间扩散的分析模拟，国家疾控中心构建了全国流行病与传染病 GIS 系统等。当前，商业智能 GIS 也得到较好发展，在商业网点的选址与布局、物流配送与商品销售管理等方面全面采用 GIS 进行空间优化。

随着移动互联网的发展，地理信息服务成为整个信息社会的基本构成，特别是 Google Map 的推出，极大地促进了地理信息服务的普及化。我国的百度、腾讯等大型互联网公司，均提供免费的地图服务；国家大剧院、首都国际机场等大型公共场所将室内定位与 GIS 结合，推出了室内地理信息服务。可以预见，在未来的 5 年，GIS 将实现室内外一体化的地理信息服务体系，为人们的衣食住行、公共卫生与安全等提供更加实时、更为精确、更加丰富的地理信息服务。在这方面，中外处于同步发展阶段，并处于以知识化服务为核心的发展起点。

（四）学科建设与基础设施发展

地理信息系统发展根源于地理学、测绘科学和计算科学的交叉，其快速发展又进一步地促进了相关学科的发展。美国 GIS 起源于哈佛大学计算机图形实验室和西北大学地理系，后来在工业界得到很好的发展。在 1988 年，美国国家自然科学基金委员会深刻地认识到 GIS 的重要性，启动了美国国家地理信息与分析中心成立，并由纽约州立大学的布法罗分校、缅因大学、加州大学圣巴巴分校等 3 所大学联合开展 GIS 研究。此中心的成立和发展不仅极大地促进了美国的 GIS 研究和教育，也带动了其早期编辑出版 3 卷《GIS 核心教程》世界各国最为普遍采用的教学资料。我国 GIS 的学科建设与美国较为相似：早期推动 GIS 发展的学科主要为地理学和测绘科学，也在国家主导下于 1987 成立了我国第一个国家重点实验室，即资源与环境信息系统国家重点实验室，启动第一个国家级的大型研究项目。

之后，1992 年成立了测绘遥感信息工程国家重点实验室，2013 年成立了地理信息工程国家重点实验室。这 3 个国家重点实验室的建设为我国 GIS 学科建设和发展奠定了坚实的基础。

在高等教育方面，目前我国开设 GIS 本科专业的高等院校已近 170 余所，100 多所高等院校具有与地理信息系统相关的理学及工学硕士点和博士点。与美国相比，我国的 GIS 高等教育的范围广，在高速发展中还存在一系列问题与矛盾，如招生规模过大、教师队伍建设不完善等。

四、发展趋势及展望

经过 50 多年的发展，地图学与地理信息系统进入了一个以地理信息服务为核心的发展阶段，海量数据动态接入、综合管理、融合处理、智能分析、个性化制图与知识共享等成为研究的重点与热点，经济社会发展、公共卫生与健康、社交网络与虚拟空间混合等成为新的应用领域，以地理信息为核心、牵动遥感与导航定位的地理空间信息产业正处于蓬勃发展的新时期。

（一）地理信息系统发展态势

为顺应"智慧地球""物联网""云计算"等新兴技术发展潮流并满足政府部门和社会公众对 GIS 应用在专业化方向深入及社会化方向拓展的需求，GIS 的发展态势呈现以下的趋势。

1）从 GIS 研究范围和对象角度，传统的"点—线—面"数据结构体系已无法满足对全球尺度、动态变化世界的描述，多重数据表达、真三维 GIS、时态 GIS 等对传统的 GIS 数据模型提出了新的挑战。需将传统地理信息管理范畴拓展到广域多重空间上去，亟待探索新的 GIS 基础理论和方法体系来支撑技术的发展和适应新的应用需求。

2）海量数据处理、分布式并行计算、复杂系统模拟使传统结构的 GIS 面临巨大挑战，高性能计算、空间知识发现、专业模型嵌入成为未来 GIS 特色。因此，需要发展新一代高性能地学计算模式，设计新型的 GIS 体系架构，研究开发标准化的、以服务为导向的、适合于高性能计算的地理空间分析中间件。

3）普适化应用、知识化服务的地理信息应用模式。在新一代 GIS 体系中，需要重点开发大规模复杂地理数据的可视化引擎，与动态自组织的多重广域数据组织与管理模型协同起来，打通"现实世界—地理世界—虚拟世界"的隔阂，为用户提供一体化的、全透明的、高度真实的、个性化的地理信息服务新模式。

4）服务式 GIS 软件是未来 GIS 的发展方向。在广域 GIS 理论及其核心技术基础上，在底层构建高性能地学计算语言开发环境，上层打造广域而多重的"云服务"体系，为应用提供集"数据—计算—服务"于一体的整体性解决方案。

（二）地理信息系统发展展望

随着地理空间信息采集技术的灵巧化、数字化，制图软件集成与地图编辑的便利化、时空数据分析的自动化与智能化，硬件、软件、数据与人联系的网络化，地理信息系统迎来了面向多维地理空间、面向多重地理世界的新时代（周成虎等，2013）。

1. 新地理信息时代与泛空间信息体系

首先是实时、动态、微观的地理信息实现在线服务。当今，Wikimapia 通过允许用户提供详细的地球表面描述信息来"描述整个世界"，现已拥有包括位置、地名、类型等数据项的 800 万个目标信息；OpenStreetMap 建立一个开放的、免费的全球数字地图网站。志愿者采用 GPS 来采集道路、河流等位置和属性信息，通过网络进行数据的合并。同时，随着 Internet 的普及，WWW（World Wide Wed）已经成为人类历史上最为庞大的知识库，其中地理空间知识占据了很大比重，大量的 Web 页面都直接或间接表达了地理空间知识。目前，文本形式的地理空间知识，连同矢量形式的地理空间数据、栅格形式的对地观测数据，成为现代地理信息的三个重要成分。然而，传统的 GIS 长于坐标几何数据的管理和分析，智能程度不高，难以实现地理空间知识的表达和智能化检索，阻碍了 GIS 对大量文本化地理信息的处理和 GIS 的社会化。定性地理空间知识的表达、推理和智能检索，已成为近年来地理信息科学研究的热点，2008 年度 IJGIS 分别出版了关于数字地名词典和地理信息检索的专辑，并且国外也有初步的系统实现。因此，运用空间与位置的观点，将各种信息基于空间化进行集成，并在统一的时空域内对信息进行处理、加工和分析等，为解决复杂的空间决策等问题，提供了新的视角和途径，共同构成了一个泛空间信息体系。

2. GIS 体系向过程化、网络化与集成化方向发展

地理信息系统软件是地理信息领域大型基础软件，开发一个功能完备的 GIS 软件是一项极其复杂的工程。如何合理地组织 GIS 软件的结构一直是研究的重要问题，它的发展经历了 GIS 模块、集成式 GIS、模块化 GIS 和核心式 GIS 几个历程。GIS 的体系将从"数据 + 空间格局"向"模型 + 空间过程"方向发展，"数据编码 + 数据集成管理"将和"模型库 + 空间过程模拟"有机结合，实现数据、模型、系统的一体化和智能化。新型的计算机硬件、软件体系、网络技术等的发展，推动着当代 GIS 技术的快速更新和发展，WebGIS、网格 GIS 是 GIS 的重要发展方向。以服务为理念的 GIS 将成为未来地理信息应用的重要方式。以 GIS 为核心，与全球定位系统（GPS）和遥感（RS）的集成，构成一个高度自动化、实时化的 GIS 系统，是 GIS 发展的另一个重要趋势。这种系统不仅具有自动、实时地采集、处理和更新数据的功能，而且能够分析和运用数据，为各种应用提供科学的决策咨询，并回答用户可能提出的各种复杂问题。随着 GIS 应用的普及化和专业化，GIS 软件平台的构

成将进一步组件化，各组件之间不仅可以自由、灵活地重组，实现高效无缝的系统集成，而且大幅度降低大众化用户开发的技术门槛和开发成本。

3. 分布式海量空间数据管理系统为重要基石

为了实现"空间—属性"数据一体化、"矢量—栅格"数据一体化和"空间信息—业务信息"一体化，现有的空间数据管理向集成结构的空间数据库方向发展。在整体空间数据模型支持下，利用成熟的商用对象—关系数据库管理系统（ORDBMS）来存储和管理海量数据是大势所趋。由此，专门针对分布式海量空间数据的数据库管理技术开始出现并迅速发展，并成为大型 GIS 平台空间数据管理的基础。当前分布式海量空间数据管理系统要求能够对空间数据实现一体化存储、组织与管理，而面对新型计算机硬件体系结构下出现的新问题，对传统的空间数据管理技术提出了新的挑战。

4. 地理信息服务成为发展趋势

地理信息服务是 Web Service 和 GIS 技术的结合，它的出现和发展为解决分布、异构环境下的地理信息共享和互操作问题提供了一种有效的技术途径。通过地理信息服务来实现地理信息、地理信息处理与分析功能模型、地理信息系统软件等的资源化利用，是地理信息应用的发展潮流，也是新一代 GIS 技术发展的必然趋势。Web3.0 技术使得地理信息服务呈现出更为丰富的应用前景，导致了诸如 GeoWeb 等概念的诞生——"GeoWeb 是一种通过基于服务接口可访问的持续可用的地理信息内容和地理空间能力"。基于 GeoWeb 的各种地理信息服务正在成为 Web 环境的基础性组成设施，互联网上众多的地图内容聚合就是 GeoWeb 的典型应用。当前人们已经开始研究如何高效利用互联网上的各种 Web 服务，并采用诸如动态选择、异步调用、分布式执行等机制来提升 Web 服务组合时的系统性能问题，这种趋势使得开展空间领域类似问题研究具有较为可信和可靠的理论基础。下一代互联网（IPv6）具有网络地址多、内置安全协议、服务质量高、即插即用等技术特征，提供了强大、可伸缩的网络基础环境，将改变很多基于互联网的应用，为解决地理信息服务在处理能力和性能方面的瓶颈提供了新的机遇。

5. 地理信息云计算占据前沿

在云计算技术的支持下，用户可以实现按需使用 GIS。用户不需要知道数据、软件来自何处，可随时、随地获得计算能力（资源、信息、服务、知识），用户可以把各种资源如地理数据、应用软件、硬件设备都放在云计算平台的统一管理中，进一步强化地理分析、处理能力。同时，云计算服务可靠、安全，每个地理信息应用部署都与物理平台无关，通过虚拟平台进行管理，以及对地理信息应用进行扩展、迁移和备份等各种操作。云计算平台对全球化的地理空间信息存储、检索、分析和操作提出了新的机遇和挑战。

（三）我国重大需求与发展战略

21世纪是一个空间时代、网络的社会，地理信息成为一个国家的战略信息资源，地理信息科学与技术的发展具有重大需求。我国的经济社会可持续发展、国家生态环境与国防安全均对地理信息系统提出了一系列的需求。

1. 国家经济社会发展的空间决策支持的重大需求

随着政府管理决策科学化、经济社会发展信息化以及社会建设和谐化的不断推进，随着国家主题功能区规划的深化和实施，各级政府部门、企业和社会公众对网络化地图、地理信息服务的需求与日俱增，空间信息已经成为国家、地区宏观决策管理不可替代的信息源。国家和区域层次上的宏观决策应用由资源、环境、人文的单一主题应用向综合应用和多源信息融合处理发展，宏观管理进一步精细化，宏观与微观管理加速融合等，这些对空间信息及其空间决策支持服务等都提出了新的要求。

资源安全是另一个日益凸显的问题。为了应对全球能源和矿产资源的新形势，对能源和矿产资源开发管理提出了一系列新要求，矿产资源管理积极参与宏观调控的需求也越来越迫切。因此，我们应该对全球资源与能源状况有较为全面的了解和分析，构建这样的地理信息系统关系国家长远发展。

2. 社会公共安全与卫生健康保障重大需要

公共安全涉及自然灾害、事故灾难和社会安全等方面。自然灾害是影响一个国家经济建设和社会发展的重要因素之一，预防和减轻自然灾害人类所面临的共同难题，需要利用地理信息系统实现对灾害情势的综合分析与预警预测。我国目前公共安全保障基础薄弱，与经济高速发展的矛盾越来越突出，影响着国民经济全面、协调、可持续发展，并给人民生命和财产带来重大损失。从社会治安看，近年来，我国违法犯罪总量仍居高不下，违法犯罪种类和外延不仅明显增多、扩大，而且走向国际化。因此，及时、准确地掌握安全隐患信息，是防御重大事故的关键，而空间信息的快速获取与甄别、海量数据的处理与挖掘是一项重要的基础性工作。

3. 地理信息产业发展重大需求

近年来我国地理信息产业呈现出爆发式增长，年平均增长率达20%。据不完全统计，我国2008年地理信息产业总规模已超过600亿，从业人员约40万人，从业机构超过1万家。在未来10年里，我国地理信息产业的信息市场、产品市场、技术市场和劳务市场等将初步形成，产业结构将日趋合理，地理信息空间数据将更加丰富，共享机制将初步形成，自主产权软件市场占有率将超过75%，将涌现出一批大型骨干专业企业，并形成合理的地理信息产业链。地理信息产业将成为现代服务业的一个新的经济增长点。预计到

2010 年，我国地理信息产业年总产值将达到 800 亿～1000 亿元；到 2020 年，产业年总产值将达到 5000 亿元。

4. 地球科学研究发展与地球系统综合模拟、全球变化分析的重大需求

地球系统过程数值模拟是全球变化与地球系统科学研究的重要手段。虚拟地理环境可用于模拟和分析复杂的地球系统行为现象与过程，发布地学多维数据，支持可视与不可视的地学数据表达、未来场景预见、地理协同工作和群体决策，也可用于地理教育、虚拟旅游等人类数字式生活方式。虚拟地理环境研究注重人地关系的理论研究及地理过程模型的表达与知识共享，强调科学计算与虚拟实验、多维可视化、人机交互与地理协同在地理过程的时空动态发展的分析模拟与预测决策中的作用，重视公众参与和地理知识的获取与交流。它可提供开展虚拟地理实验的工作空间和平台，帮助人们更好地理解和认知现实地理环境。

全球变化是目前人类社会发展所面临的严重问题，其变化幅度已经超出了地球本身自然变动的范围，日益引起社会各界的重视。全球变化研究关注的重点是全球环境变化对人类和生态环境造成的影响，以及人类社会如何应对全球环境变化的挑战，如何适应未来可能出现的环境变化并有效地利用这种变化的环境，即人类如何合理地管理"地球生命支撑系统"，以满足人类对可持续发展的追求。全球变化问题的深入研究，将有利于帮助人类自身、社会发展、生产行业趋利避害，帮助政府制定战略和决策，建立国家风险管理和应急快速反应系统，为可持续发展、和谐社会构建做出应有的贡献。

5. 国家国防安全的重大需求

目前，国际环境复杂多变，影响和平与发展的不稳定不确定因素增多，世界范围内，特别是东北亚地区、南亚地区等我国周边地区的局势并不稳定，局部战争时有发生，国际恐怖主义势力依然存在，恐怖活动并没有减少的趋势，在全球和周边地区内，威胁我国国防安全。

GIS 的发展已经跨越了传统的范畴，现代 IT 技术、资源环境与社会经济发展的应用需求等，成为 GIS 发展的驱动力，因此，需要借助于多学科力量，通过原始创新和集成创新，方可实现 GIS 的重大创新。鉴于此，我国地理信息系统发展战略为以下 5 个方面。

1）加强 GIS 带有基础性的重大科学与技术问题研究，增强我国 GIS 的自主创新能力，实现原创性科学技术突破。

2）充分重视关系到国家安全的核心技术研发，积极发展对提高我国的技术竞争能力和经济建设有带动作用的重大关键技术。

3）充分利用已有的技术基础和产业应用基础，研究解决未来 5～10 年发展的重大科学技术问题，并着眼于更长远的发展。

4）要把解决或缓解国产空间信息源的压力放在重要位置，加强空间信息处理与分析技术研究，重视在大气、海洋、陆地及空间等战略领域的技术应用；加强国际合作和高尖

端人才的培养。

5）探索泛空间信息时代的地理信息科学理论，发展海量空间信息存储、管理、集成分析、过程模拟和空间决策支持的科学方法，研发面向后 IPV6. 支撑新型软硬件架构体系的新一代地理信息服务软件系统，构建支撑位置服务战略产业发展的创新服务平台，形成我国地理信息科学与技术在世界的战略制高点位置。

参 考 文 献

［1］ Tong XC BenJ, et al. Efficient encoding and spatial operation scheme for aperture 4 hexagonal discrete global grid system［J］. International Journal of Geographical Information Science, 2013，27（5）：898−921.

［2］ Yue T.X, Chen C.F, Li B.L. A high accuracy method for filling SRTM voids and its verification［J］. International Journal of Remote Sensing, 2012, 33（9）：2815−2830.

［3］ Yue TX Yue. Surface Modelling：High Accuracy and High Speed Methods［M］. New York：CRC Press, 2011.

［4］ Yue TX, Fan ZM, Chen CF, et al.Surface modelling of global terrestrial ecosystems under three climate change scenarios［J］. Ecological Modelling 2011, 222：2342−2361.

［5］ Yue TX, Sven E. Jorgensen, et al. Larocque. Progress in global ecological modeling［J］. Ecological Modelling, 2011, 222：2172−2177.

［6］ Pei T, Gao JH, Ma T, et al. Multi−scale decomposition of point process data［J］. GeoInformatica, 2012, 16（4），625−652.

［7］ Wan Y, Pei T, Zhou CH, et al. ACOMCD：A multiple cluster detection algorithm based on the spatial scan statistic and ant colony optimization［J］. Computational Statistics and Data Analysis, 2012, 56：283−296.

［8］ Wang J.F, Jiang C.S, Hu M.G, et al. Design−based spatial sampling：Theory and implementation［J］. Environmental Modelling & Software, 2012, 40：280−288.

［9］ Wang J.F, Stein A, Gao B.B, et al. A review of spatial sampling［J］. Spatial Statistics, 2012, 2：1−14.

［10］ Pei T, Wan Y, Jiang Y, Qu CX, et al. Detecting arbitrarily shaped clusters using antcolony optimization［J］. International Journal of Geographical Information Science, 2011, 25（10）：1575−1595.

［11］ Pei T. A non−parametric index for determining numbers of events in clusters［J］. Mathematical Geosciences, 2011, 43（3）：345−362.

［12］ Wan Y, Pei T, Zhou CH, et al. ACOMCD：A multiple cluster detection algorithmbased on the spatial scan statistic and ant colony optimization［J］. Computational Statistics and Data Analysis, 2012, 56：283−296.

［13］ Zhu Q, Hu MY. Semantics−based 3D Dynamic Hierarchical House Property Model［J］. International Journal of Geographical Information Science, 2010, 24（2）：165−188.

［14］ Zhao JQ, Zhu Q, Du ZQ, et al. Mathematical morphology−based generalization of complex 3D building models incorporating semantic relationships［J］. ISPRS Journal of Photogrammetry and Remote Sensing, 2012, 68（2012）：95−111.

［15］ Xie X, Zhu Q, Du ZQ, et al. A Semantics−Constrained Profiling Approach to Complex 3D City Models［J］. Computers, Environment and Urban Systems, 2013，41：309−317.

［16］ Wang JF, Reis BY, Hu MG, et al. Area disease estimation based on sentinel hospital records［J］. PLoS ONE, 2011, 6（8）：e23428.

［17］ Wu F, Liu QY, Lu L, et al. Distribution of Aedes alboqictus（Diptera：Culicidae）in Northwesten China［J］. Vector−Borne and Zoonotic Diseases, 2011, 11（8）：1181−1186.

［18］ Wang JF, Guo YS, Christakos G, et al. Hand, foot and mouth disease：spatiotemporal transmission and climate［J］.

International Journal of Health Geographics, 2011, 10（1）：25.

［19］ Li XZ, Wang JF, Yang WZ, et al. A spatial scan statistic for nonisotropic two-level risk cluster［J］. Statistics in Medicine, 2011, 31（2）：177-187.

［20］ Hu M, Li Z, Wang J, et al. Determinants of the Incidence of Hand, Foot and Mouth Disease in China Using Geographically Weighted Regression Models［J］. PLoS ONE, 2012, 7（6）：e38978.

［21］ 胡最, 汤国安, 闾国年. GIS 作为新一代地理学语言的特征［J］. 地理学报, 2012, 67（7）：867-877.

［22］ 刘刚, 吴冲龙, 何珍文, 等. 地上下一体化的三维空间数据库模型设计与应用［J］. 中国地质大学学报（地球科学）, 2011, 36（2）：367-374.

［23］ 袁林旺, 俞肇元, 罗文, 等. 基于共形几何代数的 GIS 三维空间数据模型［J］. 中国科学：地球科学, 2010, 40（12）：1940-1751.

［24］ 郑年波, 陆锋, 李清泉. 面向导航的动态多尺度路网数据模型［J］. 2010, 测绘学报, 39（4）：428-434.

［25］ 郑年波, 陆锋. 导航路网数据改进模型及其组织方法. 中国公路学报［J］. 2011, 24（2）：96-102.

［26］ 贲进, 童晓冲, 元朝鹏. 孔径为 4 的全球六边形格网系统索引方法［J］. 测绘学报, 2011, 40（6）：785-789.

［27］ 李德仁, 钱新林. 浅论自发地理信息的数据管理［J］. 武汉大学学报（信息科学版）, 2010, 35（4）：379-384.

［28］ 吕雪锋, 程承旗, 龚健雅, 等. 海量遥感数据存储管理技术综述［J］. 中国科学：技术科学, 2011, 41（12）：1561-1573.

［29］ 童晓冲, 贲进, 汪滢. 利用数值投影变换构建全球六边形离散格网［J］. 测绘学报, 2013, 42（2）：268-276.

［30］ 吴立新, 余接情. 地球系统空间格网及其应用模式［J］. 地理与地理信息科学, 2012, 28（1）：7-13.

［31］ 俞肇元, 袁林旺, 罗文, 等. 边界约束的非相交球树实体对象多维统一索引［J］. 软件学报, 2012, 23（10）：2746-2759.

［32］ 赵学胜, 王磊, 王洪彬, 等. 全球离散格网的建模方法及基本问题［J］. 地理与地理信息科学, 2012, 28（1）：29-34.

［33］ 周东波, 朱庆, 杜志强, 等. 粒度与结构统一的多层次三维城市模型数据组织方法［J］. 武汉大学学报（信息科学版）, 2011, 36（12）：1406-1409.

［34］ 朱庆, 李晓明, 张叶廷, 等. 一种高效的三维 GIS 数据库引擎设计与实现［J］. 武汉大学学报（信息科学版）, 2011, 36（2）：127-132.

［35］ 段滢滢, 陆锋. 基于道路结构特征识别的城市交通状态空间自相关分析［J］. 地球信息科学学报, 2012, 14（6）：735-742.

［36］ 刘兴权, 欧阳俊, 陆锋, 等. 浮动车行程速度探索性分析［J］. 测绘科学, 2012, 37（5）：160-163.

［37］ 刘启亮, 邓敏, 彭东亮, 等. 基于力学思想的空间聚类有效性评价［J］. 武汉大学学报（信息科学版）, 2011, 36（8）：982-986.

［38］ 邓敏, 彭东亮, 刘启亮, 等. 一种基于场论的层次空间聚类算法［J］. 武汉大学学报（信息科学版）, 2011, 36（6）：847-852.

［39］ 王树良, 丁刚毅, 钟鸣. 大数据下的空间数据挖掘思考［J］. 中国电子科学研究院, 2013, 8（1）：8-17.

［40］ 谢远飞, 刘洋, 李海军. 空间数据挖掘方法综述［J］. 全球定位系统, 2010（5）：65-68.

［41］ 王晨亮, 岳天祥, 范泽孟. 资源环境数学模型语义的解析与映射［J］. 计算机工程与应用, 2013, 49（1）：1-6.

［42］ 赵娜, 岳天祥. 高精度曲面建模的一种快速算法［J］. 地球信息科学学报, 2012, 14（3）：281-285.

［43］ 陶旸, 汤国安, 王春, 等. 基于语义和剖面特征匹配的地形粗糙度模型评价［J］. 地理研究, 2011, 30（3）：66-76.

［44］ 陶旸, 汤国安, 王春, 等. DEM 地形信息量计算的不确定性研究［J］. 地理科学, 2012, 40（3）：398-402.

［45］ 宋效东，刘学军，汤国安，等. DEM 与地形分析的并行计算［J］. 地理与地理信息科学，2012, 28（4）：1-7.

［46］ 袁林旺，闾国年，罗文，等. GIS 多维统一计算的几何代数方法. 科学通报，2012, 57（4）：282-290.

［47］ 黎夏. 协同空间模拟与优化及其在快速城市化地区的应用［J］. 地球信息科学学报，2013, 15（3）：321-327.

［48］ 冯永玖，童小华，刘妙龙，等. 基于 GIS 的地理元胞自动机模拟框架及其应用［J］. 地理与地理信息科学，2010, 26（1）：41-43.

［49］ 冯永玖，刘妙龙，童小华，等. 基于核主成分元胞模型的城市演化重建与预测［J］. 地理学报，2010, 65（6）：665-675.

［50］ 张亦汉，黎夏，刘小平，等. 耦合遥感观测和元胞自动机的城市扩张模拟［J］. 遥感学报，2013, 17（4）：879-886.

［51］ 张亦汉，黎夏，刘小平，等. 基于数据同化的元胞自动机［J］. 遥感学报，2011, 15（3）：483-490.

［52］ 李丹，黎夏，刘小平，等. GPU-CA 模型及大尺度土地利用变化模拟［J］. 科学通报，2012, 57（11）：959-969.

［53］ 艾廷华，梁蕊. 导航电子地图的变比例尺可视化［J］. 武汉大学学报（信息科学版），2007, 32（2）：127-130.

［54］ 王英杰，陈毓芬，余卓渊，等. 自适应地图可视化原理与方法［M］. 北京：科学出版社，2012.

［55］ 杨必胜，孙丽. 导航电子地图的自适应多尺度表达［J］. 武汉大学学报（信息科学版），2008, 34（4）：363-366.

［56］ 龚俊，朱庆，张叶廷，等. 顾及多细节层次的三维 R 树索引扩展方法［J］. 测绘学报，2011, 40（2）：249-255.

［57］ 龚健雅. 3 维虚拟地球技术发展与应用［J］. 地理信息世界，2011, 4（2）：15-17.

［58］ 龚建华，周洁萍，张利辉. 虚拟地理环境研究进展与理论框架［J］. 地球科学进展，2010, 25（9）：915-926.

［59］ 李德仁. 论地球空间信息的 3 维可视化：基于图形还是基于影像［J］. 测绘学报，2010, 39（2）：111-114.

［60］ 闾国年. 地理分析导向的虚拟地理环境：框架、结构与功能［J］. 中国科学 D 辑：地球科学，2011, 41（4）：549-561.

［61］ 王家耀，孙力楠，成毅. 创新思维改变地图学［J］. 地理空间信息，2011, 9（2）：1-5.

［62］ 朱庆. 3 维 GIS 技术进展［J］. 地理信息世界，2011, 9（2）：25-27.

［63］ 科学技术部. 这十年—地球观测与导航领域科技发展报告［M］. 北京：科学技术文献出版社，2012.

［64］ 王强，王家耀，姜艳媛. 本体支持的智能化空间信息服务发现［J］. 信息工程大学学报，2010, 11（2）：170-174.

［65］ 章汉武，龚俊，吴华意. 地理空间信息服务质量评价的概念与方法［J］. 测绘科学，2012, 37（1）：161-164.

［66］ 龚健雅，吴华意，张彤. 对地观测数据、空间信息和地学知识的共享［J］. 测绘地理信息，2012, 37（10）：10-12.

［67］ 郑亮，李德仁. 空间服务语义模式的地理信息服务发现［J］. 测绘科学，2011, 36（2）：127-129.

［68］ 王艳东，黄定磊，罗安，等. 利用 MDA 进行空间信息服务组合建模［J］. 武汉大学学报（信息科学版），2011, 36（5）：514-518.

［69］ 陈俊勇. 地理国情监测的学习札记［J］. 测绘学报，2012, 41（5）：633-635.

［70］ 李炳元，潘保田，程维明，等. 中国地貌区划新论［J］. 地理学报，2013, 63（3）：291-306.

［71］ 李德仁，眭海刚，单杰. 论地理国情监测的技术支撑［J］. 武汉大学学报（信息科学版），2012, 37（5）：505-512.

［72］ 史文中，秦昆，陈江平. 可靠性地理国情动态监测的理论与关键技术探讨［J］. 科学通报，2012, 57（24）：2239-2248.

［73］ 周成虎，程维明，钱金凯. 数字地貌遥感解析与制图［M］. 北京：科学出版社，2009.

［74］龚健雅，王国良. 从数字城市到智慧城市：地理信息技术面临的新挑战［J］. 测绘地理信息，2013, 38（2）：1-6.

［75］李德仁，姚远，邵振峰. 智慧城市的概念、支撑技术及应用［J］. 工程研究—跨学科视野中的工程，2012, 4（4）：313-323.

［76］王家耀. 智慧让城市更美好［J］. 自然杂志，2012, 34（3）：139-142.

［77］叶嘉安，朱家松. 智慧城市的邮政建筑物编码方法研究与应用［J］. 地理信息世界，2013, 20（4）：1-7.

［78］齐清文. 地理信息科学方法论研究进展［J］. 中国科学院院刊，2011, 26（4）：436-442.

撰稿人：周成虎

专题报告

地理空间认知与表达进展研究

一、引言

（一）基本概念

地理空间认知（geospatial cognition），又称为空间认知（spatial cognition），是认知科学与地理信息科学相结合的产物，是地图学与地理信息系统学科的一个重要研究领域。地理空间认知目前还没有一个公认的定义，一般认为，地理空间认知是指人们对地理空间环境的理解和认识，包含地理空间信息编码、存储、传输、解译、感受、理解、预测等过程。

地理空间知识是人们对地理空间环境理解和认识的结果，包括地理空间环境中事物的位置、属性、分布、关系、变化、趋势等。从这个角度看，地理空间认知就是人类获得地理空间知识的方法和过程，是解决空间决策问题的基础。

地理空间表达是人们对现实世界地理空间环境进行抽象描述的方法。除了在现实世界中获得地理空间知识之外，人们对地理空间环境的认知更多的是来自于对现实世界地理空间环境抽象后的成果，这些成果可以是图形、图像、视频、文字、语音等。地理空间表达方法决定了抽象描述现实世界地理空间环境的结果形式，直接影响人们对地理空间环境的认知效能。所以，地理空间表达的研究必然伴随着地理空间认知的研究。

（二）研究内容

地理空间认知与表达的研究目的是为了更好地抽象与描述现实世界的地理空间环境，使得地理空间环境抽象描述的成果与形式能够更有利于人类对地理空间环境的理解和认识，为地理空间决策提供更有效的空间认知手段。地理空间认知与表达的主要研究内容有以下3方面。

1. 地理空间认知

试图明确人类认知地理空间环境的过程、方式、特征等，明确地理空间知识的内容与组成形式，为提高地理空间表达的科学性提供理论依据。

2. 地理空间表达

探索、分析和确定人们对现实世界地理空间环境抽象描述的具体方法，形成地理空间表达的工程化技术方法，为提高人们对地理空间环境认知的有效性提供技术手段方面的支持。

3. 基于空间认知的应用研究

把地理空间认知与表达的理论、技术和方法应用到实际中去，会得到更好的应用效果。

（三）研究背景

空间认知研究可追溯到 1948 年 Tolman 的《鼠脑与人脑中的认知地图》，论文首次提出了 "cognitive maps"（认知地图）的概念。地理空间认知的研究则源于 20 世纪 60 年代末到 70 年代初开始的针对人类行为方式的研究。90 年代后，随着地理信息系统技术的广泛应用，对地理空间表达的合理性和科学性的需求日益强烈，地理空间认知的研究随之进入了比较活跃的时期。

1995 年美国国家地理信息与分析中心（NCGIA）发表了 "Advancing Geographic Information Science" 报告，提出地理信息科学的三大战略领域，第一个就是地理空间认知模型的研究。1996 年美国地理信息科学大学研究会（UCGIS）发布的 10 个优先研究主题中就有对地理信息认知的研究。

在我国，高俊（1991）把认知科学引入了地图学研究，从地图学角度对空间认知进行了界定，研究了空间认知研究中的两个重要概念：心象地图与认知制图。陈述彭（1997）提出将地理信息认知作为地球信息机理的组成部分，使之成为 GIS 的基础理论之一，带动了我国地理空间认知与表达的研究。王家耀（2000）研究了地图空间认知与地理信息系统的关系，认为两者的工作原理相同，都是信息加工系统，即输入信息、进行编码、存储记忆、做出决策、输出结果。我国自然科学基金委（2001）在地球空间信息科学战略研究报告中，把地理空间认知研究作为基础理论之一列入优先资助范围，并多次资助空间认知相关项目的研究，推动了地理空间认知与表达的深入研究。王晓明（2005）从认知过程的角度对地理空间认知研究进行综述，包括地理知觉、地理表象、地理概念化、地理知识的心理表征和地理空间推理。近年来，地理空间认知与表达的研究更加深入，取得了更好的研究成果。

二、主要进展

（一）地理空间认知

地理空间认知的研究有利于深刻认识地理空间认知的机理，可为全面、深入、有针对性地开展地理空间认知与表达的研究奠定基础。学术界对地理空间认知模式的 3 个层次已经有了基本一致的认识（鲁学军等，2003），即空间特征感知、空间对象认知和空间格局认知。对地理空间认知的特性也有了初步的理解，即时空特性、尺度特性、不确定性、可视特性。近期的相关研究主要集中在认知地图与心象地图、基于地图的地理空间认知、基于虚拟地理环境的地理空间认知、基于自然语言的地理空间认知、面向特定人群的地理空间认知研究等方面。

1. 认知地图与心象地图

心象地图研究有许多研究成果，近年来的研究更加深入。张本昀（2006）研究认为，地理研究者的地图空间认知过程经历了地图的感知觉阶段、心象形成阶段、心象记忆对比分析阶段和认知思维阶段，其对地图的认知带有强烈的目的性，已有的心象地图对地图空间认知有重要的影响。艾廷华（2008）深入研究了表达空间认知结果的心象地图可视化，认为空间认知研究既要考虑空间实体在实际空间存在的本体特征，又要考虑认知主体在感知、辨析、识别、推理不同思维过程中的心理反应，作为认知结果的表达，心象地图具有定性化、抽象化和非确定性等特点，它强调拓扑结构，需要由特殊的图形形式来表达或模拟。

空间认知的结果最终以认知地图的形式表达，可以认为认知地图是现实世界中地图在记忆系统中的对应物，也是一种心象地图。认知地图中存在对现实世界的扭曲，这种扭曲通常体现为地物形状及空间关系的简化，反映了人类对现实世界认知的特点。

申思等（2008）深入研究了认知地图变形及其变形因素。通过问卷调查，获得了北京居民手绘草图样本，对北京居民认知地图进行了实验分析，得出的结论是：北京居民的认知地图平均变形在 2.3km；整体变形内小外大，呈西南—东北斜向拉伸，东西收缩的趋势；局部变形北部大于南部；个体的变形系数与对地标的熟悉程度负相关，男性小于女性，驾车者小于不驾车者。霍婷婷等（2009）基于地名认知率分析了北京城市认知空间结构；基于 3500 份北京市居民空间认知调查问卷数据，分析了北京市居民的认知空间格局及其组织结构，发现北京城市空间认知存在西高东低的格局。王茂军等（2009）首次翔实印证了城市路网结构特征对城市居民空间认知的影响。以首都师范大学和北京林业大学为例，利用标准方差椭圆方法讨论了社区尺度下认知地图空间认知的扭曲，发现两社区的认知地图均为原始地图的缩小认知，但缩小的主导方向与学校的主要道路网结构密切相关。杨敏（2009）运用实证调查的方法研究了国际游客的旅游空间认知模式，探讨了国际游客旅游空间认知的基本过程、特征以及基于不同空间信息表达方式的游客空间认知效果，研究发现国际游客旅游空间认知主要集中在旅游空间功能认知、旅游空间格局认知两个方面。张凌（2011）研究了基于认知地图的隐形知识表达与共享，把空间认知引入到了企业的知识管理和决策支持领域。

2. 基于地图的地理空间认知

基于地图的地理空间认知（简称地图空间认知）是指通过阅读地图来实现人类对地理

空间环境的认识。换句话说，地图空间认知就是利用地图学的方法来实现地理空间认知。地图空间认知研究的目的是为了设计和提供最佳地图产品，使人们能通过地图获得最有效的地理空间认知效果。这方面的研究开展较早，高俊（1991）把认知科学的方法引入地图学研究。近年来的研究进一步分析了地图在地理空间认知中的重要地位和作用。研究认为，由于地图信息经过了制图者的精心选择、概括和浓缩，可把复杂的空间压缩为二维的简单关系，从而成为人们获得空间认知的重要工具。

在地图空间认知过程方面，王家耀（1999）把地图空间认知的基本过程分为感知过程、表象过程、记忆过程和思维过程。张本昀等（2006）研究了地理研究者的地图空间认知过程，认为地理研究者的地图空间经历了地图的感知觉阶段、心象形成阶段、心象记忆对比分析阶段和认知思维（提出问题、解决问题）阶段其对地图的认知带有强烈的目的性，已有的心象地图（地理空间概念）对地图空间认知有重要的影响。万刚等（2008）对认知地图的形成进行了全面的总结，给出了地图空间认知的过程框架，进行了基于纸质地图、电子地图、遥感影像和虚拟地理环境阅读的认知实验。杨瑾（2012）分析了旅游者空间认知过程，认为旅游者的地理空间认知概念化的过程经历了3次转换，从旅游现实世界出发经过了旅游地理空间概念模型、尺度模型和项目模型建立，其中命名、选择、简化、空间关系和空间参照等是各模型转换的主导因素。钟业勋等（2013）对地图空间认知过程给出了系统的理论阐释，认为地图空间认知本质上是一个信息变换过程，地图读者从地图获取地学空间信息是一种普遍的认识活动。载负着各种地学空间信息的地图，一旦在可视化环境下被地图读者接收，便不可避免地会引起读者认知结构的改变。

地图空间认知的研究不仅将面向纸质地图，针对目前广泛使用的网络电子地图、移动电子地图等电子地图的地图空间认知研究很多，从电子地图与纸质地图的空间认知比较到虚拟地形环境与真实地形环境的空间认知比较，从静态电子地图的空间认知到动态电子地图的空间认知，从二维电子地图到三维可进入的虚拟地形环境的空间认知，都是电子地图空间认知研究的内容，近年来的相关研究内容更加细化。

宋龙等（2011）分析了目前的信息传输模式，并结合用户对移动电子地图的新需求，提出了新的信息传输模式，以适应移动电子地图的发展。杨海鹏等（2011）对网络电子地图空间认知所涉及的内容进行分析，并在此基础上提出网络电子地图的设计原则。王梦娟等（2011）采用眼动追踪技术，研究了空间能力和地图形式对基于地图的地理空间认知的影响，得出的结论是：个体的空间能力水平越高，越能有效地借助于地图建构地理环境的"心理空间"，地理空间的不同表达模式会影响地图空间认知，卫星地图在帮助个体建构地理环境心理空间方面的优势，在低空间能力被试组表现尤为突出。李霞等（2013）开展了基于眼跟踪技术的电子地图评估与人类地理空间认知模型研究。

3. 基于虚拟地理环境的地理空间认知

虚拟地理环境带来人类思维方式和工作方式的深刻变化。高俊等（2005）对虚拟地形环境仿真中的空间认知问题进行了研究，认为虚拟地形环境仿真作为数字地图支持下的一种新的空间认知工具，需要有新的认知理论和建模方法，需要从地图的空间认知、多感觉通道、人机交互技术、感觉不协调性、性能与评价等多方面进行了探讨。吴增红等（2008）认为地图学新产品将实现地图从二维向三维到多维的转变，将人类的思维引向虚拟空间；实现从静态到动态的转变，实现对现时地理空间的认知和对未来空间的预测；人类的体验在虚拟现实中得到了延伸，既可以具有物质性和现实性，也可以具有精神性和虚拟性。林珲（2008）认为虚拟地理环境意在构建能够反映现实世界的虚拟环境，能否取得人们的信任，取决于它能否真实地反映现实。

近年来，对虚拟地理环境空间认知的过程、原理、内容、作用等进行了研究。朱杰等（2008）通过分析虚拟地理环境中地图知觉过程与地理表象的生成，以及同心象地图的对比，阐述了虚拟地理环境中的空间认知过程。袁建锋等（2008）基于空间认知基本原理，对构建视点相关虚拟地形环境中的关键技术进行了探讨。刘芳等（2009）分析了虚拟地理环境对空间认知方式的影响，认为虚拟地理环境的多感觉通道拓展了人的空间认知手段，为没有制图和 GIS 使用经验的用户提供了一种有效的复杂信息表示方法，并从更深的层次上改变了人的空间思维方式，使得人的空间思维方式由原来的形象思维为主转变为抽象思维与形象思维并重，极大地提高了人的空间认知能力。林珲等（2010）研究了虚拟地理环境认知与表达的对象、特征与主要内容。从基于虚拟地理环境的地理认知和基于地理认知的虚拟地理环境表达两个层面分析了虚拟地理环境的认知与表达；指出虚拟地理环境的认知与表达研究不仅需要进一步发展地理空间认知理论和方法，还需要拓展对地理过程及人类行为的认知与表达理论和方法研究；并着重探讨了地理过程的表达和人类行为的模拟。吴刚等（2011）分析了虚拟现实与空间认知的关系和作用，提出了虚拟地理环境下空间认知功效的影响因素，指出虚拟地理环境并非适用于所有场合，如果使用不当也会带来副作用。傅文棋等（2012）认为三维 GIS 对客观世界的表达能给人以更真实的感受，不仅能够表达空间对象间的平面关系，而且能描述和表达它们之间的垂向关系，促进人类在空间对象之间的垂向关系认知上的进步，这是传统地图和二维 GIS 所不能比拟的。

4. 基于自然语言的地理空间认知

自然语言是地理空间知识表达的常用方式，如何通过自然语言来描述地理空间环境，使人们能够有效地实现地理空间认知，已经有许多研究成果。近年来，针对空间路径、空间定位、空间关系等的自然语言表达、查询和认知等有许多新的研究成果。

赵卫锋（2011）研究了空间认知驱动的自适应路径引导。徐磊青（2011）研究了建筑物间的路径及关系的空间认知。王剑等（2012）开展了基于自然语言路径描述的地图空间认知研究，认为具有空间关系的自然语言的理解过程，实际上是自然语言到心象地图的信息转换过程。采用认知实验的方法，对自然语言的路径描述及其认知过程进行分析，研究路径认知与表达上所涉及的空间关系，总结了利用自然语言表达地图空间信息的规律和习惯用法。

许珺（2008）研究了对于线状地理特征空间关系的自然语言理解，将各种状态下的地理特征的图形展示给被测者，让被测者判断是否能用某个空间关系谓词描述其空间关系。

分析实验结果，找出影响人们描述空间关系的几何因素，包括拓扑关系、度量关系、方位关系等。金鑫等（2009）开展了空间方位关系在不同认知场境下的模糊性认知实验，针对主方位关系，设计了认同判断、关系描述和画图任务3个不同的认知实验任务，识别了3种含糊性，即标准含糊性、选择含糊性和语用含糊性，有助于探讨空间知识传输中的语义扭曲。杜冲等（2010）研究了基于地理语义的空间关系查询和推理，针对不同类型地物和空间关系自然语言描述的特点，总结了自然语言词汇在描述空间关系时的对应规则，实现了部分地物的基于本体语义特征的空间关系自然语言查询和关系推理，使得空间关系的查询方式与结果更符合人类的认知思维习惯。邓敏等（2011）开展了利用自然语言空间关系的空间查询方法研究，从空间认知语言学的角度研究了空间关系自然语言描述中谓词、量词等的分类方法，在分析空间查询语言特点的基础上建立了自然语言空间查询的4类句法模式，设计并初步实现了一个基于自然语言空间关系的空间查询系统框架。

张毅等（2013）开展了基于空间陈述的定位及不确定性研究，认为一个空间陈述只是粗略描述了目标对象的位置，因此具有不确定性。在基于空间陈述的定位问题中，不确定性包括4个层次，分别对应于陈述、参照对象、空间关系和目标对象，适合于不同的建模方式。研究采用不确定性场的概念，对点状目标地物的分布进行了探讨，并利用贝叶斯定理证明了对于给定的空间陈述，其不确定性场分布与做出该陈述概率，以及相应空间关系的模糊性之间的联系。

5. 面向特定人群的地理空间认知

旅游者地理空间认知模式研究，有助于在信息世界和计算机世界中探索适合于旅游者的地理信息表达方式。马耀峰等（2008）研究了旅游者地理空间认知模式，探讨了旅游者对地理空间认知的基本过程、特征以及基于不同空间信息表达方式的旅游者空间认知效果。研究发现旅游者的空间认知效果受到空间信息表达形式的影响，其地理空间认知主要集中在空间特征感知、空间对象认知和空间格局认知3方面。旅游者空间特征感知受制于旅游场景，在空间对象认知方面侧重于旅游要素认知，旅游空间格局认知则是旅游功能特征、旅游空间对象和地理特征认知的综合。杨瑾等（2012）从旅游地图空间认知制图和意象地图入手，分析了旅游者空间认知的特点；结合空间认知理论，提出了符合认知的旅游地图设计的相关条件，并据此设计了4个旅游专题图种：城市旅游地标——路网空间认知图、旅游多线路景点选择图、旅游单线路空间认知图和旅游目的地背景认知图。研究成果对数字旅游信息产品的表达也有很重要的参考意义。

开展了针对不同性别人群的地理空间认知尝试性研究，研究成果有助于针对不同群体优化地理空间信息的可视化表达技术。颜言（2011）研究了电子地图认知中的性别差异问题，认为电子地图是人们进行地理空间信息应用与认知的重要载体，而性别差异影响着地图空间认知的结果。通过一系列地图认知实验，分析了不同性别在观察地图、认知地图、形成心象地图和表述地图信息过程中的差异。实验表明，男性对空间关系较为敏感，而女性对要素注记、形状、位置及空间面积的认知能力更为突出。

针对盲童空间认知的特点，章玉祉等（2011）通过采用旋转范式中的摸箭头和动物排列任务实验研究了盲童空间认知的参考框架和语言表达。结果表明，在空间认知中，盲童倾向使用相对参考框架和固定参考框架，倾向使用相对空间术语，也有小部分人使用绝对空间术语。盲童空间认知的参考框架和语言表达由盲童的特点决定。视觉经验和空间教育对盲童空间认知操作和空间语言表达有一定影响。

潘继军等（2009）开展了城市居民认知地图多样性的机理解析研究，包括认知地图扭曲的定量测度及空间异质性研究、居民属性因素与认知地图多样性的关系研究、城市特性因素与认知地图多样性的关系研究。从城市空间和居民属性两个角度，系统解析认知地图多样性产生的机理，揭示城市空间与居民认知空间的响应规律。

（二）地理空间表达

地理空间表达（同义词有地理表达、空间表达等）是对现实世界地理空间环境的抽象描述，不仅要描述地理空间环境中事物和现象的位置、属性、分布，而且要描述相互间的空间关系、空间实体随时间的变化甚至发展趋势等。地理空间表达的形式有多种，如文字、报表、地图、语音、图片、视频、模型、虚拟地理环境、地理增强现实等。地理空间表达的结果可以向用户传递经过抽象表达的地理信息，并由用户接收、解译、理解、分析，形成用户自己对地理空间环境的认知。

近年来，地理空间表达的研究主要集中在空间关系的表达、空间关系的推理、地理空间知识的表达和面向特定人群的地图表达等方面。

1. 空间关系的表达

在地理空间表达研究中，空间关系的表达具有重要意义，近年来有较多的研究。空间关系是空间物体之间由几何特性（位置、形状等）所决定的关系，包括距离关系、拓扑关系、方向关系和相似关系等。目前，在空间关系的表达方面，研究较多的方法包括：点集拓扑法、区域连接演算、2D-String 法、Voronoi 图法、外接矩形法和广义交模型。

对空间关系的特点、过程、形式有了更明确的认识。刘瑜（2007）认为地理空间中的空间关系表达的特点包括空间的有限性、地球的球面特征、地物的地理语义、地物形状的复杂性、面状地物、特殊的空间关系、空间关系的层次性与尺度相应原则、不确定性、三维与时态特性 9 方面。韩志刚等（2011）认为地理表达是一个空间认知、信息转换与信息传输的交互过程，内容涉及地理实体及其空间关系、不确定性、地理动态及地理本体等方面。地理表达形式经历了从自然语言、地图到 GIS 的演变过程，近年出现了多种新型表达形式，如虚拟地理环境、地理增强现实、地理超媒体等。邓敏等（2013）讨论了 GIS 空间关系描述中存在的几个基本问题，论述了拓扑关系具有与实体位置本身无关的特性，阐述了空间实体的拓扑表达，分析了拓扑空间描述存在的不足，以及与地理环境、地理空间认知的相关性，提出了纳入度量特性的拓扑空间关系描述的方法。

空间关系的自然语言表达是空间关系表达的重要内容。许珺等（2008）研究了线状地理特征空间关系的自然语言理解，通过认知实验的手段研究了空间关系自然语言描述的影响因子，为使用定量化指标形式化空间关系谓词提供了依据。同时，选取了拓扑关系和度量关系等指标进行了线状物体空间关系的自然语言描述的形式化研究。赵彬彬等（2009）探讨了空间目标、位置、语义及其相互关系的层次表达方法，这种表达方法可以很好地剔除与研究目标明显不相关的区域，提高空间检索、空间查询以及空间分析的效率。许珺（2010）在自然科学基金项目"基于认知的地理空间关系智能化自然语言查询"中设计了几组认知实验，通过认识实验分析了中英文自然语言对线状地物空间关系的描述，发现地理特征之间的几何关系和拓扑关系是影响人们对空间关系的描述的主要影响因子。在实验的基础上，定义了一组能反映线状物体空间关系的度量指标，结合反映拓扑关系的定量指标，使用决策树的数据挖掘算法，形式化了描述空间关系的自然语言词汇，并且实现了中文自然语言的解析。张雪英等（2012）研究了空间关系词汇与地理实体要素类型的语义约束关系构建方法，采用定性和定量相结合的方式，自动构建了空间关系词汇与地理要素类型的语义约束关系。

在空间关系表达等方面有进一步的研究成果。徐锐等（2009）针对现有的空间关系描述模型不符合人的空间认知的情况，从空间认知的角度出发，以面目标间的空间关系为研究对象，将空间关系分为度量空间关系和自然语言空间关系，提出了面目标间度量空间关系的集成表达方法以及度量空间关系与自然语言空间关系之间的转换方法。霍林林等（2013）研究了复杂空间关系模型及空间描述逻辑中的若干问题，提出了一种带洞区域间拓扑关系模型 D9 – 交集模型、一种能统一表达三维空间中多种空间对象间方位关系的模型、一种能表达三维空间中带视点的相对方位关系模型。

基于本体的空间关系表达可以帮助处理空间关系推理过程中的语义冲突。曹菡等（2007）在自然科学基金项目"基于本体的空间关系知识表示与推理研究"中研究了基于本体的空间关系表达。建立了基于本体的空间关系分层形式化表示和推理框架；建立了基于本体的相离、拓扑、方向、距离空间关系的分层与多尺度表示模型与推理模型。马雷雷等（2012）利用本体论思想研究了空间关系描述方法，建立了符合常识空间认知的空间关系描述模型。

2. 空间关系的推理

地理空间推理是人类空间认识世界的一项基本活动。高俊（1997）认为，地理空间推理就是地理空间关系的推理。空间关系的推理方法分为定性推理和定量推理，定性推理方法较定量方法易于理解且复杂性低而成为主要的推理方法。空间关系推理的主要内容包括方位关系、拓扑关系和距离关系等的推理。方向关系是最基本且应用十分广泛的空间关系之一，也是近年来空间推理的研究热点。

郭庆胜（2005）在其专著《地理空间推理》中详细探讨了地理信息科学中常见的空间关系推理方法。认为根据空间关系的表达及推理规则，可以从已知的空间关系推理出未知的空间关系。常规推理方法中适合空间关系推理的方法有基于谓词逻辑的推理、组合表推理、基于产生式规则的推理和基于代数的推理等。刘瑜等（2007）分析了空间关系推理的特点，提出了在空间关系的表达与推理中更需关注地理空间的特点以及地物的地理语义的观点。

在空间关系推理方面开展了进一步的研究。金鑫等（2009）探讨了空间方位关系在不同认知场景下的模糊性，针对主方位关系，设计了认同判断、关系描述和画图任务3个实验任务，以考察空间关系判断的含糊性。何建华等（2008）研究了空间关系不确定性及其模糊推理模型，引入模糊拓扑与空间认知理论，以区域为基元构建模糊拓扑空间作为不确定性研究的基础，分析空间关系不确定性的来源与传播机理，研究建立了基于模糊贴近度的不确定拓扑关系模糊表达模型和基于方向关系模糊描述框架的不确定方向关系模糊表达模型，构建了基于拓扑关系组合表的不确定拓扑关系模糊推理模型和不确定方向关系分层推理模型以及基于空间关系统一描述框架的不确定拓扑与方向关系联合推理模型，并以土地利用分区优化决策为例，开展基于不确定空间关系模糊推理的土地利用自动分区应用研究。宋小华（2011）研究了基于多种空间关系的定性空间推理，提出了一种可以描述多种空间关系的模型框架，包括同对象多属性的结合不同方面空间关系的表示方法、结合多方面空间关系模型的推理算法、处理动态空间关系的邻域划分图、基于定性空间关系及其邻域划分图的自动规划等。在结合多方面空间关系的动态空间信息处理方面具有一定的理论意义和应用价值。

在空间关系相似性计算方面有新的研究成果。刘涛等（2011）研究了影响点群目标空间相似关系的具体特征因子集合，建立了空间点群目标之间的相似度计算模型，结合点群的空间分布和主要几何特征，给出其计算方法和相似度计算公式；以空间线群目标的空间统计特征为基础，对线群目标的空间关系和几何特征进行了描述，建立了线群目标相似度计算模型，对线群目标相似度进行整体度量；利用拓扑关系概念领域图及概念领域差异矩阵，定义了面群目标的拓扑相似关系及计算模型，针对不同的面群目标采用不同的"降维"技术处理和描述面状目标的方向相似及距离相似关系，综合考虑面状目标的空间关系和几何特征，对空间面群目标的相似度进行了整体度量。孙伟等（2013）研究了基于方向关系矩阵的定性空间方向关系模型及相似性，提出了方向关系形式化模型和一系列简单易行的推理算法与相似性度量算法。在定性空间方向关系模型方面，提出了方向关系矩阵复合算法、互为参考对象时方向关系矩阵相容性验证算法以及对不确定区域间方向关系进行表示与推理的形式化模型；在定性空间方向关系相似性方面，提出了可有效应用于空间场景查询与匹配的定性空间方向关系相似性度量算法。

基于空间关系与空间推理的数据挖掘和应用试验方面也开展了相应研究。曹菡等（2007）在西安市旅游信息服务系统的应用背景下，建立了基于空间认知和知识表示的路径查找空间知识库和空间推理模型，设计了基于空间认知的路径查找空间推理原型系统，探讨了空间关系推理的基本理论和应用技术问题。孙毅中等（2012）研究了图文关联的空间关系及语义规则挖掘，以图文关联的空间关系语义规则挖掘为主线，以具有图文关联特征的规划方案为数据样本集，以数据挖掘技术和空间分析技术为支撑手段，研究图形、文本、规范之间的语义关联与映射机制，建立图文语义匹配及动态多支持度挖掘模型，探讨图文关联的双向索引机制，构建图文空间关系 / 语义的识别—关联—规则的螺旋式挖掘模式，形成图文一体的空间关系挖掘的方法体系，进一步丰富空间数据挖掘的理论与技术，为规划及其相关领域的智能决策分析提供理论依据和方法支撑。马雷雷等（2012）以河南省行政区划、交通、旅游景点为基础数据构建了空间关系本体实例库，自定义了空间关系推理规则，设计了基于本体的定性空间关系推理总体框架，并结合应用实例进行了推理实验，验证了空间关系本体推理机制的可行性。陈军（2013）研究了知识表达、土地覆盖静态及动态信息、地理空间计算的集成网络应用系统，将空间逻辑关系推理应用到土地覆盖信息中，并通过 5 种基本的空间操作进行土地覆盖变化信息的提取研究。

3. 地理空间知识的表达

地理空间知识，又称地理知识、地学知识、空间知识等，是高层次的地理信息，是对地理时空问题的认知与理解。地理空间知识既是地理空间表达的实际对象，又是地理空间认知的具体内容，具有空间性、多维性、多尺度性、不确定性和复杂性等特点。地理空间知识存在两种不同的划分方法：一种划分方法是将地理知识类型划分为地标知识、路线知识和测量知识；另一种方法是划分为过程性知识和陈述性知识。

对地理空间知识可视化表达的认识更加深入。孙杨等（2008）认为多维信息可视化为解释数据的内在规律提供了新的手段，它对复杂数据的理解起着越来越重要的作用。通过将多维信息映射到人类能理解的一维至三维空间中，能迅速发现其中的模式信息、趋势和聚类等信息，并引导其对数据做进一步的分析和决策。王伟星等（2009）认为地学知识可视化是将知识可视化研究的理论、技术、方法引入地学研究领域而形成一个新的研究方向，在分析地学知识可视化国内外研究现状，在总结其研究特点的基础上，对地学知识可视化的定义进行阐述，讨论其概念特征、理论基础以及表达方法，并对其应用研究现状与发展趋势进行概括总结。

知识可视化表达是指应用图来构建与传送复杂的洞察力与知识。龚建华等（2008）研究了地理知识可视化中知识图特征与应用，讨论了地理知识可视化中知识图的定义与特点，并把地理知识图分为地理概念命题图与地理相似图解图，地理相似图解图又可分为逻辑拓扑相似图、空间结构相似图、变量关系相似图以及地理过程相似图。以黄土高原的小流域淤地坝系规划为案例，研究了支持坝系空间规划知识图中的概念命题图与相似图解图的形式、种类及其相互关系。刘军（2012）将知识通过图的形式进行表达，每个节点代表一个知识单元，每条边代表依赖于两个知识单元的学习或认知，并研究了计算机科学、数学以及物理学等 12 类知识地图的拓扑关系。

在地理空间知识的表达方面有了更具体的研究成果。徐寅等（2013）针对目前地下管线空间知识存在的语义缺失与可扩展性不强等问题，给出了一种基于地理本体的地下管线空间知识表示方法，通过本体描述语言构建地下管线地理本体，通过扩展的语义网规则语言实现地下管线空间知识的形式化表达，与传统的产生式及三值权位表方法相比，本体的方法使空间知识包含丰富的语义信息，易于扩展且支持复杂计算，有利于地下管线空间知识在不同系统间的共享与重用。芮小平（2013）在自然科学基金项目"多维空间信息可视化方法研究"中，通过空间多维信息可视化理论研究，建立多维空间数据模型，实现适合时空数据表达的多维信息可视化算法。多维可视化方法采用非线性降维的方式表示，采用不确定性理论评估降维后引起的误差，并以可视化的方式表现，在此基础上建立基于非线性降维方法的多维信息可视化方法评价模型。

4. 面向特定人群的地图表达

近年来，在面向特定人群的地图表达方法研究方面，针对色盲人群的地图符号化研究取得了很好的进展。

白小双、江南（2009）研究了色盲地图用图人群的分类及辨色特点，提出了色盲地图的设色原则，并利用色彩对比分析软件和色彩转换软件进行了设色分析，并以 2008 年残奥会北京场馆分布图为例，进行了实验，取得了较好的效果。沈意浪等（2012）针对不同类型色盲人群识别色彩的差异规律，为了满足该类人群的需要，研究了地图表达中地图色彩选择方式，可以使得地图制图人员在今后的设计中注意色盲人群的需要，科学的选择色彩的运用，做出通用的良好设计。汪华、朱海红等（2012）开展了利用地理属性量表的色盲人群地图色彩设计的研究，根据地图表达地理属性的量表性质，将地图设色方案分为定性设色、顺序设色和双向设色等 3 种方式。基于这 3 种地图设色方式的特点，根据红—绿色盲的光谱特性，设计了一系列实验地图，通过颜色辨识的心理学实验，分析了红—绿色盲的视觉特征，初步揭示出一些针对红—绿色盲人群使用的地图设色原则，为制作红—绿色盲人群使用的地图提供了有效的参考。钟璇、李霖等（2012）开展了针对色觉异常人群的地图设计研究，从红、绿色盲的感色特色出发，以《北京奥运场馆旅游交通图——人文篇》为地图样本，结合色彩及地图表达的相关理论，对地图样本进行修改，制作出针对红、绿色觉异常者阅读的地图，并设计地图实验来验证其效果，通过实验分析得到一些面向红、绿色觉异常者使用地图的地图设计参考原则。

（三）基于空间认知的应用

近年来，基于地理空间信息认知原理和地理空间信息表达技术，开展了一系列应用研究。研究内容可以分为两个方面，一是基于空间认知的地理空间信息应用研究，即用地理空间认知与表达的原理与技术指导具体地理信息系统的建设；二是培养少年儿童空间认知能力方面的研究，即通过训练等手段提升少年儿童的空间思维能力。

1. 基于空间认知的地理空间信息应用

在研究解决地理空间问题或建立专门的地理信息应用系统时，如果能够充分考虑地理空间认知与表达的特点和要求，可以取得更好的应用效能。

朱强等（2011）研究了基于空间认知的新的等高线树构建方法，利用空间认知中的抽象思维，通过对等高线之间的相邻、嵌套、层次等关系的分析、比较、综合，抽取出等高线描述地形的规则，并找出断线连接的辅助边，由此确定等高线断线唯一的一种逻辑闭合连接，进而建立等高线树。实验证明，该方法较好解决了在等高线存在断线的情况下无法合理有效建立等高线树的问题，较已有的等高线树构建方法具有更广的适用性和更强的可靠性。

翟文英等（2011）开展了基于用户空间认知的网络信息可视化研究。"迷航"和"认知过载"是网络用户在浏览信息时经常遇到的问题，尤其是在网页链路较深的情况下，这种现象变得更为明显。作者认为，实体空间与网络空间在概念上的平行，使得实体、空间中的相关认知理论可以移植到网络空间中。因此，从空间认知理论的角度出发，结合认知心理学的研究成果，分析了用户的空间认知特征，构建了层状空间模型，通过网络信息的可视化有效地解决了这个问题。

许俊奎等（2012）开展了基于空间认知的居民地匹配研究，认为对面状居民地匹配过程的认知和形式化表达是设计匹配算法的基础。通过对人在进行面状居民地匹配时的心理历程和视觉思维特点的分析，结合相似性理论，建立了居民地匹配的相似性认知模型。通过设计不同层次的问卷调查，获取并分析了知识背景不同的制图人员在不同的匹配场景下对面状居民地匹配的认知习惯和行为差异，总结了面状居民地要素匹配的空间认知特点，并结合当前匹配技术的研究情况对其研究重点和研究方向进行了论述。

张飞等（2013）介绍了基于 GIS 地理空间认知的结核病预防分析与推理研究情况，以成都市疾病防控中的结核病为主要研究对象，结合有关统计数据，通过应用空间自相关等空间数据分析方法，寻找发病热点区域、空间点分布模式，设计了结核病地理元胞自动机的基础模型，应用此模型模拟了结核病传染过程，分析和推理结果更新了对疾病的空间认知，为疾病防控的科学决策提供了参考依据。

另外，在环境信息系统构建、定位导航系统应用、增强现实技术、视频 GIS 等方面，都有应用地理空间认知原理的研究成果。

2. 地理空间认知能力培养

空间认知能力是人类认知能力的一种，是指了解和操纵空间环境的能力，包括空间观察能力、空间记忆能力、空间想象能力和空间思维能力等。近年来，在中小学生地理空间认知能力培养方面有了初步的研究成果。

孙同辰等（2009）开展了高中文理学生地理空间认知能力差异研究，得到了一些结论。例如，高一刚分班时文理科学生的差异很小，说明学生选择学文科或理科与地理空间认知能力基本无关；高年级学生得分均高于相应低年级，表明学生的地理空间认知能力都随着年龄增长而增强；高二、高三文科学生得分明显高于相应年级的理科学生，表明地理学科的学习是增强学生空间素养的最佳途径；智力商数较高的学生面对空间问题时会取得比智力商数较低的学生更好的成绩。智力水平较高的学生更容易获得地理空间认知能力。

周江霞等（2007）总结了中学生认知方式与空间认知能力的关系，认为认知方式影响空间认知能力，但现有研究仅涉及图形推理、地图表征等，需要在认知方式对空间认知能力中的心理旋转、心理折叠、心理展开等的影响方面作深入研究。于洪艳（2010）、叶元超（2011）讨论了地理空间思维能力的培养。刘红叶等（2011）探讨了利用遥感分析手段培养中学生的地理空间认知能力的方法，总结了运用遥感手段发展中学生地理空间认知能力的策略，为中学生地理空间认知能力的培养提供一种可用的方式。

空间认知能力是智力的重要组成部分，在儿童的成长过程中发挥着重要作用。汪莉园（2011）研究了儿童空间认知能力的发展和培养，提出了儿童空间认知能力的培养策略，循序渐进地培养儿童的空间知觉、空间表征、空间想象和空间思维能力。

三、趋势与展望

近年来，地理空间认知与表达取得了丰硕的研究成果，在理论上对地理空间认知与表达的机理有了更深刻的认识，在技术上对地理空间认知与表达的数据模型、应用框架、实现方法等有了更细致的研究成果，在应用上对特定人群的地图认知与表达取得了实用性成果。从发展趋势看，地理空间认知与表达的研究在向着动态、多源、实用化方向发展，将在以下方面展开更深入的研究。

（一）动态地理空间信息的认知与表达

动态地理空间信息是一种具有时间维的地理空间信息，不仅描述了空间目标（点、线、面、体）的变化，而且描述了地理环境的变化。不仅需要对动态地理空间信息的认知特点、认知机理、试验方法等进行研究，而且需要对动态地理空间信息表达的地理本体、数据模型、技术方法等进行研究。

（二）多维地理空间信息的认知与表达

我国对多维地理空间信息的表达技术已有一些研究成果，但离实用化还相距甚远。因此，需要针对地理空间信息的多维化特点，在分析面向多维地理空间信息时人类的认知特点、认知过程等的基础上，创新性地研究并实验多维地理空间信息的表达方法，力争取得实用化的研究成果。

（三）面向空间决策的地理空间认知与表达

地理环境是空间决策的基础，只有在面向决策问题时，地理空间信息才会发挥出最大的效能。面向空间决策的地理空间认知与表达的研究目前还停留在地理空间信息查询的层次，还没有对空间决策过程中地理空间信息认知的要求和认知的机理作深入的研究，还没有对面向空间决策的地理空间信息表达技术作深入的分析和评估。这方的研究成果将有利于地理空间信息的深层次应用。

（四）空间认知能力的培养

空间认知能力是一种普遍的思维能力，是智力的重要组成部分，是所有人在任何背景下都或多或少具备的一种能力。空间认知能力涉及对空间意义的理解，包含理解空间问题、寻找看见问题答案、呈现看见问题解决方案等过程。空间认知能力是一种复合思维能力，与创造力密切相关。如何培养少年儿童的空间认知能力应该作为空间认知研究的重要内容，如研究空间认知能力的组成、研制锻炼空间认知能力的地理信息系统等。

（五）面向机器的地理空间认知与表达

当前，地理空间认知与表达研究主要是针对人类来展开的，研究的是人类对地理空间环境中事物和现象的认知与表达。在信息化技术和人工智能技术迅速发展的背景下，智能机器也需要对地理空间环境中事物和现象的进行认知，以便于对其行为进行规划和控制。因此，面向机器的地理空间认知与表达也是需要开展研究的内容。

（六）针对非传统地理环境的地理空间认知与表达

当前，地理空间认知与表达的对象主要还是传统的现实世界中的地理空间环境，随着信息技术的发展和人类认知空间环境的需要，针对建筑群、室内空间、虚拟环境、网络空间和赛博（Cyberspace）空间的地理空间认知与表达的研究虽然刚刚开始，但必将有蓬勃的发展。

参 考 文 献

［1］ Chen J, Wu H, Li SN. Temporal logic and operation relations based knowledge representation for land cover change web services ［J］. ISPRS Journal of Photogrammetry and Remote Sensing , 2013, 83：140–150.

［2］ Liu J, Wang JC, Zheng QH. Topological analysis of knowledge maps ［J］. Knowledge–Based Systems, 2012, 36：260–267.

［3］ Liu Y. Towards a reasoning framework integrating topological relations and cardinal direction relations, Technical Report ［C］.Peking University, 2007.

［4］ Liu Y, Zhang Y, Gao Y. GNet：A generalized network model and its applications in qualitative spatial reasoning ［J］.

Information Sciences, 2008, 178：2163-2175.

［5］ Guo Y, Zhang Y, Tian Y, et al.Topological relations between directed lines and simple geometries［J］.Science in China Series E：Technological Sciences, 2008, 51（I）：91-101.

［6］ Lin H, Chen M, Lu GN. Virtual Geographic Environments（VGEs）：A New Generatio of Geographic Analysis Tool［J］. Earth-Science Reviews, 2013, 126：74-84.

［7］ Zhu Q, Wang RB, Wang ZY. A cognitive map model based on spatial and goal-oriented mental exploration in rodents［J］. Behavioural Brain Research, 2013, 256：128-139.

［8］ Zhang H, Song J, Su C. Human attitudes in environmental management：Fuzzy Cognitive Maps and policy option simulations analysis for a coal-mine ecosystem in China［J］. Journal of Environmental Management, 2013, 115：227-234.

［9］ Li GZ, Song XG. A New Visualization-oriented Knowledge Service Platform［J］. Procedia Engineering, 2011, 15：1859-1863.

［10］ Zang DY, Chen J, Zhou GQ. House co-registration between imagery and GIS data using aspect interpretation matching［J］. China Univ Mining & Technol, 2008, 18：131-134.

［11］ 艾廷华. 适宜空间认知结果表达的地图形式［J］. 遥感学报, 2008, 2：347-354.

［12］ 白小双, 江南, 肖培培. 色盲地图的设色方案研究［C］//《测绘通报》测绘科学前沿技术论坛论文集. 北京：测绘出版社, 2008.

［13］ 褚永彬. 地理空间认知驱动下的空间分析与推理［D］. 成都：成都理工大学, 2008.

［14］ 崔铁军. 地理信息服务导论［M］. 北京：科学出版社, 2009.

［15］ 杜冲, 司望利, 许珺. 基于地理语义的空间关系查询和推理［J］. 地球信息科学学报, 2010, 1：48-55.

［16］ 高俊, 龚建华, 鲁学军, 等. 地理信息科学的空间认知研究（专栏引言）［J］. 遥感学报, 2008, 2：338.

［17］ 高俊. 换一个视角看地图［C］//《测绘通报》测绘科学前沿技术论坛论文集. 北京：测绘出版社, 2008.

［18］ 韩志刚, 孔云峰, 秦耀辰. 地理表达研究进展［J］. 地理科学进展, 2011, 2：141-148.

［19］ 江南, 白小双, 曹亚妮, 等. 基础电子地图多尺度显示模型的建立与应用［J］. 武汉大学学报（信息科学版）, 2010, 07：768-772.

［20］ 李春江. 基于 3ds Max 的计算机三维技术辅助高中地理教学培养学生地理空间认知的应用研究［D］. 华东师范大学, 2011.

［21］ 林晖, 黄凤茹, 鲁学军, 等. 虚拟地理环境认知与表达研究初步［J］. 遥感学报, 2010, 04：822-838.

［22］ 刘芳, 王光霞, 钱海忠, 等. 虚拟地理环境对空间认知方式的影响［J］. 测绘科学, 2009, 34（4）：67-69.

［23］ 刘芳, 姚东泳, 侯璇, 等. 在线地图的空间认知研究［J］. 测绘科学, 2009, 5：42-44, 109.

［24］ 刘瑜, 龚咏喜, 张晶, 等. 地理空间中的空间关系表达和推理［J］. 地理与地理信息科学, 2007, 5：1-7.

［25］ 马雷雷, 李宏伟, 梁汝鹏, 等. 本体辅助的定性空间关系推理机制［J］. 计算机应用研究, 2013, 01：49-51, 55.

［26］ 马雷雷. 空间关系本体描述与推理机制研究［D］. 郑州：解放军信息工程大学, 2012.

［27］ 马耀峰, 李君轶. 旅游者地理空间认知模式研究［J］. 遥感学报, 2008, 2：378-384.

［28］ 申思, 薛露露, 刘瑜. 基于手绘草图的北京居民认知地图变形及因素分析［J］. 地理学报, 2008, 6：625-634.

［29］ 沈意浪, 傅梅杰. 针对色盲人群的地图色彩选择方式研究［J］. 科技资讯, 2012, 15：216-217.

［30］ 舒红. 关于地理空间认知［C］//节能环保和谐发展—2007 中国科协年会论文集（二）, 北京：中国科学技术协会, 2007.

［31］ 宋龙, 夏青, 李之歆. 移动电子地图空间认知与信息传输的研究［J］. 地理信息世界, 2011, 3：38-40.

［32］ 万刚, 高俊, 刘颖真. 基于阅读实验方法的认知地图形成研究［J］. 遥感学报, 2008, 2：339-346.

［33］ 王家耀. 地图制图学与地理信息工程学科发展趋势［J］. 测绘学报, 2010, 39（2）：115-119.

［34］ 王家耀. 关于信息化地图学的特征和理论与技术体系的构想［C］// 信息化测绘论文集. 北京：测绘出版社, 2008.

[35] 王剑, 龙毅, 颜言, 等. 基于自然语言路径描述的地图空间认知研究 [J]. 测绘科学, 2012, 3: 38-40.

[36] 王净. 空间方向关系深度细节描述与组合推理研究 [D]. 郑州: 解放军信息工程大学, 2009.

[37] 许俊奎, 武芳, 魏慧峰, 等. 面状居民地匹配的空间认知特点研究 [J]. 测绘科学技术学报, 2012, 4: 303-307.

[38] 许珺, 裴韬, 姚永慧. 地学知识图谱的定义、内涵和表达方式的探讨 [J]. 地球信息科学学报, 2010, 4: 496-502, 509.

[39] 颜言, 龙毅, 沈倩茹, 等. 顾及性别差异的电子地图空间认知分析 [J]. 地理与地理信息科学, 2011, 4: 48-51.

[40] 杨海鹏, 郭建忠, 杨泽锋. 网络电子地图认知研究 [J]. 测绘工程, 2011, 6: 9-11, 15.

[41] 杨瑾, 崔蓉, 刘苗, 等. 旅游者地理空间认知模型与知识研究 [J]. 西北大学学报 (自然科学版), 2012, 6: 1011-1015.

[42] 翟文英, 郭献强. 基于用户空间认知的网络信息可视化研究 [J]. 图书情报知识, 2011, 4: 104-110.

[43] 张本昀, 朱俊阁, 王家耀. 基于地图的地理空间认知过程研究 [J]. 河南大学学报 (自然科学版), 2007, 5: 486-491.

[44] 张飞, 褚永彬. 基于 GIS 地理空间认知的结核病预防分析与推理研究 [J]. 科技经济市场, 2013, 4: 79-81.

[45] 张薇, 江南, 白小双. 基础电子地图符号尺寸设计的研究与实践 [J]. 地理空间信息, 2009, 1: 144-147.

[46] 章玉祉, 张积家, 党玉晓. 盲童的空间概念及其组织 [J]. 心理科学, 2011, 3: 744-749.

[47] 章玉祉, 张积家, 党玉晓. 盲童空间认知的参考框架和语言表达 [J]. 中国特殊教育, 2011, 7: 55-59.

[48] 章玉祉. 盲童空间认知的研究 [C] // 增强心理学服务社会的意识和功能—中国心理学会成立 90 周年纪念大会暨第十四届全国心理学学术会议论文摘要集, 北京: 中国心理学会, 2011.

[49] 赵彬彬, 邓敏, 李志林. GIS 空间数据层次表达的方法探讨 [J]. 武汉大学学报 (信息科学版), 2009, 7: 859-863.

[50] 赵卫锋, 李清泉, 李必军. 空间认知驱动的自适应路径引导 [J]. 遥感学报, 2011, 6: 1171-1188.

[51] 朱杰, 夏青. 基于虚拟地理环境的空间认知分析 [J]. 测绘科学, 2008, S1: 25-26, 185.

[52] 朱强, 武芳, 钱海忠, 等. 基于空间认知的等高线树的构建 [J]. 信息工程大学学报, 2011, 4: 458-462.

[53] 钟业勋, 童新华. 基于可视化的地图学概念的形成逻辑 [J]. 海洋测绘, 2012, 32 (4): 78-80.

[54] 霍婷婷, 王茂军. 基于地名认知率的北京城市认知空间结构 [J]. 地理科学进展, 2009, 28 (4): 519-525.

[55] 王茂军, 张学霞, 吴骏毅, 等. 社区尺度认知地图扭曲的空间分析—基于首师大和北林大的个案研究 [J]. 人文地理, 2009, 24 (3): 54-60.

[56] 许珺. 对于线状地理特征空间关系的自然语言理解 [J]. 地球信息科学, 2008, 10 (3): 363-369.

[57] 杨敏. 基于认知地图的中国国际游客旅游空间认知研究 [J]. 云南地理环境研究, 2009, 03: 78-81, 85.

[58] 钟业勋, 胡宝清. 地图空间认知过程的理论阐释 [J]. 桂林理工大学学报, 2013, 2: 307-311.

[59] 王梦娟. 地图空间认知的眼动研究 [D]. 南京: 南京师范大学, 2011.

[60] 吴增红, 陈毓芬. 地图学新产品与人类空间认知能力变革 [J]. 北京测绘, 2008, 4: 11-14.

[61] 袁建锋, 崔铁军, 姚慧敏. 基于空间认知的虚拟地形环境构建研究 [J]. 测绘与空间地理信息, 2008, 4: 114-116.

[62] 吴刚, 王海涛, 刘晨帆, 等. 基于空间认知的虚拟地理环境研究 [J]. 测绘与空间地理信息, 2011, 6: 143-145, 148.

[63] 傅文棋, 范凯博, 曹坤. 三维 GIS 的空间认知浅析 [J]. 北京测绘, 2012, 2: 6-8.

[64] 徐磊青, 甄怡, 汤众. 商业综合体上下楼层空间错位的空间易读性——上海龙之梦购物中心的空间认知与寻路 [J]. 建筑学报, 2011, S1: 165-169.

[65] 金鑫, 耿海燕, 高勇, 等. 空间方位关系在不同认知场境下的模糊性探讨 [J]. 北京大学学报 (自然科学版), 2009, 6: 1025-1032.

[66] 邓敏, 黄雪萍, 刘慧敏, 等. 利用自然语言空间关系的空间查询方法研究 [J]. 武汉大学学报 (信息

科学版），2011，9：1089-1093.

［67］徐锐. 基于空间认知的面目标间空间关系表达方法及查询实现研究［D］. 长沙：中南大学，2009.

［68］龚建华，李亚斌，王道军，等. 地理知识可视化中知识图特征与应用——以小流域淤地坝系规划为例［J］. 遥感学报，2008，2：355-361.

［69］翟文英，郭献强. 基于用户空间认知的网络信息可视化研究［J］. 图书情报知识，2011，4：104-110.

［70］刘红叶，吴立. 运用遥感培养中学生的地理空间认知能力［J］. 科技创新导报，2011，23：138-140，142.

［71］汪莉园. 儿童空间认知能力的发展和培养研究［J］. 现代教育科学，2011，10：36-37.

［72］汪华，朱海红，李霖. 利用地理属性量表的色盲人群地图色彩设计研究［J］. 武汉大学学报（信息科学版），2012，4：477-481.

［73］钟璇，李霖，朱海红. 针对色觉异常人群的地图设计研究［J］. 测绘科学，2012，4：90-92.

［74］孙毅中，姚驰，陈少勤，等. 顾及几何特征的地理要素空间位置唯一性标识方法［J］. 武汉大学学报（信息科学版），2012，12：1486-1489.

［75］徐寅，吉根林，张书亮. 基于地理本体的地下管线空间知识表示方法研究［J］. 南京师大学报（自然科学版），2013，1：127-132.

［76］王伟星，龚建华. 地学知识可视化概念特征与研究进展［J］. 地理与地理信息科学，2009，4：1-7.

［77］于洪艳. 地理空间思维能力的培养［J］. 教育教学论坛，2010，28：119.

［78］孙同辰. 高中文理分科与学生地理空间认知能力差异研究［D］. 长春：东北师范大学，2009.

［79］叶元超. 浅谈地理空间思维能力的培养［J］. 中国科教创新导刊，2011，3：121.

撰稿人：华一新　吴立新　贲　进

地理信息获取与整合近五年进展研究

一、前言

地理信息（Geographic Information），又称地理空间信息，是有关地理实体的性质、特征及运动状态的表现和知识，它描述空间实体及环境固有的数量、质量、分布特征、联系和规律，具有定位、定性、动态和多维等特性。获取地理信息的手段大致可以分为以下 3 类：第一类是通过实地测绘、调查访谈等获得原始的第一手资料；第二类是借助空间科学、计算机科学和遥感技术，快速获取地理空间的卫星影像和航空影像，并适时适地识别、转换、存储、传输、显示并应用这些信息；第三类是通过各种媒介间接地获取人文经济要素信息，如各行业部门的综合信息、地图、图表、统计年鉴等。地理信息的整合是在已获得的地理信息的基础上的二次整理合并处理，属于地理信息获取的再加工。近年来，随着遥感技术和计算机科学的发展，地理信息的获取与整合取得了一系列的进展，特别是在新型遥感传感器研制、地理信息获取与处理、空间数据库集成、影像融合方法等方面都开展了广泛的工作。

二、地理信息获取手段的发展

（一）地理信息的遥感获取方法

航空航天遥感朝"三多"（多传感器、多平台、多角度）和"四高"（高空间分辨率、高光谱分辨率、高时相分辨率、高辐射分辨率）方向发展，对地观测系统逐步小型化，卫星组网和全天时、全天候观测成为主要发展方向。

1. 航天遥感方法

近五年我国发射的遥感卫星有：

2008 年 9 月发射的环境一号光学小卫星（HJ-1A、HJ-1B），搭载了 CCD 相机和超光谱成像仪（HSI）等，被广泛应用于植被识别、大型水体环境遥感监测、区域环境空气遥感监测、宏观生态环境遥感监测等应用需求（王桥等，2010）。

2010年8月发射的"天绘一号"卫星，实现了中国测绘卫星从返回式胶片型到CCD传输型的跨越发展（李松明等，2012）。国内也对其无控制点测量精度、成图比例尺和相关地理信息获取方法方面进行了大量的研究（王任享等，2012）。

2011年8月发射的海洋二号卫星（HY-2），搭载了雷达高度计、微波散射计等，集主、被动微波遥感器于一体，具有高精度测轨、定轨能力与全天候、全天时、全球探测能力，其主要使命是监测和调查海洋环境（王睿等，2012；蒋兴伟等，2013）。

2011年12月发射的资源一号02C卫星（ZY-1，02C）主要任务是获取全色和多光谱图像数据，其数据覆盖能力大幅增加，重访周期大大缩短，现广泛应用于国土资源调查监测，土地利用信息变化提取等领域（马利刚等，2013；孙家波等，2013）。

2012年1月发射的资源三号（ZY-3）卫星是中国第一颗自主的民用高分辨率立体测绘卫星，可测制1∶5万比例尺地形图及更大比例尺基础地理产品，为国土资源、农业、林业等领域提供服务（孙承志、唐新明，2009；唐新明等，2012；谢俊峰，2011；李德仁、王密，2012）。

除了上述卫星的发射之外，中国正在稳步推进北斗卫星导航系统的建设，北斗卫星导航系统建成后将为民航、航运、铁路、金融、邮政、国土资源、农业、旅游等行业提供更高性能的定位、导航、授时和短报文通信服务（杨元喜，2010；施闯等，2012）。

2. 航空遥感地理信息获取方法

近5年，数字航摄仪、大面阵大重叠度航空数码相机、机载合成孔径雷达系统、低空无人飞行器航空摄影系统等数据获取装备成功研制并投入生产。

搭载航空传感器的平台也得到了发展，目前在建的国家重大科技基础设施"航空遥感系统"，配备两架ARJ-21型遥感飞机。国土资源部航遥中心拥有多种型号高、中、低空遥感专用飞机6架。中国测绘科学研究院采用的国产轻小型飞机（A2C）搭载了国产高精度轻小型航空遥感系统。

随着无人机技术的不断发展，我国的无人机遥感系统也在不断更新，如北京国遥万维科技有限公司的"QuickEye"和北京市测绘院的"华鹰"以及南京航空航天大学研制的"翔鸟"无人直升机和中国测绘科学研究院研制的UAVRS-II型民用遥感无人机等。

3. 地面地理信息获取手段的发展

随着新型传感器和平台的发展，地面获取空间数据的方法也越来越多样化，车载移动测量系统（李德仁等，2009）、移动智能体（田根、刘妙龙、童小华，2009）、地面三维激光扫描仪（张帆、黄先锋、李德仁，2008；杨必胜等，2010）、测量机器人（孙海丽等，2012）等，为地理信息获取提供了多源的数据。

（二）地理信息的传感器和网络获取方法

1. 室内定位系统研究

随着定位技术、移动通信技术、GIS 技术和互联网技术等信息技术的飞速发展，为位置信息服务提供了有效的技术支撑（李德仁、沈欣，2009）。

基于 WLAN 室内定位技术是室内定位技术的主要研究方向，其主要分为基于传播模型和基于指纹数据库两大类（Zhao、Wang，2011；夏林元、吴东金，2012）。目前，提高室内定位精度的主要研究方法有：路径损耗指数（周建国等，2012），估算位置坐标卡尔曼滤波（赵永翔等，2009），泛在无线信号计算（田辉等，2009）等方法。

ZigBee 技术应用于较短距离无线通信，其可以减少网络数据工作量和通信延迟的问题，但网络稳定性还有待提高（汪苑、林锦国，2011；章坚武等，2009）。

2. 传感器网络数据获取

智能传感器与网络 GIS 的集成，将激活空间数据，从而实现空间信息的实时在线更新（宫鹏，2010；李德仁、邵振峰，2009；李德仁等，2010）。

传感器网络的应用领域广泛，如"黑河流域生态水文传感器网络"（晋锐、李新等，2012；李新等，2012）；针对海洋环境恶劣、多变等特点，徐卫明等利用海面无线传感器网络协同对飞行器定位（徐卫明等，2009）；传感器网络在植被物候学监测等方面也有众多用途（夏传福等，2013）。

3. 水下信息传感器获取

利用水下机器人（AUV）作为水下地形测量、海洋探索及开发工具有重要的应用价值，可通过在无人潜航器上安装 GPS 接收机结合惯性导航系统，直接获取 AUV 的位置信息（边信黔等，2011；李德仁、闫军，2008）。另外，地磁匹配导航、水下地形匹配导航也是 AUV 水下定位的研究热点（张凯、赵建虎、施闯，2013）。

多波束测深系统是当今海洋测深的主要设备，通常采用潮汐改正，抗差计算公式消除多波束测深数据异常值，多波束系统与 GPS 系统时间同步等方法来提高多波束水深测量的精度（金绍华等，2011；王海栋等，2011；阳凡林等，2009）。

侧扫声呐是利用声波来揭示水体环境下介质结构和性质的有效系统，赵建虎等基于两套声呐图像信息融合获取了高质量海床地貌图像（赵建虎等，2013）。

干涉合成孔径声呐（InSAS）是近年来出现的一种用于水下声成像的新技术，其在水下测绘、考古、海洋资源勘探以及军事上有着广泛的应用（岳军、田纪伟，2008）。

4. 志愿者地理信息 / 自发地理信息

自发地理信息又称志愿者地理信息，即每一个人都可以完成地理数据的采集。基于 Web Service 创建和处理各服务器发布的服务可满足公众个性化应用需要（曾兴国等，2013；谭玉敏等，2008）。张恒才、陆锋等提出一种从微博消息中快速提取和融合交通信息的技术方法并验证了其有效性（张恒才、陆锋等，2013）。

5. 地理信息服务发现

当前的地理信息服务，大都是对静态数据的共享和操作，张继贤等实现了地震震区灾情综合地理信息的解译、制图和统计评估（张继贤等，2008；张继贤等，2010）。龚健雅等总结了对地观测数据、空间信息与知识共享的研究进展与发展趋势（龚健雅、吴华意等，2012），并探讨了多级异构空间数据库协同的地理信息公共服务机制用于我国地理空间数据的整合、共享和协同服务（徐开明、吴华意、龚健雅，2008）。朱庆等针对遥感信息服务中用户需求语义的复杂性等要求建立多层次语义约束模型（朱庆等，2009）。

（三）地理信息的空间抽样获取

在空间抽样方法上，有空间随机抽样、空间分层抽样和三明治抽样模型，其中用得最多的是空间分层抽样和三明治抽样。

1. 空间分层抽样

在抽样方法中，分层抽样是最为有效的方法之一。刘耀林等首先基于 3S 技术构建了退化地监测与评价技术路线，并系统实现了 PDA 野外采样、空间采样网络设计、退化地监测和评价等功能（刘殿峰、刘耀林等，2011）。

2. 三明治空间抽样

曹志冬、王劲峰等对三明治空间抽样模型进行开发和利用，其考虑了自然和资源环境领域研究调查中数据具有相关性的特点，同时根据抽样对象特征进行分层，采用分层抽样（曹志冬、王劲峰等，2008）。高丽玲等从多目标空间变异的思想出发，对空间抽样的理论方法与应用进行了分析（高丽玲等，2010）。

3. DEM 抽样

数字高程模型（DEM）是对地球表面地形地貌的一种离散的数字表达，赵明伟、汤国安等研究了 AMMI 模型的 DEM 内插方法的不确定性（赵明伟、汤国安等，2012）。近年来，由于高精度曲面建模（HASM）方法比传统空间插值方法具有更高的模拟精度，其广泛地应用于地表建模中。为了提高 HASM 的运算速度和对海量数据的处理能力，岳天祥及其团队等对其进行了相关研究（陈传法、岳天祥，2009，2010；王世海、岳天祥，2009；岳天祥，2011）。

（四）地理信息获取的质量控制

空间数据质量的好坏很大程度上影响和制约着 GIS 技术的可用性，童小华及其团队对半参数模型处理系统、空间线要素以及位置精度提高等地理信息获取中的质量和可信度问题进行了相关的研究（刘爽等，2009；樊俊屹、童小华，2011；梁丹、童小华，2011）。汤国安团队则对 DEM 不确定性进行了系统的研究，包括 SRTM DEM 高程精度的评价等（王春、汤国安等，2008；詹蕾、汤国安等，2010）。史文中等提出了地理国情动态监测的总体研究框架并对可靠性空间分析进行了探讨（史文中等，2012a；史文中等，2012b）。

三、地理信息整合方法的发展

（一）遥感影像融合方法

影像融合是将同一环境或对象的影像数据联合所用方法和工具的准则，根据数据来源的不同可大致将影像融合分为以下几类。

1. 多时相 / 多角度数据融合

范冲、龚健雅等基于最大后验估计（MAP）的框架对影像的高斯退化模型进行了改进（范冲、龚健雅，2009）。类似的，Zhang 等则是在 MAP 框架下对高光谱影像的 PCA 影像第一主成分进行超分辨率重建（Zhang H，Zhang L et al.，2012）。此外，还有学者利用压缩感知技术以实现影像的融合（潘宗序等，2012）。刘海江、周成虎等则利用多时相遥感影像对浑善达克沙地沙漠化进行监测以揭示该地区沙漠化进程（刘海江、周成虎等，2008）。

2. 多 / 高光谱与全色影像的融合

有学者分别使用离散余弦变换（楚恒，2008），小波变换（Huang X，Zhang L et al.，2008），离散曲波变换（李德仁，2011）和压缩感知（Li S，Yang B，2011）等对两者进行融合。Zhang 等则基于 MAP 框架对多光谱影像和全色影像进行融合（Zhang L et al.，2012）。此外，还分别使用数据同化和高斯立方体的方式对多光谱影像和全色影像进行融合（陈荣元、秦前清，2009；邵振峰、李德仁，2010）。

3. SAR 影像的融合

张继贤等提出了一套基于多方向多源 SAR 数据融合方法用于制作正射影像（张继贤等，2011）。张德祥等则利用了 Contourlet 变换对多极化 SAR 影像进行融合（张德祥等，2010）。

1. 光学影像与 SAR 影像的融合

该领域当前最常用的融合技术通常是基于小波变换的（黄登山等，2011）。Zhang 等提出了一种基于区域回归的像素级融合技术（Zhang J et al.，2010）。此外，Contourlet 变换也被用于多光谱影像和 SAR 影像的融合（邓磊等，2008）。

5. 红外影像与光学影像或 SAR 影像的融合

Jiao 等和 Bai 等分别使用 Multicontourlet 变换（Chang X，Jiao L et al.，2010）和 Top-hat 变换（Bai X et al.，2011）对红外影像和可见光影像进行融合，而 Zhan 等则从数据同化的角度对两者进行融合（Zhan W et al.，2011）。

6. 遥感影像与 Lidar 数据的融合

两者最常见的融合方式是 Lidar 数据辅助下的航空影像分类（Huang X，Zhang L et al.，2011；管海燕、邓非、张剑清，2009）。此外，还结合 Lidar 数据和高分辨率遥感影像，提出一种自动道路提取方法（李怡静、胡翔云、张剑清，2012）。

（二）多源地理信息数据集成与合并方法

空间数据集成是将具有某种或多种异质性的数据集通过重新建模整合到统一框架下的过程。在互联网快速发展的过程中，基于地理本体的空间数据集成方法因其可以很好地集成数据的语义成为研究的重点，用以解决不同数据之间的语义异构问题，从而更好地实现数据的集成与共享（赵彦庆等，2012；沈敬伟、闾国年等，2010；李德仁、王泉，2009）。周成虎等在分析评价我国现有遥感数据资源和集成共享现状的基础上，进一步提出了我国开展遥感数据集成与共享的几点建议和设想（周成虎，2008）。刘耀林等则基于土地利用类型本体的语义相似度计算模型，建立了顾及空间邻近和语义邻近的土地利用数据综合方法（刘耀林等，2010）。薛存金、苏奋振则设计了开放性 3 层集成框架以实现海洋信息资源与技术的整合（薛存金、苏奋振，2008）。

随着网络的普及，公众对多源空间数据的网络统一集成显示与可视化共享提出了迫切需求。基于此，在多源空间数据集成及可视化共享方面也展开了一定的研究（刘慧婷等，2009；王卷乐等，2012）。刘仁义团队则研究设计了海量遥感影像管理与可视化系统（黄杰、刘仁义等，2008）。杨必胜等探讨了导航电子地图的自适应多尺度表达的概念、模型，并设计了相应的实现方法（杨必胜、孙丽，2008）。

（三）地理信息空间数据（库）的集成、管理和组织

空间数据（库）的集成、管理和组织是空间数据管理系统的关键技术之一，其近

5年的发展现状主要从空间数据（库）的集成和空间数据（库）的组织管理两方面进行阐述。

1. 空间数据（库）的集成

目前，国内外实现多源异构数据集成的模式总结起来大致有数据格式转换和数据互操作两种模式，其中，数据格式转换往往面临着信息的损失。对于数据互操作模式，其又可分为基于直接访问模式的互操作方法和基于公共接口访问模式的互操作方法，后者通常被认为是最理想的方法，即称之为"中间件"技术（高昂，2010；尹志华，2011）。有研究者（赵彦庆，2012；杜云艳，2008）以本体思想对数据进行语义组织，构建基于本体的空间数据集成框架以实现数据的语义集成。此外，付迎春、袁修孝（付迎春、袁修孝，2008）利用元数据知识来实现空间元数据的动态聚合和目录服务空间信息多级网格的构建。

2. 空间数据（库）的组织和管理

空间数据（库）的组织管理是地理信息科学的重要研究内容，金字塔结构模型是最常用的基础数据组织模型（陈静、龚健雅等，2011）。此外，八叉树也被广泛用于数据组织（吴立新，2009）。对于数据的管理，吕雪峰等对国内外实际的数据存储与管理技术进行了回顾和总结（吕雪峰、程承旗、龚健雅，2011），舒飞跃、间国年则对基于知识对象的土地管理空间数据库模型进行了相关研究（舒飞跃、间国年，2010）。龚健雅等还研制了开放式虚拟地球集成共享平台 GeoGlobe，并成功应用于国家地理信息公共服务平台等项目中（龚健雅等，2008；龚健雅，2011）。华一新团队则讨论地理空间数据版本管理的理论模型（丁昊、华一新等，2011），同时对多版本空间数据索引问题进行了研究（张亚军、华一新，2012）。刘仁义团队设计了基于网格服务架构的土地资源多级网格化管理平台 LR-MGSP（刘婷、刘仁义等，2011）。陆锋团队则在时空立方体模型的基础上实现了海洋运输船舶轨迹观测记录的 Geodatabase 管理方法（陈金海、陆锋等，2012）。

四、地理信息获取与整合发展趋势

（一）地理信息数据获取

在信息化发展过程中，地理信息是信息资源挖掘与整合的基础。地理信息的来源多种多样，除了传统的卫星、GPS 等观测手段外，还包括通过互联网、空间抽样等非观测方式所获取的处理后数据，此外地理数据的质量控制和可信度也是至关重要的。

卫星等遥感观测平台是地理信息获取最重要的手段，现代遥感技术已经进入一个能动态、快速、多平台、多时相、高分辨率地提供对地观测数据的新阶段。除此之外，机载和车载遥感平台以及超低空无人机载平台等多平台的遥感技术与卫星遥感相结合，将使遥感应用发展到一个新阶段。

随着水声测量等技术的发展，水下地形数据获取技术将跨入 GPS 定位、使用多种测深手段、数据处理和绘图自动化、成果多样化的崭新时代。未来几年，室内外一体化定位技术将获得更多的关注。

此外，互联网也成为地理信息数据的重要来源，自发地理信息的出现使得地理信息服务模式从单向的 Web 应用逐渐向交互式的双向协作转变，其对已有的地理信息是个很有意义的补充。

除了以上的地理信息数据直接获取手段，还有针对离散问题的调查型空间抽样和针对连续问题的插值型空间抽样等数据获取方式。其未来的发展趋势是与传统抽样和空间分析等技术的有机结合，同时亟需制定一套相对完善的标准与评价体系。

最后，地理信息数据的可信度将主要以数据的可信度量、可信处理和可信控制为基础，进行地理信息数据质量的系统控制，保证数据的可信度。

总的来说，当前地理信息数据获取的趋势是通过天地互联网集成航天、航空、地面上的所有传感器和非传感器地理信息数据，构成智能地理信息集成网络，实现实时数据更新和实时信息提取，同时对采集的所有空间数据进行可信度分析和质量控制，建立多源地理信息数据同化系统。

（二）地理信息数据整合

随着数据获取手段和方式的多样化，多源异构的地理信息数据呈现多语义性、多时空性以及表达的多尺度的特点。然而，地理信息要想真正实现共享和综合利用，必须解决地理信息数据多格式、多数据库集成等瓶颈问题。

影像融合方法的发展趋势是为了精度的提高以便使用高层次的融合方法。高层次的融合方法中，机器学习技术的应用是一个发展趋势。此外，面向应用的影像融合技术，如变化检测、高精度分类等，也是未来发展的趋势。

随着互联网和物联网的发展，将产生更大规模的实时数据，大量信息资源由于被存储在 Web 数据库中而逐渐被深化，形成海量的 Deep Web 资源。由于其特殊的数据提供和访问方式，传统的搜索引擎难以对其进行有效索引。因此，有必要针对 Deep Web 资源的特点，探索 Deep Web 信息获取的新方法，对其进行有效的数据集成。

此外，随着移动互联网的发展，以智能终端为载体所提供的位置信息开始发挥越来越重要的作用，位置信息本身价值有限，但如果将位置作为一种维度标准整合、组织和分发各种有用信息，则将产生很大的价值。

最后，空间数据（库）的集成，组织与管理是将众多地理信息数据整合并利用的重要手段，在系统存储架构方面，结合当今 3G 技术，下一代互联网、云计算和云存储发展情况来看，分布式集群化存储是海量数据存储技术的发展趋势。

参 考 文 献

[1] 杜培军, 单丹丹, 夏俊士, 等. 北京一号小卫星数据的城市景观格局监测分析——以徐州市城区为例 [J]. 地球信息科学学报, 2010, 12 (6): 855-862.

[2] 刘亚岚, 任玉环, 魏成阶, 等. 北京 1 号小卫星监测非正规垃圾场的应用研究 [J]. 遥感学报, 2009, 13 (2): 320-326.

[3] 王桥, 吴传庆, 厉青. 环境一号卫星及其在环境监测中的应用 [J]. 遥感学报, 2010, 14 (1): 104-121.

[4] 李松明, 李岩, 李劲东. "天绘一号" 传输型摄影测量与遥感卫星 [J]. 遥感学报, 2012 (S1): 10-16.

[5] 王任享. 天绘一号卫星无地面控制点摄影测量关键技术及其发展历程 [J]. 测绘科学, 2013, 38 (1): 5-8.

[6] 孙承志, 唐新明. 我国第一颗民用立体测绘卫星——资源三号及其应用 [J]. 中国航天, 2009 (9): 3-5.

[7] 李德仁, 王密. "资源三号" 卫星在轨几何定标及精度评估 [J]. 航天返回与遥感, 2012, 33 (3): 1-6.

[8] 蒋兴伟, 林明森, 宋清涛. 海洋二号卫星主被动微波遥感探测技术研究 [J]. 中国工程科学, 2013, 15 (7): 4-11.

[9] 王睿, 徐浩, 张欢, 等. 海洋二号卫星特点及应用 [J]. 中国航天, 2012 (10): 7-11.

[10] 马利刚, 张乐平, 邓劲松, 等. 资源一号 "02C" 遥感影像土地利用分类 [J]. 浙江大学学报 (工学版), 2013, 47 (8): 1508-1516.

[11] 孙家波, 杨建宇, 张超, 等. 应用 "资源一号" 02C 卫星数据的模拟真彩色技术 [J]. 国土资源遥感, 2013, 25 (4): 33-39.

[12] 唐新明, 张过, 祝小勇, 等. 资源三号测绘卫星三线阵成像几何模型构建与精度初步验证 [J]. 测绘学报, 2012, 41 (2): 191-198.

[13] 杨元喜. 北斗卫星导航系统的进展、贡献与挑战 [J]. 测绘学报, 2010, 39 (1): 1-6.

[14] 施闯, 赵齐乐, 李敏, 等. 北斗卫星导航系统的精密定轨与定位研究 [J]. 中国科学: D 辑地球科学, 2012, 42 (6): 854-861.

[15] 田根, 刘妙龙, 童小华. 基于 Mobile Agent 的空间信息移动服务网格分布计算模型 [J]. 测绘学报, 2009, 38 (1): 73-81.

[16] 李德仁, 胡庆武, 郭晟, 等. 移动道路测量系统及其在科技奥运中的应用 [J]. 科学通报, 2009, 54 (3): 312-320.

[17] 张帆, 黄先锋, 李德仁. 激光扫描与光学影像数据配准的研究进展 [J]. 测绘通报, 2008 (2): 7-10.

[18] 杨必胜, 魏征, 李清泉, 等. 面向车载激光扫描点云快速分类的点云特征图像生成方法 [J]. 测绘学报, 2010, 39 (5): 540-545.

[19] 孙海丽, 孙昊, 姚连璧. 基于 TCA2003 测量机器人的滑坡变形监测系统开发与应用 [J]. 大地测量与地球动力学, 2012, 32 (1): 152-155.

[20] Zhao J, Wang D. Wireless location technology and its application [J]. Engineering Sciences, 2011 (4): 32-37.

[21] 边信黔, 周佳加, 严浙平, 等. 基于 EKF 的无人潜航器航位推算算法 [J]. 华中科技大学学报 (自然科学版), 2011 (3): 100-104.

[22] 曾兴国, 任福, 杜清运, 等. 公众参与式地图制图服务的设计与实现 [J]. 武汉大学学报 (信息科学版), 2013, 38 (8): 950-953.

[23] 宫鹏. 无线传感器网络技术环境应用进展 [J]. 遥感学报, 2010, 14 (2): 387-395.

[24] 金绍华, 翟京生, 刘雁春, 等. 海底入射角对多波束反向散射强度的影响及其改正 [J]. 武汉大学学报 (信息科学版), 2011, 36 (9): 1081-1084.

[25] 晋锐, 李新, 阎保平, 等. 黑河流域生态水文传感器网络设计 [J]. 地球科学进展, 2012, 27 (9): 993-1005.

[26] 李德仁, 闫华. 水下目标卫星导航定位修正技术研究 [J]. 武汉大学学报 (信息科学版), 2008, 33 (11):

1101–1105.

［27］李德仁，沈欣．论基于实景影像的城市空间信息服务——以影像城市·武汉为例［J］．武汉大学学报（信息科学版），2009，34（2）：127–130.

［28］李德仁，邵振峰．论新地理信息时代［J］．中国科学（F辑：信息科学），2009，39（6）：579–587.

［29］李德仁，龚健雅，邵振峰．从数字地球到智慧地球［J］．武汉大学学报（信息科学版），2010，35（2）：127–132，253–254.

［30］李新，刘绍民，马明国，等．黑河流域生态—水文过程综合遥感观测联合试验总体设计［J］．地球科学进展，2012，27（5）：481–498.

［31］谭玉敏，刘赛楠，江建金．面向PPGIS的空间信息服务模型研究［J］．地球信息科学，2008，10（5）：599–603.

［32］田辉，夏林元，莫志明，等．泛在无线信号辅助的室内外无缝定位方法与关键技术［J］．武汉大学学报（信息科学版），2009，34（11）：1372–1376.

［33］汪苑，林锦国．几种常用室内定位技术的探讨［J］．中国仪器仪表，2011（2）：54–57.

［34］王海栋，柴洪洲，王敏．多波束测深数据的抗差Kriging拟合［J］．测绘学报，2011，40（2）：238–242，248.

［35］夏传福，李静，柳钦火．植被物候遥感监测研究进展［J］．遥感学报，2013，17（1）：1–16.

［36］夏林元，吴东金．多基站模式下的实时与自适应室内定位方法研究［J］．测绘通报，2012（11）：1–6.

［37］徐卫明，殷晓冬，王春瑞．利用海面传感器网络的协同定位技术［J］．武汉大学学报（信息科学版），2009，34（12）：1415–1418，1422.

［38］阳凡林，李家彪，吴自银，等．多波束测深瞬时姿态误差的改正方法［J］．测绘学报，2009，38（5）：450–456.

［39］岳军，田болев伟．多子阵干涉合成孔径声纳［J］．声学学报（中文版），2008，33（1）：51–55.

［40］张继贤，刘正军，刘纪平．汶川大地震灾情综合地理信息遥感监测与信息服务系统［J］．遥感学报，2008，12（6）：871–876.

［41］张继贤，黄国满，刘纪平．玉树地震灾情SAR遥感监测与信息服务系统［J］．遥感学报，2010，14（5）：1038–1052.

［42］张凯，赵建虎，施闯，等．BP神经网络用于水下地形适配区划分的方法研究［J］．武汉大学学报（信息科学版），2013，38（1）：56–59.

［43］章坚武，张璐，应瑛，等．基于ZigBee的RSSI测距研究［J］．传感技术学报，2009，22（2）：285–288.

［44］赵建虎，王爱学，郭军．多波束与侧扫声纳图像区块信息融合方法研究，武汉大学学报（信息科学版），2013，38（3）：287–290.

［45］赵永翔，周怀北，陈淼，等．卡尔曼滤波在室内定位系统实时跟踪中的应用［J］．武汉大学学报（理学版），2009，55（6）：696–700.

［46］周建国，张鹏，冯欣．自适应无线传感器网络室内定位算法研究［J］．大地测量与地球动力学，2012，32（2）：74–77.

［47］张恒才，陆锋，陈洁．微博客蕴含交通信息的提取［J］．中国图象图形学报，2013，16（1）：123–129.

［48］龚健雅，吴华意，张彤．对地观测数据、空间信息和地学知识的共享［J］．测绘地理信息，2012，37（5）：10–12.

［49］徐开明，吴华意，龚健雅．多级异构空间数据库协同的地理信息公共服务机制研究［J］．测绘科学（专刊），2008，33：78–80.

［50］朱庆，李海峰，杨晓霞．遥感信息聚焦服务的多层次语义约束模型［J］．武汉大学学报（信息科学版），2009，34（12）：1454–1457.

［51］刘殿锋，刘耀林，洪晓峰．3S村镇退化土地监测与评价系统设计与实现［J］．测绘科学，2011，36（2）：213–215.

［52］高丽玲，李新虎，王翠平，等．空间抽样的理论方法与应用分析——以厦门岛问卷调查为例［J］．地球信息科学学报，2010，12（3）：358–364.

［53］黄青，王迪，刘佳. 农情遥感监测中空间抽样技术研究现状与发展趋势［J］. 中国农业资源与区划，2009（2）：13-17.

［54］王迪，周清波，刘佳. 作物面积空间抽样研究进展［J］. 中国农业资源与区划，2012（2）：9-14.

［55］陈传法，岳天祥. 基于 HASM 算法的 DEM 建模与应用试验［J］. 地球信息科学学报，2009，11（3）：319-324.

［56］王世海，岳天祥. 逐次最小二乘在高精度曲面建模方法（HASM）中的应用［J］. 武汉大学学报（信息科学版），2011，36（10）：1246-1250.

［57］岳天祥. 地球表层建模研究进展［J］. 遥感学报，2011，15（6）：1105-1124.

［58］曹志冬，王劲峰，李连发，等. 地理空间中不同分层抽样方式的分层效率与优化策略［J］. 地理科学进展，2008，27（3）：152-160.

［59］赵明伟，汤国安，田剑. AMMI 模型的 DEM 内插方法不确定性研究［J］. 地球信息科学学报，2012，14（1）：62-66.

［60］刘爽，张松林，童小华. 半参数模型在系统误差处理中的应用［J］. 大地测量与地球动力学，2009，29（4）：93-96，101.

［61］樊俊屹，童小华. 基于不同拟合方法的圆曲线综合不确定性模型［J］. 测绘与空间地理信息，2011，34（1）：57-62，66.

［62］梁丹，童小华. 利用 Kullback-Laible 信息量的空间数据几何纠正模型选择［J］. 武汉大学学报（信息科学版），2011，36（8）：896-899，908.

［63］詹蕾，汤国安，杨昕. SRTM DEM 高程精度评价［J］. 地理与地理信息科学，2010，26（1）：34-36.

［64］王春，汤国安，李发源，等. 基于 DEM 提取坡谱信息的不确定性［J］. 地球信息科学，2008，10（4）：539-545.

［65］史文中，秦昆，陈江平，等. 可靠性地理国情动态监测的理论与关键技术探讨［J］. 科学通报，2012，57（24）：2239-2248.

［66］史文中，陈江平，詹庆明，等. 可靠性空间分析初探［J］. 武汉大学学报（信息科学版），2012，37（8）：883-887.

［67］张继贤，魏钜杰，赵争，等. 基于多方向多源合成孔径雷达数据融合的假彩色正射影像制作［J］. 测绘学报，2011，40（3）：276-282.

［68］张德祥，吴小培，高清维，等. 基于平稳 Contourlet 变换的极化 SAR 图像融合［J］. 电子科技大学学报，2010，39（2）：200-203.

［69］Huang X, Zhang L, Li P. A multiscale feature fusion approach for classification of very high resolution satellite imagery based on wavelet transform［J］. International Journal of Remote Sensing, 2008, 29（20）：5923-5941.

［70］Li S, Yang B. A new pan-sharpening method using a compressed sensing technique［J］. IEEE Transactions on Geoscience and Remote Sensing, 2011, 49（2）：738-746.

［71］Zhang L, Shen S, Gong W, et al. Adjustable Model-Based Fusion Method for Multispectral and Panchromatic Images［J］. IEEE Transactions on Systems, Man, and Cybernetics, Part B: Cybernetics, 2012, 42（6）：1693-1704.

［72］楚恒，王汝言，朱维乐. DCT 域遥感影像融合算法［J］. 测绘学报，2008，37（1）：70-76.

［73］陈荣元，刘国英，王雷光，等. 基于数据同化的全色和多光谱遥感影像融合［J］. 武汉大学学报（信息科学版），2009，34（8）：919-923.

［74］刘军，李德仁，邵振峰. 利用快速离散 Curvelet 变换的遥感影像融合［J］. 武汉大学学报（信息科学版），2011，36（3）：333-337.

［75］邵振峰，刘军，李德仁. 一种基于高斯影像立方体的空间投影融合方法［J］. 武汉大学学报（信息科学版），2010，35（10）：1207-1211.

［76］Zhang H, Zhang L, Shen H. A super-resolution reconstruction algorithm for hyperspectral images［J］. Signal Processing, 2012, 92（9）：2082-2096.

［77］范冲，龚健雅，朱建军，等. ALOE PRIEM 遥感影像超分辨率重建［J］. 遥感学报，2009，13（1）：75-82.

［78］ 潘宗序，黄慧娟，禹晶，等．基于压缩感知与结构自相似性的遥感图像超分辨率方法［J］．信号处理，
2012，28（6）：850-872.

［79］ Zhang J，Yang J，Zhao Z，et al. Block-regression based fusion of optical and SAR imagery for feature enhancement
［J］. International Journal of Remote Sensing，2010，31（9）：2325-2345.

［80］ 高文涛，汪晓钦，凌飞龙．基于纹理的雷达与多光谱遥感数据小波融合研究［J］．中国图象图形学报，
2008，13（7）：1341-1346.

［81］ 邓磊，蒋卫国，陈云浩，等．一种基于 Contourlet 域隐马尔可夫树模型的遥感影像融合方法［J］．红外与
毫米波学报，2008，27（4）：285-289.

［82］ Bai X，Zhou F，Xue B. Fusion of infrared and visual images through region extraction by using multi scale center-
surround top-hat transform［J］. Optics Express，2011，19（9）：8444-8457.

［83］ Chang X，Jiao L，Liu F，et al. Multicontourlet-Based Adaptive Fusion of Infrared and Visible Remote Sensing
Images［J］. IEEE Geoscience and Remote Sensing Letters，2010，7（3）：549-553.

［84］ Zhan W，Chen Y，Zhou J，et al. Sharpening thermal imageries：a generalized theoretical framework from an
assimilation perspective［J］. IEEE Transactions on Geoscience and Remote Sensing，2011，49（2）：773-789.

［85］ 管海燕，邓非，张剑清，等．面向对象的航空影像与 LiDAR 数据融合分类［J］．武汉大学学报（信息
科学版），2009，34（7）：830-833.

［86］ 李怡静，胡翔云，张剑清，等．影像与 LiDAR 数据信息融合复杂场景下的道路自动提取［J］．测绘学报，
2012，41（6）：870-876.

［87］ Yang S，Wang M，Sun Y，et al. Compressive Sampling based Single-ImageSuper-resolution Reconstruction by
dual-sparsity and Non-local Similarity Regularizer［J］. Pattern Recognition Letters，2012，33（9）：1049-1059.

［88］ Huang X，Zhang L，Gong W. Information fusion of aerial images and LIDAR data in urban areas：vector-stacking，
re-classification and post-processing approaches［J］. International Journal of Remote Sensing，2011，32（1）：
69-84.

［89］ 刘海江，周成虎，程维明，等．基于多时相遥感影像的浑善达克沙地沙漠化监测［J］．生态学报，2008，
28（2）：627-635.

［90］ 赵彦庆，肖如林．基于本体的网络地理空间数据集成［J］．地球信息科学学报，2012，14（5）：584-591.

［91］ 沈敬伟，闾国年，吴明光，等．面向虚拟地理环境的语义数据模型［J］．计算机应用研究，2010，27（10）：
3819-3821.

［92］ 李德仁，王泉．基于时空模糊本体的交通领域知识建模［J］．武汉大学学报（信息科学版），2009，34（6）：
631-635.

［93］ 刘慧婷，杜云艳，苏奋振，等．基于 ArcIMS 的海岸带多源空间数据集成及其信息服务［J］．中国图象图
形学报，2009，14（1）：169-175.

［94］ 王卷乐，宋佳，朱立君．东北亚资源环境综合科学考察数据集成体系的构建［J］．地球信息科学学报，
2012，14（1）：74-80.

［95］ 周成虎，欧阳，李增元．我国遥感数据的集成与共享研究［J］．中国工程科学，2008，10（6）：51-55.

［96］ 黄杰，刘仁义，刘南，等．海量遥感影像管理与可视化系统的研究与实现［J］．浙江大学学报（理学版），
2008，35（6）：701-706.

［97］ 刘耀林，李红梅，杨淳惠．基于本体的土地利用数据综合研究［J］．武汉大学学报（信息科学版），
2010，35（8）：883-886.

［98］ 杨必胜，孙丽．导航电子地图的自适应多尺度表达［J］．武汉大学学报（信息科学版），2008，33（4）：
363-366.

［99］ 薛存金，苏奋振，杜云艳．海洋地理信息系统集成技术分析［J］．海洋学报，2008，30（4）：56-62.

［100］ 尹志华，唐斌．多源异构空间数据集成模型的研究［J］．测绘科学，2011，36（2）：162-164.

［101］ 付迎春，袁修孝．基于 SMCS 的多源空间数据集成应用［J］．测绘科学，2008，33（4）：76-78，97.

［102］ 杜云艳，张丹丹，苏奋振，等．基于地理本体的海湾空间数据组织方法——以辽东湾为例［J］．地球
信息科学，2008，10（1）：7-13.

［103］ 高昂，陈荣国，赵彦庆，等. 空间数据访问集成与分布式空间数据源对象查询［J］. 地球信息科学学报，2010，12（4）：532-540.

［104］ 吕雪锋，程承旗，龚健雅，等. 海量遥感数据存储管理技术综述［J］. 中国科学：技术科学，2012，41（12）：1561-1573.

［105］ 吴立新，余接情. 基于球体退化八叉树的全球三维网格与变形特征［J］. 地理与地理信息科学，2009，25（1）：1-4.

［106］ 舒飞跃，间国年，陆婧，等. 基于知识对象的土地管理空间数据库模型设计与实现［J］. 地球信息科学，2010，12（3）：348-357.

［107］ 陈静，龚健雅，向隆刚. 全球多尺度空间数据模型研究［J］. 地理信息世界，2011（4）：24-27.

［108］ 龚健雅，陈静，向隆刚，等. 开放式虚拟地球集成共享平台 GeoGlobe［J］. 测绘学报，2010，39（6）：551-553.

［109］ 龚健雅. 3维虚拟地球技术发展与应用［J］. 地理信息世界，2011（2）：15-17.

［110］ 丁昊，华一新，张亚军. 地理空间数据版本管理模型设计与算法研究［J］. 测绘通报，2011，9（6）：25-28.

［111］ 张亚军，华一新. 一种支持多版本空间数据的索引方法［J］. 测绘通报，2012（S1）：582-584，592.

［112］ 刘婷，刘仁义，刘南，等. 土地资源多级网格平台高效处理机制研究［J］. 浙江大学学报（理学版），2011，38（3）：337-341.

［113］ 陈金海，陆锋，彭国均，等. 船舶轨迹数据的 Geodatabase 管理方法［J］. 地球信息科学学报，2012，14（6）：728-735.

撰稿人：童小华　唐新明

地理信息建模与分析进展研究

一、引言

地理信息是有关地理实体的性质、特征和运动状态的表征和一切有用的知识（陈述彭等，1999）。通过地理信息分析可以获取有关地理实体的新知识，地理信息分析是采用地理学等相关知识对信息进行挖掘的过程。地理信息分析的直接对象是地理信息模型，因而地理信息建模是地理信息分析的基础。对地理信息进行建模是地理信息表达的主要内容，而地理信息表达则以地理信息认知为基础。因此，地理信息经由认知、表达、建模到分析的过程，实际上是通过抽象和分析地理信息来获取新的地理知识的过程。在这一过程中，地理信息认知与表达处于概念层次，地理信息建模与分析则是具体实现层次。近年来，随着计算机网络技术的发展和 GIS 应用的推广，地理信息建模与分析取得了一系列进展。我国学者在地理信息建模理论与方法、地理信息分析以及地理信息建模与分析应用等方面都开展了广泛的工作。

二、学科特点

建模的目的是把对象简单化和抽象化（陈述彭等，1999）。地理信息表达是利用语言、地图、计算机等形式来描述和传递地理信息，其面临的首要问题是真实地理知识的简单化和抽象化。因此，从这个角度来讲，地理信息表达的关键就是地理信息建模；地理信息的表达通过地理信息建模来实现。相较语言与地图的表达形式，计算机表达在地理信息存储、传播和分析等方面具有诸多优势。因此，计算机上的地理信息表达成为地理信息科学研究的重要方向之一。地理信息建模工作在许多情况下实际是指利用计算机技术对地理信息进行表达；另一方面，地理信息分析作用于抽象的地理知识而产生新的地理知识。地理信息分析以地理信息模型为基础，针对不同地理信息模型有不同地理信息分析方法。因此，地理信息建模的发展同时对地理信息分析提出了新要求。同样，当今地理信息分析大量地通过计算机技术实现。地理信息建模与分析的发展受到两方面因素的共同驱动，即技术驱动与需求驱动。一方面，计算机和网络技术的发展直接推动地理信息建模与分析技术的发展；另一方面，地理信息建模与分析的应用需求又促进其发展。近年来，地理信息建模与分析发展呈现良好态势，即技术发展推广应用，应用扩大反过来又催生技术发展。

三、学科主要进展

地理信息建模与分析学科主要进展包括 4 个方面：①地理信息建模主要进展；②地理信息分析主要进展；③专题地理信息建模与分析进展；④地理信息建模与分析应用进展。

（一）地理信息建模主要进展

地理信息在表达的发展对地理信息建模不断提出新的要求。近年来，地理信息表达内容呈现出向多维、高精度、动态、不确定性和本体语义表达发展的趋势，表达形式则向真实化、大众化、人机交互方向发展。以下分别从地理信息本体建模、地理信息时空动态建模、地理信息不确定性建模、地理信息三维建模、地理信息空间曲面建模等方面介绍地理信息建模的进展。

1. 地理信息本体建模

随着科学技术的发展，知识共享、重用的需求，迫使人们对人类所共同拥有的知识、信息与数据进行本体重建与共享（陈建军等，2006）。同样，地理知识、信息与数据也面临着本体重建的需求。在这一发展过程中，地理信息本体建模成为关键。近年来，我国学者在地理信息本体建模方面取得的进展有：①针对交通信息的空间性、时变性和模糊性的特点，提出了时空模糊本体的概念，并利用时空模糊本体进行交通领域知识建模（李德仁等，2009）；②面向三维地质建模应用，提出了突出概念间关系的五元组逻辑结构和基于迭代思想的本体构建方法（侯卫生等，2009）；③构建了基于顶级、领域及应用多层本体的地质灾害空间数据语义集成和共享模型（王艳妮等，2011）以及基于形式概念分析方法的洪水风险分析领域本体（王海婷，2012）；④为实现从 Web 页面中自动抽取空间本体，提出了 Web 环境下空间本体的学习模型（钟美，2010）。

2. 地理信息时空动态建模

随着以空间数据组织和分析为基础的 GIS 研究和应用的不断深入，随时间而变化的信息越来越受到人们的广泛关注（陈新保等，2009；薛存金等，2010）。二维 GIS 向时态 GIS 拓展是 GIS 发展的必然趋势。时空数据模型作为时态 GIS 的核心研究内容，是时态 GIS 最重要的组成部分。总体来说，国内外学者提出的时空数据模型可以分为 3 种类型（陈新保等，2009）：①侧重状态描述的时空数据模型，如时空立方体模型、快照序列模型、基态修正模型和时空复合模型等；②侧重过程描述和因果分析的时空数据模型，如基于事件的时空数据模型、基于图论的时空数据模型等；③侧重时空对象及其关系描述的时空数据模型，如面向对象时空数据模型。近年来，我国学者在时空数据模型理论和扩展等方面进行了广泛研究。扩展了基态修正模型（刘睿等，2008；冯杭建等，2010），并成功应用于地质灾害时空数据库的建设（冯杭建等，2010）。在面向过程的时空数据建模方面：阐述了面向过程地理信息系统的概念及其理论框架体系（苏奋振等，2006）；相继提出了一种时空过程的梯形分级描述框架 STP-TRAP（谢炯等，2007）、以过程为核心的时空数据模型 PBSTDM（张丰等，2008）、一种改进的基于事件—过程的时态模型 E-PSTM（吴长彬等，2008）、基于地理事件的时空数据模型 GESTDM（夏慧琼等，2011）以及一种显式建模地理过程的 HAS 表达框架（谢炯等，2011），并成功应用于土地利用和地籍管理系统之中；另外，提出了基于过程对象分级抽象的时空过程建模思路，并成功应用于海洋时空过程数据库系统的建设（薛存金等，2010、2012）。在面向对象的时空数据模型方面：建立了基于时空对象演变过程表达的地籍管理系统 ReGIS（张丰等，2010）；提出了基于过程的面向对象时空数据模型 POOSDM 并实现了地籍管理系统的应用（李景文等，2012）。在时空数据模型综合方面：提出和构建了基于对象—事件—过程的面向对象时空数据模型（陈新保等，2013）；另外，在时空数据模型集成（吴正升等，2009）和基于几何代数的矢量时空建模（俞肇元等，2012）等方面也展开了有益的探索。

地理时空信息主要包括三种类型：时空场、时空过程、时空网络。时空场描述的是时空连续目标的动态演变，根据维数的不同又可分为二维时空场、三维时空场等。时空过程描述不连续目标的动态变化。根据目标的形态又可分为时空点过程、时空线过程和时空面过程，其中最为常用的是时空点过程；而根据目标的生命周期，时空过程又可分为时空事件过程和目标的时空轨迹。时空网络信息可反映网络结构的时空变化模式。地理信息动态建模的内涵是根据不同的地理信息类型通过建立相应的模型研究其时空演化规律。

在时空场模型中，全局统计模型是在综合整体地理属性基础上建立的预测模型，其最大的优势在于模型的表达形式简单，而其缺陷是模型中的参数难以解释。全局机理模型建立的必要条件是其地理过程的机制已被揭示，而其优势正是在于模型及参数的含义非常明晰。全局模型目前研究热点集中在大尺度的降水、社会经济和生态参量的估计和预测。与全局模型相异，局部时空统计模型利用的是时空相关性，其思路是利用采样点之间的时空相关对时空场中任意点的属性进行预测（如大气成分、污染物的分布等），其预测精度较空间模型有了显著的提高（Chen et al.，2013）。局部动力学模型（如元胞自动机）的思路是根据空间邻域的关联规则对未来系统的状态实施预测，近期的热点涉及城市发展、土地利用变化、疾病传播、林火模拟等方面的研究（Liu et al.，2010）。

时空过程中时空点过程的模型则利用时空点的随机分布规律对未来事件发生的概率进行估算。时空点过程的应用包括对点事件的预测，例如地震的预测、疾病的爆发、犯罪的分布等，其未来的发展主要是非齐次时空点过程以及多元时空点过程（Pei et al., 2010）。时空轨迹模型的思路是利用目标的时空位置信息对其活动进行预测，近期已成为地理信息科学研究的热点，并主要用于人类活动的特征分析，特别是城市居民行为的预测。

时空网络模型通常用于分析地理世界中目标之间在时空中的作用。时空网络模型中包含节点、连接、度等要素，而要素的时空变化成为时空网络建模的重要研究内容。时空网络模型包括规则网络、随机网络、无标度网络、小世界网络等，它们是研究自然和社会不同现象时空动态变化的重要建模工具。时空网络的建模思想是利用网络节点之间时空相关性的变化对网络行为进行预测，其建模的功能包括：网络结构分析、社区分析、网络传播以及网络搜索等，近年在城市结构演变、交通控制、疾病传播、网络病毒扩散等方面得到广泛的应用（Guo et al., 2012）。

3. 地理信息不确定性建模

在地理信息获取和处理等一系列过程中，由于客观地理世界自身复杂性、测量误差以及人为误差等原因，地理信息存在一定的不确定性。地理数据不确定性直接影响地理信息分析的可信度，是制约地理信息科学发展的主要因素之一。如何识别、量化、跟踪、减少、可视化表达地理数据不确定性，已引起地理信息科学领域专家的广泛重视（承继成等，2007）。目前，不确定性的研究逐渐增多，并出现了许多相关的模型。GIS 建模的不确定性不仅体现在参数的不确定性，而且体现在工作方法的不确定性上。如何在地理信息模型中表达地理信息不确定性成为首要的工作。地理信息不确定性不但可以体现在位置信息（几何）和属性信息（语义）上，同时地理信息模型也面临时态特征不确定性（李德仁，2006）和逻辑不一致性（邬伦等，2006）等问题。近年来，我国学者在地理信息不确定性建模方面展开了以下工作：①曲线建模的不确定性分析（蔡剑红等，2012）；②利用粗糙集理论（李大军，2007）、贴近度分析方法（何建华，2008）和基于区域的公理化理论 RCC（高振记等，2008）等实现模糊地理对象之间拓扑关系的表达；③基于二型模糊集理论建立模糊地理对象模型，实现模糊地理现象隶属度误差的表达（郭继发，2012）；④构建多源位置信息融合模型，实现一定置信度下的空间位置信息范围的确定（公茂玉，2012）；⑤分析了空间数据处理模型误差和不确定性的表达、来源以及分析方法（孙庆辉等，2007）。

4. 地理信息三维建模

二维 GIS 向三维 GIS 拓展是 GIS 发展的必然趋势。三维空间数据模型是 GIS 中三维地理信息的表达基础。三维空间数据模型主要分为四类：①面元模型，如不规则三角网（TIN）、格网模型（GRID）、边界表示模型（BRep）等；②体元模型，如实体结构几何模型（CSG）、八叉树模型（Octree）、四面体格网模型（TEN）、三棱柱模型（TP）、广义三棱柱模型（GTP）、金字塔模型、规则块体模型、不规则块体模型等；③混合模型，如 TIN-CSG 混合模型、TIN-Octree 混合模型、Octree-TEN 混合模型等；④集成模型，如失栅集成模型等。近年来，我国学者在基于混合数据结构的地质（钟登华等，2007）、城市管线（陈卫青等，2007）与建筑物（土肖坚等，2012）二维建模、基于GTP的地卜具3D集成表达实体模型（吴立新等，2007）、基于球体退化八叉树格网（SDOG）的全球尺度三维建模（吴立新等，2009）、基于结点—层数据模型的三维地质体建模（张立强等，2009）、三维矢量构模（路明月等，2010）、基于规则库的三维空间数据模型（郑坤等，2010）以及基于共形几何代数的三维空间数据模型（俞肇元，2011）等方面取得了一系列进展。

5. 地理信息空间曲面建模

空间曲面是地理信息建模的重要方式之一。然而，地理信息在空间上的复杂性也对空间曲面建模的精度提出了要求。近年来，我国学者在高精度曲面建模方面取得了一定进展（岳天祥等，2007）。建立了具有全部自主知识产权的原创性高精度高速度曲面建模（HASM）方法。该方法可概括为"以全局性近似数据为驱动场、以局地高精度数据为优化控制条件的空地一体化地球表层建模方法"。建立了 HASM 多重网格法（Yue et al.，2013）、自适应法（Yue et al.，2010a）和平差算法（Yue et al.，2010b），解决了曲面建模速度慢、内存需求大等问题，大幅度改进了高精度曲面建模的运算速度和对海量数据的处理能力。HASM 已成功应用于各种空间尺度的数字高程模型构建、气候变化趋势及未来情景模拟分析、生态系统空间分布变化趋势及未来情景模拟分析、土壤性质模拟分析、土壤污染模拟分析以及生态系统服务功能模拟分析（Yue，2011）。

（二）地理信息分析主要进展

地理信息分析是地理信息成功应用于具体领域的必要过程，是获取相关知识的关键手段。地理信息分析的进展紧扣地理信息建模的进展。特别的，地理信息在承载媒介和获取方式上的革新也为地理信息分析提出了新挑战。以下分别从地理信息动态分析、高维地理信息分析、大数据时代地理信息分析以及网络地理信息分析等方面介绍近年来地理信息分析的新进展。

1. 地理信息动态分析

地理信息动态演化分析时地理信息分析的重要组成部分，是从时间维度探究地理空间信息的动态演化过程及其规律。地理信息动态演化分析是认识地理现象变化规律并提供预报预测决策支持的主要手段。

黎夏等在《地理模拟系统：元胞自动机与多智能》一书中，详细的介绍了元胞自动机和多智能体的理论与方法在地理空间系统演化应用模式和实现方法，特别是城市空间系统的动态演化模拟，为城市规划设计、城市生态等提供了良好的分析和技术手段。此外，群体智能方法等新型分析方法被引入地理信息动态演化分析，进一步丰富了地理信息动态演化分析的手段。2013 年，黎夏在"石坚论坛"上提出的协同空间模拟与优化方法进一步阐述了元胞自动机与多智能体在城市空间动态演化模拟中应用模式。

地理信息动态演化分析也相继出现在其他的地理学研究领域。例如，重大自然灾害发生频次和损失时空格局分析（刘毅等，2012）；大洋海面变化动态演化分析与预测（罗文等，2011）。基于以上分析可以看出，以多时相的地理数据为基础的地理信息动态演化分析涉及众多研究领域，不仅是地理信息科学研究重要内容，也可为国民经济建设提供极具价值的决策支持。

2. 高维地理信息分析

随着 GIS、遥感、互联网、传感器网络、智能移动终端等技术的快速发展，在带来极其丰富和详细的地理信息的同时，也大幅提高了地理信息数据的维度。高维地理信息是在地理空间维的基础上，集成时间维、专题维信息，形成三维及高于三维的具有空间特征的高维地理信息。高维地理信息对传统地理信息系统在数据模型、可视化分析及其在不同领域的应用提出了新的问题和挑战。目前，高维地理信息分析主要涉及高维数据特征降维分析、高维数据检索算法以及多维统一 GIS 理论等方面。

高维数据是具有成百上千特征的数据集，包含大量的无关信息和冗余信息，这极大地增加了分析的难度。鉴于此，特征降维成为地理信息分析的一个重要手段。典型代表有基于特征降维的高光谱遥感图像分类方法（刘峰等，2009）、基于互信息进行快速特征选择的模式（Guo et al., 2008）、拉普拉斯特征映射方法（黄蕾，2011）、局部监督学习（Sun et al., 2010）等。从具有高维特征的数据集中检索有价值的信息是高维地理信息分析的重要研究内容。主要研究成果有基于符号图的高维时间序列数据库索引方法（韩磊等，2010），基于多次随机子向量量化哈希的索引算法（杨恒等，2010）等。近几年，基于几何代数的多维统一 GIS 理论使得时空统一的地理信息分析成为一种新的发展方向，基于几何代数的相关理论，可以建立多维统一的地理时空描述框架，在地理现象和地理过程的分析与建模方面取得重大进展（俞肇元，2011）。

地理信息的三维表达与建模对三维地理信息分析提出了要求。地理数据向高维发展不仅导致数据量的增大，同时也意味着数据处理和分析方式的改变。这种分析方式的改变体现在地理信息数据分析的各个方面，如缓冲区分析、叠加分析和拓扑分析等。近年来我国学者在相关领域的工作进展包括：利用基本空间对象间拓扑关系的完备性以及复合推导的方法，提出了基于基本线与体对象推导复合线与体对象间拓扑关系的算法（张骏，2008）；使用海量数据的常用分块处理策略，给出了一种高效的三维体数据缓冲区分析算法（邱华，2011）；利用几何代数对多维几何对象及其基本度量和空间关系的统一表达，构建了多维空间对象几何与拓扑关系的批量计算方法，实现了多维 GIS 几何和拓扑分析功能（俞肇元，2011）。

高维地理信息数据具有稀疏矩阵的特点，若采用传统的索引方法，会造成空间查询低效。近年来，我国在高维数据查询和索引机制方面取得了一定的研究成果。例如，提出优化金字塔技术（OPT）以解决在范围检索过程引入误中点而增加高维向量距离计算的问题，提高范围检索效率（梁俊杰等，2006）；提出一种适宜 3DGIS 数据管理的改进 R 树索引方法（蒋子阳等，2007）；采用并行技术提出一种高维空间范围查询并行算法（徐红波等，2013）；基于高维不确定空间数据的特征，提出了一种高效的索引技术——DuoWave（马春洋，2012）；针对海量高维数据索引中用户有偏特征组合查询的要求，提出了一种适用于云计算模式的并行索引机制（王寅峰等，2011）；提出一种基于多 GPU 的并行高维空间距离检索排序算法，通过并行优化空间距离计算及排序过程，并充分利用 GPU 硬件特性和众多的流处理器单元，算法能实现百万级的高维数据的实时检索（周迪斌等，2013）。

3. 大数据时代地理信息分析

随着信息获取手段的不断改进和信息需求的日益迫切，带来地理信息资源的急剧膨胀。地理信息大数据时代的到来，也给地理信息分析带来了更大的挑战。大数据（big data）具有数据量巨大（volume）、种类多（variety）、高速变化（velocity）、真实质差（veracity）等特点，是巨量复杂数据集合，其中与位置相关的空间数据占据了绝大部分，现有的数据工具已经难以对其管理和利用。Carson J.Q. Farmer 等人在大数据时代的地理信息科学中写道，大数据的地理空间分析需要"新的灵活的、非参数化的、计算效率高并能够在数据丰富的情况下为动态和非线性的流程建模提供可解释的结果的方法"。但地理空间大数据分析目前大多只专注于数据可视化及描述性分析。地理信息科学需要脱离这种方法并向以模型为中心的方法迈进，空间数据挖掘则是凸现大数据价值、盘活大数据资产和有效利用大数据的基础技术。大数据时代下，如果空间知识被各行各业充分利用，那么能够帮助人类以更加精细和动态的方式学习、工作和生活，达到智慧状态，极大提高资源利用率和生产力水平，积极应对经济危机、能源危机、环境恶化等全球问题。

我国地理数据建设已取得重大进展。西部测图工程 1：5 万基础地理信息数据库更新的完成，标志着数字中国地理空间框架初步建成；海岛（礁）测绘工程的开展，弥补了海洋基础地理信息数据的不足；资源三号卫星的发射成功，突破了高分辨率卫星影像的瓶颈；通过基础航空摄影获取了大量遥感影像资料。这些成果标志着地理信息大数据时代的到来，仅西部测图工程的成果，数据量就到达 13.4TB。在此背景下如何进行有效的地理信息分析成为了急需解决的问题。我国测绘信息部门已充分利用基础地理信息数据加强公共服务的重要性，正在加快开展地理国情监测，建立的海量地理数据共享平台——天地图的建设为地理信息大数据分析应用提供了一个优良的方案。

大数据时代背景下的地理信息分析研究在海量地理数据组织、管理、传输、分析等方面都取得了一定的成果。基于模型类别的索引及基于四层数据表结构海量数据管理方案提高了海量地理数据的管理和检索效率（梁建国等，2012）。分卷压缩传输方法在一定程度上提高了海量地理数据的传输效率。地理信息分析的并行计算、分布式计算以及云计算等相关工作包括：在并行 GIS 和并行空间数据库的空间数据结构和空间索引机制相关研究内容基础之上，论述了并行 GIS 的并行空间操作，系统地讨论了并行最优路径分析算法的设计和实现的方法和技术（赵春宇，2006）；提出了适合于分布式空间分析运算的框架，研究了分布式环境下空间运算任务分解和空间数据划分的方法、共享数据复制策略、基于负载的数据划分策略和空间运算框架的缓存机制等，初步解决了分布式空间分析运算框架的关键技术问题（吴亮等，2010）；在从空间计算模式上，针对大规模矢量空间数据，提出一套提升 GIS 软件空间分析计算与存储、检索效率的模型方案（马丽娜，2011）；在 Hadoop 云计算平台来研究了云环境下 GML（地理标记语言）空间数据查询与空间分析（刘艳俊，2012）。

4. 网络地理信息分析

网络技术和应用的快速发展产生了 GIS 空间数据查询、分析和可视化在 WWW 上进行的需求。SVG（Scalable Vector Graphics，可缩放矢量图形）是 W3C（互联网联盟）为适应 Web 应用飞速发展而制定的一套基于 XML 语言的语言描述规范，其在 WebGIS 中被广泛应用。SVG 格式的出现为空间分析提出了新要求。近年来，基于 SVG 格式的空间分析有关工作包括：基于空间实体分块操作实现 SVG 矢量格式的叠置分析（韩海丰等，2009）；通过 JavaScript 调用 SVG DOM 接口，并结合 SVG 属性，实现了 SVG 轻量级 WebGIS 中缓冲区分析、空间查询及最短路径分析，构建了功能较完整的轻量级 WebGIS（刘钊等，2009）；提出了一种基于 SVG 的在线空间自相关分析方法，将地图单元构建成二元邻接矩阵，再经空间权重矩阵计算方法将其转换为行标准化矩阵，以满足空间统计分析方法对数据的要求。

（三）典型地理信息建模与分析进展

在地理信息技术快速发展背景下，不但地理信息技术的应用范畴逐渐扩大，其在各领域的应用也变得更加深入。随着地理信息技术成为涉及地理信息领域应用必不可少的工具，专题地理信息的建模和分析应运而生。下面主要从地形地貌、月貌、海洋、自然灾害和生态环境等方面来介绍专题地理信息建模与分析的研究进展。

1. 地形地貌建模与分析

地形地貌建模与分析工作主要体现在建立数字高程模型（DEM）及其分析之上。随着对地观测技术的日趋成熟，各种新型传感器的不断发展，使得 DEM 数据源也不断丰富，包括有最初的基于等高线数据内插的 DEM 获取方法，也包含有基于单幅或者是多幅影像地表三维重建技术。更有基于新型传感器高精度三维点云的地表数字高程模型构建技术，如 LiDAR、InSAR、SAR 等。如此丰富且从微观到宏观序列比例尺的 DEM 数据为基于 DEM 的数字地形分析打下坚实的数据基础。

在数字地形分析的方法研究中，目前主要包括坡面地形因子提取、特征地形要素提取、地形统计分析以及基于 DEM 的地学模型分析。在这些方法中，特别需要提到的是分析方法的创新与跨学科方法的借鉴，如窗口外扩的坡面因子差分计算方法、地形特征点的全面准确提取研究、SNAKE 方法的黄土地貌沟沿线提取研究、地形分形理论、地形自适应的流向算法、地形纹理特征、并行计算环境下数字地形分析、高精度地表曲面建模等，这些方法更加全面的深化与发展了数字地形分析的理论与方法。在 DEM 地形分析的不确定性研究中，近年来主要包括 DEM 地形分析中的尺度问题（刘学军等，2007），地形指数的尺度效应与尺度推演（杨昕等，2007），DEM 地形信息量（董有福等，2012），该类研究为我们全面客观的厘清 DEM 及数字地形分析研究的不确定问题提供有力支撑。

近年来，数字地形分析在地学分析中尤其是对黄土地貌研究取得突破性进展，如黄土地貌空间分异规律研究，该研究从数字地形分析的各个角度，如坡谱（李发源等 2007）、正负地形（周毅，2011）、面积高程积分等，诠释了黄土高原从南到北、从东到西的黄土地貌存在的或单中心扩散、或多中心发散等特征，并据此构建相应的地貌分区图。同时，在基于 DEM 黄土地貌发育演化规律的研究中也取得丰富成果，如基于 DEM 的黄土地貌发育演化的继承性研究与黄土在古地貌基础上的沉积规律研究，该研究发现黄土地貌继承于下伏第三纪基岩古地形，随着黄土的覆盖，原始地形起伏逐步被缓和；且该研究证实黄土在沉积的过程中在迎风坡及背风坡的黄土沉积规律，并构建了整个鄂尔多斯地台上的黄土高原黄土厚度分布图。此外相应的地学分析还包括数字地形分析方法在土壤侵蚀、冰川地貌及青藏高原地质地貌特征的应用。相应的地学应用极大地拓展了数字地形分析应用领域。

地形分析同样是描述和研究其他固态星球特征与演化的重要手段。月球地形地貌的研究是月球探索研究中重要的、基础性的工作。撞击坑是月表最主要的形貌类型，被认为是理解月球地质过程与演化的"钥匙"，其大小和分布可为研究月球撞击历史和演化提供线索，进而推断月表地质单元的相对年龄，为人类进一步了解月球、探索月球提供有用的信息。利用嫦娥一号卫星数据，我国学者广泛展开了月球撞击坑的研究工作。在撞击坑识别方面：利用高精度月球地形模型 CLTM–s01，结合月球全球重力场分布，提议出月球表面4 个新的地形特征（黄倩等，2009）；采用 DEM 填洼、面向对象分类、DEM 填洼的面向对象分类 3 种自动提取方法进行了撞击坑提取（万丛，2012）或提出融合月球撞击坑形态和空间特征的撞击坑判识方法（贺力，2012）。在撞击坑形态与空间分布分析方面：通过对撞击坑形态的研究，构建了描述撞击坑的定量与定性指标体系（周增波，2013）；建立了基于位置关系的撞击坑年龄推断指标体系，可以大致判断出撞击坑的相对年龄关系（万丛，2012）；使用数理统计和空间分析的方法研究了月球正面撞击坑空间分布，并探讨了撞击坑分布的空间集聚性、经向和纬向差异性等特征与撞击坑形成理论间的可能关系（周增波等，2012）。

2. 海洋信息建模与分析

海洋资源与海权的争夺是当今大国间较量的重要体现，海洋环境也是全球变化的关键控制因素，因此海洋科学研究具有重要的战略价值和科学价值。随着科学技术的进步，海洋观测能力得到迅猛提升，极大地丰富了海洋科学研究的基础数据，并促进了一批以数据分析为特色的海洋分支学科的诞生，海洋地理信息系统就是其中之一（周成虎等，2013）。海洋地理信息建模和分析是海洋地理信息系统的核心内容。近年来，我国学者尤其在海洋地理信息建模方面取得了众多进展，如根据海洋数据的时空特性设计了基于栅格的时空层次聚合模型，使得提取多维对象在各维上不同层次的聚合数据更为高效（苏奋振等，2006b）；提出了基于过程对象分级抽象的时空过程建模思路，并成功应用于海洋时空过程数据库系统的建设（薛存金等，2012）。针对海洋环境数据的特点，讨论了建立海洋环境领域本体的方法，设计了利用本体创建海洋环境数据仓库多维模型算法（鲍玉斌等，2009）；通过建立多维时空索引的方式改进 ArcGIS 海洋数据模型中针对海洋要素产品时空数据的组织方法，并运用到"数字海洋"原型系统项目中（刘贤三等，2010）；基于中国数字海洋建设的经验和成果，制定了海洋数据要素的分类方案，将海洋信息分为五大类：海洋点要素、海洋线要素、海洋面要素、海洋网格要素、海洋动态要素。采用基于特征的方法和面向对象的技术设计了适合数字海洋大型信息系统工程建设的时空数据模型。

3. 自然灾害信息建模与分析

我国气象灾害和地质灾害等自然灾害频发，对人民生产、生活构成愈来愈严重的威胁。然而，国家很难支付重大工程或规划项目需要进行的自然灾害防治所需的巨额费用。同时，自然灾害影响因子本身的随机性和不确定性以及发生物理过程的非线性，决定了自然灾害发生时间准确的预报的极度困难性。因此，目前自然灾害的研究是发展地质灾害的危险性的预测或预警系统以减少不必要的生命和财产的损失。GIS 为自然灾害研究提供了很好的解决方案和独特的研究方法，它可以有效地进行各种环境及空间数据的收集、管理和分析。GIS 不仅可以有效地管理影响自然灾害发生的各种内在因素外部动力因素，如降雨、地震、人类活动、侵蚀等，还提供了用其他研究手段难以解决的自然灾害的危险性预测及空间分布等问题的有力工具。我国在自然灾害 GIS 建模分析方面的研究明显滞后于GIS 技术的发展。地理信息系统应用于山地等自然灾害研究（如滑坡、泥石流等）经历了一个较长的发展过程，从 GIS 产生的 20 世纪 60 年代中期到 80 年代晚期，GIS 应用于滑坡（边坡）的稳定性的研究尚处于文献讨论阶段；自 90 年代以来，GIS 开始广泛应用于各种自然灾害的研究。

自然灾害 GIS 建模分析的主要研究进展是充分利用 GIS 在数据组织和管理的优势，采用合适的数据格式，开发各种分析模型来研究滑坡的稳定性，如确定性模型、统计模型、模糊逻辑模型、神经网络模型等。运用 GIS 进行自然灾害危险性分析的方法总体上分为定性、定量的方法或直接和间接的方法。定性的方法主要根据主观经验对自然灾害危险性进行定性描述，定量的方法则是对自然灾害发生的可能性进行数学或数值算法上的估计。不管哪一类方法，根据研究问题的性质及侧重点的不同可进一步划分为多种方法。具体可以分为：因子指标分析法、双变量统计分析、多变量统计分析法、确定性模型、概率模型、模糊逻辑和神经网络模型等。

受气候变化、地震、人类活动的影响，我国的自然灾害灾害格局和模式已经发生显著改变，主要表现在灾害频度、强度的增强和模式的变化。我国学者在自然灾害时空挖掘方面取得一些进展，揭示了典型地区自然灾害的时空分布规律。主要成果体现在：①完善了基于 GIS 的滑坡等自然灾害的空间统计分析模型（兰恒星等，2003）。完善了滑坡空间分布的确定性系数空间统计模型，解决了关键影响因子确定及对滑坡空间分布控制作用的定量评估问题（兰恒星等，2002），实现了滑坡空间分布定量分析和多维制图等；②强震诱发地震滑坡空间分布规律。通过对汶川、玉树等地震诱发地质灾害事件的宏观分布规律的研究（Qi et al., 2010），得到一些重要发现。发现地震诱发滑坡空间分布与水平和垂直峰值加速度均密切相关；识别了强震作用下易发发生大型滑坡的关键因子特征，进一步揭示了地震诱发大型滑坡机制与特征；发现高差、坡度和饱和松散堆积物特征对大型滑坡的长远程特征具控制作用；得到地震诱发滑坡的最大运移距离为 5.0km，小型滑坡的诱发地震烈度阈值为 6 级，断层距离与滑坡空间分布有呈负指数幂次关系等重要的结论；③气候变化下降雨滑坡时空分布规律。通过极值统计分布理论，采用 60 年的降雨数据和典型强降雨事件触发滑坡数据集为基础，进行气候变化下滑坡灾害研究，发现了气候变化条件下滑坡灾害演化总体规律：频率和强度加剧，空间分布变异性显著增加。通过分析滑坡等灾害的降雨阈值以及频率强度特征，提出了中国西南和东南典型地区触发滑坡、泥石流的降雨阈值，分析了滑坡空间分布异质性规律特征，发现了东南沿海台风降雨型滑坡的聚簇性分布规律以及降雨触发阈值从沿海到内陆逐渐减小的分带性空间分布特征。

在三维分布式灾害过程模拟方面，复杂环境下的滑坡等自然灾害的动力过程模型的研究是目前国际上该领域的难点问题，它制约着国际社会防灾减灾的水平。Lan 等（2007）创建了集成 GIS 系统的创建了三维分布式崩塌 / 滚石过程模型，提出了耦合滑坡物理过程模型与空间统计模型的 GIS 格网模型。实现了滑坡灾害分布式模拟，有效利用分布式的地理空间参数，提供空间连续的模拟预测结果，有利于实现灾害的时空演化变异规律的定量化，同时提高了模型应用的实用性和可靠性。有效地解决了灾害体与复杂的三维地形相互作用的问题，可以快速有效地模拟灾害体在三维地形环境中运动的路径、速度、频率、能量等关键要素，并实现了与 GIS 平台的紧密耦合，广泛应用于多种尺度（局部到区域）灾害的快速评估。该模型也已广泛应用于美国、加拿大、意大利等 30 多个国家。

4. 生态环境信息建模与分析

空间分析尤其是地理统计学，是环境与健康研究的重要手段。近年来，我国学者在地理空间抽样理论研究及其环境健康应用方面取得重要进展（姜成晟等，2009）。初步建立了针对异质陆表的空间抽样理论体系，提出了揭示陆表类型、抽样方案和统计推断三者交互作用的空间抽样 Trinity 原理（Wang et al., 2013a）。相关研究成果已广泛的成功应用于出生缺陷发病率地图制作和分析（Wu et al., 2011）、汶川地震儿童死亡率空间分布与风险分析（Hu et al., 2012）、手足口病时空分布和病因分析（Wang et al., 2013b）、北京市大气 PM2.5 估算（Wang et al., 2013c）等研究之中。在生态学研究中，站点的长期定位监测与空间的大尺度格局分析是全面认识生态学过程与形成机制的两个重要方面。长期以来，如何实现从点到面的尺度外推是生态学研究中面临的重大难题，而地理信息分析技术的应用使其成为了可能。我国学者利用地理信息分析技术在氮沉降分布、生态系统碳水通量格局等方面展开了广泛的研究工作。在氮沉降方面，基于国家尺度的观测数据，利用克里格插值方法刻画了中国无机氮湿沉降的空间格局及 NO_2 干沉降的时间动态（Lv et al.，2007）。在生态系统碳水通量空间格局方面，基于地统计学方法，结合涡度相关技术观测的长期生态系统碳水通量数据，描述了中国的生态系统净初级生产力 NPP（高艳妮，2012）、土壤呼吸（Zheng et al.，2010）以及总生态系统生产力 GEP、生态系统呼吸 GR、净生态系统生产力 NEP（Yu et al.，2013）等的空间分布格局。在生态系统动态模拟方面，研究了利用景观格局指数动态变化揭示景观演化方向的方法（王瑗，2012），利用最小二乘和回归分析研究不同地区植被的时空动态演变特征（李双双等，2012）及建立碳排放动态演化模型（金汝蕾，2011）。

（四）地理信息建模与分析应用进展

地理信息涉及国防、军事、经济、政治及社会生活等各个领域，具有博采众长的优势，因而地理信息建模与分析技术方法被广泛地应用到众多领域，主要涉及资源管理、环境保护、决策支持、国防军事、交通运输及生活服务等方面。

1. 资源管理

地理信息建模与分析方面在资源管理方面的应用主要集中在土地、水利、电力、矿产等各种资源及其附属设施的管理、资源清查等方面。近几年，地理信息建模与分析方法在资源管理方面发挥着越来越重要的作用。成功应用案例包括：将地理信息分析技术应用于濒危野生动物资源管理，为野生动物资源管理提供有效的空间可视化技术服务支持（刘红军等，2011）；实现了一种森林资源管理系统，有效地提高了森林资源的管理能力，实现了对森林资源管理的网络化、信息化，为相关部门提供了科学有效的决策支持（姬晓军等，2013）；设计了一种草地资源管理信息系统，为政府部门进行数据管理和前景规划提供可视化、易操作的规范的草地信息管理平台（张一诺等，2009）；总结了信息技术在农业资源管理的中的应用现状，地理信息技术对农业资源管理具有重要的意义（王博等，2009）。

2. 环境保护

环境保护既是当前全球的统一共识，也是各个国家和地区可持续发展的重要前提。环境保护具有与地域空间的地理要素紧密联系使得其需要地理信息技术这样的分析和计算手段（王博，2013）。地理信息技术在环境保护中的应用主要集中在环境监测、环境影响评价、环境管理、城乡环境规划及环境应急系统等方面。地理信息分析技术高度集成的空间和地理等特性，为环境保护提供准确客观的决策支持（杨帆等，2009）。大量存储、更新、计算数据的能力，能够尽可能地监测环境变化，并且通过与各种污染、评价、预测模型结合，得到的各种有效的理论评估和决策方案。例如，利用地理信息理论和技术实现了保定市生态环境评价体系和遥感、GIS 信息模型，为保定市的生态环境保护规划提供了科学的决策支持（王金星等，2009）。另外，地理信息动态演化分析在湖泊富营养化（陈思源，2010）、土地盐渍化（吴健生等，2010）等方面显现出巨大的作用，通过建立准确的模型模拟环境问题发生的过程并分析其发展的原因，从而便于决策者从源头进行治理。

3. 决策支持

地理信息建模与分析可有效服务于决策支持，目前在城市管理、灾害预测、应急救援等方面有着较为广泛的应用。地理信息建模与分析方法已成为决策分析的重要参考与依据。成功应用案例包括：提出了基于 GIS 的城市污水管网监测维护决策支持系统的构建方法，对空间系统和模型系统进行系统集成，实现污水管网监测维护的决策分析（胡学斌等，2010）；评述了国内外关于海上溢油应急响应研究的现状，指出其中存在的一些问题，并结合地理信息建模与分析方法，研究了溢油应急相关的研究方法和模型（刘文全，2010）；以粮食物流企业的配送问题为背景，结合 GIS 理论和方法，对粮食物流配送决策支持系统进行了系统分析（甄彤等，2009）；深入地研究了区域公路地质灾害危险性区划，地质灾害时空预测预报理论，设计并实现了"区域公路地质灾害管理与空间决策支持系统"，实现地质灾害时间与空间预测预报，对地质灾害的减灾与防灾具有十分重要的意义（王卫东，2009）。

4. 国防军事

地理信息建模与分析在军事领域应用日益增多，主要集中在对军事任务的调度、指挥与决策。地理信息建模与分析方法适应了的高技术条件下局部战争的要求，为军队现代化建设提供了有力保障。相关成功应用案例包括：基于广义军事综合运输时间，提出适用于军事综合运输的最短路径优化算法思想，建立了适用于大宗军事运输的最短路径优化模型（祁松，2010）；提出了基于多种路况条件的梯队行军地图匹配技术，并提出了基于多目标约束的改进遗传算法来优化兵力投送行军路径（温存霆，2011）；根据网络资源具有空间分布的特征，探讨了将 GIS 引入军事信息网络资源管理的必要性，并结合需求设计研发了一套基于 GIS 技术的军事信息网络资源管理系统（王大旌，2012）；设计了基于 GIS 的野战防空预警系统基本框架和功能模块，重点对空情动态实时预警、防空阵地配置、辅助指挥决策以及军事地形分析等模块进行了原型系统设计与部分实现（关贤恩，2010）。

5. 交通运输

地理信息建模与分析在交通领域有了广泛的应用前景，主要集中在交通管理、调度、规划等方面。地理信息建模与分析方法已成为实现智能交通系统中交通规划与管理的关键技术，有效推动了交通乃至国民经济与社会的发展。成功应用案例包括：考虑了将 GIS 应用于交通综合信息系统的特殊优势和意义，讨论和探究 GIS 在智能交通领域的深层次应用，并开发了上海交通综合信息查询系统（王栋高，2009）；以地理信息技术与高速公路业务管理的集成化、智能化为基本思路，以智能工程（计算机科学、人工智能及系统工程）作为分析问题、解决问题的基本方法，就智能高速公路关键技术与实现展开了系统分析、研究，并最终开发了基于 GIS 的智能高速公路管理平台（王忠军，2009）；分析了交通地图数据库的建立、数据分析与处理等 GIS 应用于交通需要解决的关键问题。预测并设想了 GIS 在交通运输规划与管理中的城市道路设计、车辆诱导、城市交通预测、城市交通设施管理几个方面的应用（索明亮等，2011）。

6. 生活服务

地理信息与人们日常生活精密相关，因此地理信息分析方法也被广泛地应用于生活服务领域，以改善和提高人们生活质量。相关应用案例有：对犯罪热点时空分布研究方法进行了科学总结，指出目前国内相关研究较少，尚需进一步完善；分析了典型时间断面居民的空间分布特征和居民日常活动社会分异的强时空关联性，为城市规划和管理提供可靠的依据；提出一种调度优化算法以解决城市生活垃圾快速增长导致的收运成本增加及居民生活环境恶化问题（刘炳凯，2009）；分析了广安市国有银行的分布格局及影响因素，为城市规划中的商业辅助决策提供支持（许定富，2011）；研究了中原某县城区的犯罪行为空间分布特征并做了相关的预警分析（耿莎莎等，2011）。上述研究都在一定程度上改善了人们的生活质量，证明了地理信息分析技术在生活服务领域是具有较大的应用价值和前景。

四、学科发展趋势与展望

地理信息建模与分析的发展受到技术发展和应用发展两个方面的驱动。总体来说，地理信息建模与分析存在以下发展趋势。

1）地理信息建模与分析向真实化大众化方向发展。真实世界是多维和多尺度的，维度包括空间维和时间维，具体体现在地理信息向三维和时态方向发展。模型和分析能有效描述和模拟真实地理世界的时空形态和时空演化特征，以及真实地理世界的多尺度和不确定性。地理信息的虚拟现实建模、多媒体建模与可视化分析使地理信息表达更加直观，推动着地理信息技术大众化应用的扩展。

2）大数据时代地理信息建模与分析面临新挑战。随着科学技术的进步和社会的发展，地理数据在获取速度和获取方式方面都发生了巨大进展。业务化地理信息数据获取速度大大增加，地理信息科学进入大数据时代。地理信息技术在生活上广泛应用使得"人人都是数据来源，人人都是数据分析师"，对地理信息的建模、共享和分析提出了新要求。

3）地理信息技术应用的发展不断推动地理信息建模与分析的发展。地理信息技术在国土资源、自然灾害、生态环境、规划决策等研究与管理方面的应用不断为地理信息建模与分析提出新要求。地理信息建模和分析的发展具有明显的应用导向特征。地理信息技术在科学研究和生产生活各方面应用的迅速推广既是挑战也是机遇，我们应当迎接挑战、把握机遇，使地理信息建模与分析技术不断发展。

另外，当前地理信息建模和分析在对地理现象的解释和地理过程的分析预测上存在一定不足，主要表现在以下 3 方面。

1）地理信息模型众多，模型的集成问题未能很好解决。统计模型和物理模型相互独立，地理信息建模的通用性不强，较难找到一个适合于解释某种特定复杂地理现象的合理信息模型，不同的人分析预测结果具很大差异，难以进行结果的对比，进行地理现象和过程的合理解释。

2）地理信息建模对由于环境因素变化的地理过程变化预测能力较差。当前地理信息建模和分析主要是表达某一时刻的地理空间实体的分布及其相互之间的关系，数据模型没有很好考虑地理实体的时空变化，今后的地理信息建模与分析的研究需要能够很好地根据地理实体空间分布和状态的最新信息，重构地理空间变化（或演化）的过程，预测和未来的空间分布和状态。

3）模型的可靠度有待进一步提高。很多情况下，缺乏对数据作进一步的处理和校正以提高数据的质量解决方案，模型的可靠性及误差检验能力差。不能对地理信息建模计算单元类型和尺度（包括栅格网格单元、矢量单元）等标准不明确，常与模型脱节，地理信息建模关键性因素的选择、分类能力差。利用误差分析和不确定分析进行模型细化和纠正可以达到对地理现象的更好理解。

参 考 文 献

［1］ Chen CC, Wu CF, Yu, et al. Spatiotemporal modeling with temporal-invariant variogram subgroups to estimate fine particulate matter PM2.5 concentrations［J］. Atmospheric Environment, 2013, 54：1-8.

［2］ Guo B, Damper RI, Gunn SR, et al. A fast separability-based feature-selection method for high-dimensional remotely sensed image classification［J］. Pattern Recognition, 2008, 41（5）：1653-1662.

［3］ Guo DS, Zhu X, Hai J, et al. Discovering Spatial Patterns Origin-Destination Mobility Data［J］. Transactions in GIS, 2012, 16（3）：411-429.

［4］ Hu Y, Wang JF, Li XH, et al. Application of Bayesian geostatistical modeling for the assessment of risk for child mortality during the 2008 earthquake in Wenchuan, People's Republic of China［J］. Geospatial Health, 2012, 6（2）：247-255.

［5］ Lan HX, Martin C.D, Lim C.H. RockFall analyst：A GIS extension for three-dimensional and spatially distributed rockfall hazard modeling［J］. Computers & Geosciences, 2007, 33（2）：262-279.

［6］ Liu XP, Li X, Shi X, et al. Simulating land use dynamics under planning policies by integrating artificial immune systems with cellular automata［J］. International Journal of Geographical Information Science, 2010, 24（5）：783-802.

［7］ Lv CQ, Tian HQ. Spatial and temporal patterns of nitrogen deposition in China：Synthesis of observational data［J］. Journal of Geophysical Research, 2007, 112, D22S05.

［8］Pei T, Zhou CH, Zhu AX, et al. Windowed Nearest–Neighbour Method for Mining Spatio–temporal Clusters in the Presence of Noise［J］. International Journal of Geographical Information Science, 2010, 24（6）: 925–948.

［9］Qi SW, Xu Q, Lan HX, et al. Spatial distribution analysis of landslides triggered by 2008.5.12 Wenchuan Earthquake, China［J］. Engineering Geology, 2010, 116: 95–108.

［10］Sun Y, Todorovic S, Goodison S. Local–learning–based feature selection for high–dimensional data analysis［J］. IEEE Transactions on Pattern Analysis and Machine Intelligence, 2010, 32（9）: 1610–1626.

［11］Wang JF, Jiang CS, Hu MG, et al. Design–based spatial sampling: Theory and implementation［J］. Environmental Modelling & Software, 2013a, 40: 280–288.

［12］Wang JF, Xu CD, Tong SL, et al. Spatial dynamic patterns of hand–foot–mouth disease in the People's Republic of China［J］. Geospatial Health, 2013b, 7（2）: 381–390.

［13］Wang JF, Hu MG, Xu CD, et al. Estimation of Citywide Air Pollution in Beijing［J］.PLoS ONE, 2013c, 8（1）: e53400.

［14］Wu JL, Chen G, Liao YL, et al. Arsenic levels in the soil and risk of birth defects: a population–based case–control study using GIS technology［J］. Journal of Environmental Health, 2011, 74（4）: 20–25.

［15］Yu GR, Zhu XJ, Fu YL, et al. Spatial patterns and climate drivers of carbon fluxes in terrestrial ecosystems of China［J］. Global Change Biology, 2013, 19（3）: 798–810.

［16］Yue, T.X. Surface Modelling: High Accuracy and High Speed Methods［M］. New York: CRC Press, 2011.

［17］Yue, T.X., Chen, C.F., Li, B.L. An Adaptive Method of High Accuracy Surface Modeling and Its Application to Simulating Elevation Surfaces［J］. Transactions in GIS, 2010a, 14（5）: 615–630.

［18］Yue, TX, Wang, SH. Adjustment computation of HASM: a high–accuracy and high–speed method［J］. International Journal of Geographical Information Science, 2010b, 24（11）: 1725–1743.

［19］Yue, T.X., Zhao, N., Yang, H., et al. The multi–grid method of high accuracy surface modelling and its validation［J］. Transactions in GIS. 2013, 17（6）: 943–952.

［20］Zheng ZM, Yu GR, Sun XM, et al. Spatio–temporal variability of soil respiration of forest ecosystems in China: influencing factors and evaluation model［J］. Environmental Management, 2010, 46: 633–642.

［21］鲍玉斌, 陆群, 蔡金明, 等. 基于领域本体的海洋环境数据仓库多维建模技术［J］. 海洋通报, 2009, 28（4）: 132–140.

［22］蔡剑红, 李德仁, 朱道林. 附有建模误差的曲线不确定性及其可视化［J］. 测绘科学, 2012, 37（1）: 44–46.

［23］陈建军, 周成虎, 王敬贵. 地理本体的研究进展与分析［J］. 地学前缘, 2006, 13（3）: 81–90.

［24］陈述彭, 鲁学军, 周成虎. 地理信息系统导论［M］. 北京: 科学出版社, 1999.

［25］陈思源. 非点源污染下湖泊水体污染状况的动态演化［J］. 湖北农业科学, 2010, 49（10）: 2410–2413.

［26］陈卫青, 张健雄. 3维数据模型及地下管网的3维建模［J］. 测绘与空间地理信息, 2007, 30（2）: 49–52.

［27］陈新保, Li SN, 朱建年, 等. 时空数据模型综述［J］. 地理科学进展, 2009, 28（1）: 9–17.

［28］陈新保, Li SN 李黎, 等. 基于对象—事件—过程的时空数据模型及其应用［J］. 地理与地理信息科学, 2013, 29（3）: 10–16.

［29］承继成, 金江军. 地理数据的不确定性研究［J］. 地球信息科学, 2007, 9（4）: 1–4.

［30］董有福, 汤国安. DEM点位地形信息量化模型研究［J］. 地理研究, 2012, 31（10）: 1825–1836.

［31］冯杭建, 张丰, 孔瑛, 等. 基于TGIS的地质灾害时空数据库研究［J］. 地质科技情报, 2010, 29（6）: 110–117.

［32］高艳妮, 于贵瑞, 张黎, 等. 中国陆地生态系统净初级生产力变化特征—基于过程模型和遥感模型的评估结果［J］. 地理科学进展, 2012, 31（2）: 109–117.

［33］高振记, 邬伦, 杨俭. 基于RCC及粗糙模型的模糊地理对象拓扑关系表达［J］. 北京大学学报（自然科学版）, 2008, 44（4）: 596–603.

［34］耿莎莎, 张旺锋, 刘勇, 等. 基于GIS的城市犯罪行为空间分布特征及预警分析［J］. 地理科学进展,

2011, 30（10）：1240-1246.

［35］公茂玉，朱述男，关超辉，等．基于D-S理论的多源空间位置信息不确定表达及融合模型研究［J］．测绘通报，2012，（10）：36-40.

［36］关贤恩．基于GIS的陆军野战防空预警系统设计［D］．长沙：中南大学，2010.

［37］郭继发，崔伟宏．高阶模糊地理现象建模和度量研究［J］．测绘学报，2012，41（1）：139-146.

［38］韩海丰，杨永国，冯金锐．基于SVG的多边形叠置分析算法初探［J］．测绘科学，2009，34（2）：148-150.

［39］韩磊，潘晓雯，冯林．基于符号图的高维时间序列检索［J］．计算机工程，2010，36（1）：58-60.

［40］何建华，刘耀林，俞艳，等．基于模糊贴近度分析的不确定拓扑关系表达模型［J］．测绘学报，2008，37（2）：212-216.

［41］贺力．基于"DEM"的月球撞击坑判识方法研究［D］．南京：南京师范大学，2012.

［42］侯卫生，刘修国，吴信才，等．面向三维地质建模的领域本体逻辑结构与构建方法［J］．地理与地理信息科学，2009，25（1）：27-31.

［43］胡学斌，颜文涛，何强．基于GIS的城市污水管网监测维护决策支持系统设计［J］．重庆大学学报，2010，33（7）：108-114.

［44］黄蕾．高光谱遥感影像降维的拉普拉斯特征映射方法［J］．遥感信息，2011，（6）：37-41.

［45］黄倩，平劲松，苏晓莉，等．嫦娥一号CLTM-s01模型揭示和证认的月球地形新特征［J］．中国科学G辑：物理学、力学、天文学，2009，39（10）：1362-1370.

［46］姬晓军，钱庆．基于GIS的森林资源管理信息系统［J］．科技创新与应用，2013，（20）：262.

［47］姜成晟，王劲峰，曹志冬．地理空间抽样理论研究综述［J］．地理学报，2009，64（3）：368-380.

［48］蒋云阳，周志强，汪新庆．3DGIS中基于改进R树的空间索引技术研究［J］．工程地球物理学报，2007，4（6）：637-643.

［49］金汝蕾．碳排放演化动力系统理论及演化情景分析［D］．镇江：江苏大学，2011.

［50］孙庆辉，池天河，赵军喜等．空间数据处理模型误差和不确定性分析［J］．测绘科学技术学报，2007，24（1）：33-36.

［51］兰恒星，伍法权，周成虎，等．基于GIS的云南小江流域滑坡因子敏感性分析［J］．岩石力学与工程学报，2002，21（10）：1500-1506.

［52］兰恒星，伍法权，周成虎，等．GIS支持下的降雨型滑坡危险性空间分析预测［J］．科学通报，2003，48（5）：507-512.

［53］李大军，刘波，程朋根，等．模糊空间对象拓扑关系的Rough描述［J］．测绘学报2007，36（1）：72-77.

［54］李德仁．对空间数据不确定性研究的思考［J］．测绘科学技术学报，2006，23（6）：391-392，395.

［55］李德仁，王泉．基于时空模糊本体的交通领域知识建模［J］．武汉大学学报（信息科学版），2009，34（6）：631-635.

［56］李发源，汤国安，贾旖旎，等．坡谱信息熵尺度效应及空间分异［J］．地球信息科学，2007，9（4）：13-18.

［57］李景文，邹文娟，殷敏，等．基于过程时空数据模型的城市地籍信息组织方法［J］．地理与地理信息科学，2012，28（3）：32-35.

［58］李双双，延军平，万佳．近10年陕甘宁黄土高原区植被覆盖时空变化特征［J］．地理学报，2012，67（7）：960-970.

［59］梁建国，李峰．城市三维GIS中的海量数据组织方法［J］．测绘科学，2012，37（6）：91-93.

［60］梁俊杰，杨泽新，冯玉才．大规模高维数据库索引结构［J］．计算机发展与研究，2006，43（s）：546-551.

［61］刘炳凯．基于GIS技术的城市生活垃圾物流管理优化研究［D］．上海：上海交通大学，2009.

［62］刘峰，龚健雅．一种基于多特征的高光谱遥感图像分类方法［J］．地理与地理信息科学，2009，25（3）：19-22.

［63］刘红军，吴学伟，张延波．GIS技术在濒危野生动物资源管理领域应用［J］．东北林业大学学报，2011，

39（7）：123-127.

[64] 刘文全. 基于 GIS 的海上石油平台溢油应急决策支持系统结构与应用研究 [D]. 青岛：中国海洋大学，2010.

[65] 刘贤三，张新，梁碧苗，等. 海洋 GIS 时空数据模型与应用 [J]. 测绘科学，2010, 35（6）：142-144, 133.

[66] 刘学军，卢华兴，仁政，等. 论 DEM 地形分析中的尺度问题 [J]. 地理研究，2007, 26（3）：433-442.

[67] 刘艳俊. 云计算环境下 GML 空间数据查询与空间分析研究 [D]. 赣州：江西理工大学，2012.

[68] 刘毅，杨宇. 历史时期中国重大自然灾害时空分异特征 [J]. 地理学报，2012, 67（3）：291-300.

[69] 刘钊，朱小冬，王红亮，等. 基于 SVG 的轻量级 WebGIS 的空间分析研究 [J]. 测绘科学，2009, 34（4）：129-131.

[70] 陆娟，汤国安，张宏，等. 犯罪热点时空分布研究方法综述 [J]. 地理科学进展，2012, 31（4）：419-425.

[71] 路明月，盛业华，邱新法. 三维矢量构模及其数据集成组织框架研究 [J]. 武汉大学学报（信息科学版），2010, 35（2）：138-142.

[72] 罗文，袁林旺，易琳，等. 基于验潮数据的西北太平洋区域海面变化预测 [J]. 地理学报，2011, 66（1）：111-122.

[73] 马春洋. 时空数据库中复杂查询处理的研究 [D]. 浙江：浙江大学，2012.

[74] 马丽娜. 面向大规模空间数据的空间计算模式研究与实现 [D]. 武汉：中国地质大学，2011.

[75] 祁松. GIS 在军事综合运输最短路径优化中的应用研究 [D]. 哈尔滨：哈尔滨工业大学，2010.

[76] 邱华. 三维体数据生成及三维缓冲区分析 [D]. 长沙：中南大学，2011.

[77] 苏奋振，周成虎. 过程地理信息系统框架基础与原型构建 [J]. 地理研究，2006, 25（3）：477-484.

[78] 苏奋振，仇天宇，杜云艳，等. 海洋栅格时空层次聚合模型及其渔业应用 [J]. 中国海洋大学学报，2006, 36（1）：151-155.

[79] 索明亮，梁龙平. GIS 在交通运输规划与管理中的应用 [J]. 武汉理工大学学报（交通科学与工程版），2011, 35（6）：1147-1151.

[80] 万丛. 月表撞击坑形貌特征的自动识别与空间分析 [D]. 北京：中国科学院地理科学与资源研究所，2012.

[81] 王博，罗微，张培松. 信息技术在农业资源管理中应用的现状与展望 [J]. 农业网络信息，2009,（9）：5-9.

[82] 王博. 地理信息系统（GIS）在环境保护方面的开发应用 [J]. 中国高新技术企业，2013,（2）：57-59.

[83] 王大旌. 基于 GIS 的军事信息网络资源管理研究与实现 [D]. 北京：华北电力大学，2012.

[84] 王栋高. GIS 在交通综合信息查询系统中的应用 [D]. 上海：华东师范大学，2009.

[85] 王海婷. 洪水风险分析领域本体构建与面向对象的空间数据库设计 [D]. 武汉：华中科技大学，2012.

[86] 王金星，侯敏. 基于 RS 与 GIS 技术的生态环境保护规划研究——以保定市为例 [J]. 资源与产业，2009, 11（4）：42-45.

[87] 王卫东. 基于 GIS 的区域公路地质灾害管理与空间决策支持系统研究 [D]. 长沙：中南大学，2009.

[88] 王艳妮，刘刚. 地质灾害领域本体的研究与应用 [J]. 地理与地理信息科学，2011, 27（6）：36-40.

[89] 王寅峰，刘昊，狄盛，等. 一种支持高维数据查询的并行索引机制 [J]. 华中科技大学学报（自然科学版），2011, 39（S1）：156-160.

[90] 王育坚，许承福，刘立平. 混合数据模型在建筑物三维建模中的应用 [J]. 武汉理工大学学报（信息与管理工程版），2012, 34（6）：675-679.

[91] 王瑷. 流域尺度景观格局时空演变与生态系统健康评价研究 [D]. 长春：东北师范大学，2012.

[92] 王忠军. 基于 GIS 的智能高速公路管理关键技术研究与实现 [D]. 郑州：解放军信息工程大学，2009.

[93] 温存霆. 基于 GIS 的兵力投送行军调度指挥控制系统研究 [D]. 重庆：重庆大学，2011.

[94] 邬伦，承继成，史文中. 地理信息系统数据的不确定性问题 [J]. 测绘科学，2006, 31（5）：13-17.

[95] 吴长彬，闾国年. 一种改进的基于事件 - 过程的时态模型研究 [J]. 武汉大学学报（信息科学版），

2008, 33（12）：1250-1253.

［96］吴健生，张士清，刘垲圳，等. 新疆焉耆县土地盐渍化遥感监测［J］. 干旱区地理，2010, 33（2）：251-257.

［97］吴立新，陈学习，车德福，等. 一种基于 GTP 的地下真 3D 集成表达的实体模型［J］. 武汉大学（信息科学版），2007, 32（4）：331-335.

［98］吴立新，余接情. 基于球体退化八叉树的全球三维网格与变形特征［J］. 地理与地理信息科学，2009, 25（1）：1-4.

［99］吴亮，谢忠，陈占龙，等. 分布式空间分析运算关键技术［J］. 中国地质大学学报，2010, 35（3）：362-368.

［100］吴正升，於建峰，苏广军，等. 一种集成的时空数据模型［J］. 测绘科学技术学报，2009, 26（5）：375-378.

［101］夏慧琼，李德仁，郑春燕. 基于地理事件的时空数据模型及其在土地利用中的应用［J］. 测绘科学，2011, 36（4）：124-127.

［102］谢炯，刘仁义，刘南，等. 一种时空过程的梯形分级描述框架及其建模实例［J］. 测绘学报，2007, 36（3）：321-328.

［103］谢炯，薛存金，张丰. 时态 GIS 的面向过程语义与 HAS 表达框架［J］. 地理与地理信息科学，2011, 27（4）：1-7.

［104］徐红波，胡文，潘海为，等. 高维空间范围查询并行算法研究［J］. 哈尔滨商业大学学报（自然科学版），2013, 29（1）：73-75.

［105］许定富. GIS 支持下小区域银行布局特征研究［D］. 重庆：西南大学，2011.

［106］薛存金，董庆. 海洋时空过程数据模型及其原型系统构建研究［J］. 海洋通报，2012, 31（6）：667-674.

［107］杨帆，孙水裕. 地理信息系统（GIS）在环境保护中的应用［J］. 科协论坛，2009,（10）：128-129.

［108］杨恒，王庆，何周灿. 面向高维图像特征匹配的多次随机子向量量化哈希算法［J］. 计算机辅助设计与图形学学报，2010, 22（3）：494-502.

［109］杨昕，汤国安. 多尺度 DEM 坡度的分形特征——以陕北黄土高原地区为例［C］. 中国地理学会 2007 年学术年会论文摘要集，2007.

［110］俞肇元. 基于几何代数的多维统一 GIS 数据模型研究［D］. 南京：南京师范大学，2011.

［111］俞肇元，袁林旺，胡勇，等. 基于几何代数的矢量时空数据表达与建模方法［J］. 地理与地理信息科学，2012, 14（1）：67-73.

［112］岳天祥，杜正平，宋敦江. 高精度曲面建模：HASM4［J］. 中国图象图形学报，2007, 12（2）：343-348.

［113］张丰，刘仁义，刘南，等. 一种基于过程的动态时空数据模型［J］. 中山大学学报（自然科学版），2008, 47（2）：123-126.

［114］张丰，刘南，刘仁义，等. 面向对象的地籍时空过程表达与数据更新模型研究［J］. 测绘学报，2010, 39（3）：303-309.

［115］张骏. 三维空间拓扑分析关键技术研究［D］. 南京：南京航空航天大学，2008.

［116］张立强，谭玉敏，康志忠，等. 一种地质体三维建模与可视化的方法研究［J］. 中国科学 D 辑：地球科学，2009, 39（11）：1625-1632.

［117］张一诺，尚士友，吴灵敏，等. 基于 GIS 草地资源管理信息系统的设计与应用［J］. 农机化研究，2009,（10）：105-109.

［118］赵春宇. 高性能并行 GIS 中矢量空间数据存取与处理关键技术研究［D］. 武汉：武汉大学，2006.

［119］甄彤，张秋闻. 基于 GIS 的粮食配送决策支持系统分析与设计［J］. 计算机应用研究，2009, 29（4）：1398-1401.

［120］郑坤，贠新莉，刘修国，等. 基于规则库的三维空间数据模型［J］. 地球科学，2010, 35（3）：369-374.

［121］钟登华，李明超，刘杰．水利水电工程地质三维统一建模方法研究［J］．中国科学 E 辑：技术科学，2007, 37（3）：455-466.

［122］钟美．基于 Web 的空间本体构建方法研究［D］.武汉：武汉大学，2010.

［123］周成虎，苏奋振．海洋地理信息系统原理与实践［M］.北京：科学出版社，2013.

［124］周迪斌，蒋健明，胡斌，等．基于多 GPU 的千万级高维空间实时检索［J］．科技通报，2013, 29（1）：118-123.

［125］周素红，邓丽芳．基于 T-GIS 的广州市居民日常活动时空关系［J］．地理学报，2010, 65（12）：1454-1463.

［126］周毅．基于 DEM 的黄土高原正负地形及空间分异研究［D］.南京：南京师范大学，2011.

［127］周增坡，程维明，万丛，等．月球正面撞击坑的空间分布特征分析［J］．地球信息科学学报，2012, 14（5）：618-626.

［128］周增坡．月球撞击坑形貌特征分析［D］.北京：中国科学院地理科学与资源研究所，2013.

撰稿人：兰恒星　杨崇俊　李宝林

地学计算进展研究

一、引言

　　地学计算（Geocomputation）是利用数学物理方法结合地理学背景知识，在计算机科学和技术的支持下定量分析地理数据和模拟地表过程，进而理解复杂地理现象和地理规律的计算技术和方法体系（PA Longley et al., 1998；陈彦光, 2009）。地学计算是一个包括传统地理学、遥感与地理信息系统、计算科学与数理学等多个学科交叉融合发展起来的地理信息科学与技术的一个重要分支。经过近 20 多年的研究探索，特别是近几年以来，随着"云计算"和"大数据"等概念与相关计算技术的飞速发展，地学计算无论是从理论方法的内涵还是应用的领域与系统边界，都发生着很大的变化，地学计算已经成为当今地理信息科学与相关应用领域中最为活跃的分支学科。可以说当前我国的地理计算领域与世界其他各国站在同一个起跑线上，如何抓住这个领域发展的关键战略期，深入研究地学计算的理论和方法体系，并扩展其在解决地学问题中的进一步应用是推动我国地理信息科学发展的关键。

二、学科特点

　　地学计算是在近 20 年来发源于多学科和多领域在计算机科学发展与地学应用需求背景下的交叉和融合的结果。然而，迄今为止还没有一个被广泛接受的有关地学计算的定义与解释（陈彦光, 2009）。自从 1996 年第一届全球 Geocomputation 国际研讨会召开以来，有关地学计算的定义一直处在不断探讨和逐步理解中（PA Longley et al., 1998；陈彦光, 2009）。同时，地学计算的内容和系统边界也随着相关学科，特别是计算机科学和应用领域的快速发展而不断地变化与更新。这主要是受到多源空间数据（提供地学计算的数据基础）、空间数据挖掘和建模方法（提供地学计算的分析基础）、高性能计算系统（提供地学计算的平台基础）和传感器与高速通讯网络（提供数据的采集与传输能力）这 4 个相关的基础要素快速发展与推动的结果。

由于多学科交叉的原因，地学计算所涉及的内容十分庞杂。从直观内容上来看，地学计算既包含了大量的基于计算与分析技术的数据挖掘和建模方法，也几乎覆盖了有关地理学应用的各个方面（PA Longley et al.，1998；陈彦光，2009；Cheng T，2012）。现代意义上的地学计算不同于早期发展起来的以统计分析方法为主的计量地理学，也不同于以空间数据管理、操作和表达为基础的地理信息系统，地学计算更侧重于利用多学科的计算和建模方法来分析复杂的地理现象和过程，进而获取其他定性和定量分析方法很难发现的一般地学规律。由此来看，地学计算可以看做是一种以解决复杂地学问题为目标的多学科交叉的研究范式（Research Paradigm），而不仅仅只是一种空间数据处理和分析模拟的单纯方法体系（PA Longley et al.，1998；陈彦光，2009）。

虽然相关的理论基础和方法还在不断地发展与完善之中，地学计算的主体内容可以清晰地分为四个相互关联的方面：①多源空间数据和海量众包数据（Crowd-sourced data）的获取与处理；②复杂空间数据的挖掘和地理过程模拟的方法与技术；③复杂空间数据的信息化表达与应用；④高性能地学计算方法与支撑平台。虽然地学计算概念的出现与相关应用的研究历史仅有 20 年左右的时间，但近些年来，随着计算科学领域中"云计算"、"大数据"、"众包数据"等概念的提出，地学计算无论是从方法和技术、应用的地学领域以及用于支撑的计算机软硬件体系都在快速地发展、创新和完善之中。因此，地学计算必将成为地理信息系科学未来一个十分重要的发展方向，也必将在解决复杂地学问题研究中发挥越来越重要的作用。

三、研究进展

（一）海量多源空间数据与众包数据研究

近些年来，作为地学计算与应用研究的基础，空间数据无论在获取方式，还是内容和载体形式上都有了显著的变化。主要表现为以下几个特点：①传统的基于各种遥感平台的对地观测数据不断发展，各种类型的可见光与近红外遥感数据、微波遥感数据以及衍生的多级大气、植被、土地利用产品大量累积，形成了海量的遥感数据源。与此同时，基于无人机、小飞机和动力三角翼为载体的低空遥感在全国许多地区得到应用，大量地应用于资源调查、灾害快速响应与评估等；②随着各种观测网络的不断建设和完善，覆盖热点地区甚至全国的有关气象的、生态系统的、水文的、大气污染和交通流等实时和近实时的地学空间数据采集体系逐渐形成，从而可以为多尺度和多过程的地学问题的研究提供精细尺度的数据支持；③以人口普查、经济普查为代表的社会经济活动统计数据不断完善；④特别需要提到的是，随着信息通讯技术的发展，一些新型的具有空间特征的众包轨迹（Crowded-source track）数据正在涌现，目前主要包括浮动车数据、公交数据、移动通话数据和个人 Blog 数据等。这些众包轨迹数据正快速地形成地学计算和相关研究的热点领域，并且与社会学、健康和公共卫生、城市规划等学科形成紧密的联系，出现了很多而而的研究成果。③随着 web2.0 技术的发展，以 WikiMapla、OpenStreetMap 和 Google MapMaker 为代表的志愿者地理信息（Volunteered Geographic Information，VGI）的出现改变了传统的用户个体被动接受地理信息的形态，转而将地理信息的单一分发获取转变为以个人为主体的创建、共享和传输（MF Goodchild，2007；李德仁等，2010；张红平等，2012）。虽然 VGI 具体的机制和形式还存在着很大程度的未知，但可以肯定的是随着互联网和通讯技术的进一步发展，新的地理空间信息形态将会不断涌现。这既给地学计算带来了机遇，也带来了巨大的挑战。

海量多源数据的存储体系与处理机制的建立是支撑地学计算的基础，也是许多研究者所探讨的基础地学计算问题（薛涛等，2013；向劲锋等，2013；陈崇成等，2013）。从近些年发展的总体来看，大规模的云存储和数据并行访问与处理成为了当前研究此类问题解决方案的热点。云存储通常是建立在一个集群并行文件系统之上，通常由近些年发展起来的 NoSQL 数据库提供更上一个层次的管理机制。数据的并行访问和操作则在并行文件系统上由类似于 Map-Reduce 机制来实现。围绕着这样的一个基本思路，许多研究者进行了多样化的探索。薛涛等探讨了利用空间数据库、文件目录和 Web 服务相结合的方式对海量资源环境遥感数据进行存储、检索和访问方法（薛涛等，2013）；向劲锋等通过结合"云计算"的计算和存储能力以及高速移动网络，提出一种移动终端加云服务器端的应用开发模式（向劲锋等，2013）；陈崇成等提出了基于 NoSQL 的海量空间数据云存储与服务方法，可为用户提供空间数据分布式存储管理和访问服务（陈崇成等，2013）。此外，还有研究者对基于并行文件系统的空间数据存储与访问机制（EJ Felix et al.，2006；B Welch et al.，2008）以及基于网格剖分的存储和索引方案（童晓冲等 2007，白建军等，2005）进行了探讨，后者旨在利用全球离散网格系统的理论和方法处理多源海量空间数据（周成虎等，2009）。

（二）地学计算分析与建模方法研究

地学计算的分析与建模方法主要来源于计算科学与地理问题研究的结合。来源于统计和计算学科的方法通常经过适当的改进后使之适用于空间化的地学数据和过程的分析与模拟。除了传统的计量地理学和地理信息系统的空间分析方法之外，地学计算还融合了数据挖掘、人工智能、神经网络等多领域的计算分析和建模方法。近些年来，随着地学空间数据来源的多样化以及定量分析和模拟应用领域的不断扩大，越来越多的传统统计分析和数值计算模拟方法被应用到地学分析和计算中，这也是当前地学计算研究中发展比较活跃的领域。

统计方法最早是通过计量地理学的发展而被引入到地学问题的定量分析中。通过计量统计方法，可以定量化地研究空间化统计变量之间的响应和依赖关系，从而得到关于空间过程的定量化的理解。地统计学则提供了对于空间化变量的插值和预测方法。这两大类地学分析和计算方法几乎在所有的地学领域都得到了广泛持续的应用（Editorial，2012）。如今，伴随着地学计算的快速崛起，基于数值的地理统计方法也得到了新的发展，主要表现在：①借助于地学数值计算能力的显著提高，类似 Monte Carlo 模拟和 Bootstrap 等计算密集型的数值方法被广泛应用到统计推断结论的检验中，这在很大程度上改进了纯粹的数理统计结论在具体地学解释中的可靠性，特别是在缺少地理变量之间依赖关系的先验知识情况下（Editorial，2012）；②在经典的统计学方法中加入了地学空间化的特征，使之能够将统计分析过程与结果与异质地理空间过程紧密地联系起来，比如地理加权回归（Geographically weighted regression）方法的出现，它充分考虑的空间临近的单元对于目标单元中地理变量的联系与作用，使得传统的线性回归分析和结果具有显著的可解释的地理意义；③单变量之间的统计分析发展为多地理因素和多过程的联合统计推断，比如广义相加模型的应用，它可以将具有不同分布形式和不同多尺度的多个地理过程变量通过连接函数联合起来，对受多因素影响的某个地理现象发生的规律做出定量的解释与预测（陶芳芳等，2011；陈林利等，2006）；④由单纯的地理现象的空间统计或时间统计发展到地学时空联合统计分析和计算，如时空地统计（Space-time geostatistics）、地理—时相加权回归（Geographically and temporally weighted regression），时空扫描统计（Spatio-temporal scan statistics）等算法的出现和应用（Editorial，2012）。

随着信息通讯技术的发展，基于个体移动所产生的众包轨迹数据的分析和研究成为了地学计算乃至地理信息科学和其他交叉领域的研究热点方向。目前被广泛使用的个体轨迹数据主要包括浮动车数据、公交出行数据和手机信号数据。轨迹数据研究的主要目的是希望通过海量简单的个体移动行为分析得到大范围人群的集体特征，并将个体行为与城市规划、交通规划、土地利用和疾病传播等问题的研究联系起来，分析人群的移动特征与上述问题之间的联系，从而为相关问题的决策提供支持（刘瑜等，2007）。当前，基于海量个体时空轨迹数据的研究主要分为数据分析和挖掘方法研究与宏观地学和相关问题应用研究两大类。在分析方法研究方面，主要包括时空轨迹数据表达、时空轨迹数据聚类、个体移动的时空约束分析等（龚玺等，2011）。典型的研究实例和进展包括：在时空轨迹数据表达上，赵莹利用 GIS 三维可视化工具，分析实现了个体时空路径的三维表达（赵莹等，2009），也有研究者将密度分析方法引入时空立方体中，以可视化时空路径模式（U Demšar，2010）。在时空轨迹数据聚类上，Li 将微聚类方法用于移动轨迹的追踪上（Y Li et al.，2004），有的研究者则考虑到轨迹数据间的聚类概念，提出基于密度的自适应聚类算法（M Nanni et al.，2006）。在个体移动时空约束分析上，有研究者运用汇总的手机时空行为数据研究城市空间结构的时间变化规律，避免了其与单个样本真实活动的关联（C Ratti，S Willimas，et al.，2006）。同时，在轨迹数据处理本身，也有研究者探讨了个人信息匿名化的数据存储与处理方式（J Markkula，2001），从而加强个人轨迹数据的信息安全问题。

起源于人工智能和机器学习领域的系列方法继续在地学计算中得到进一步的应用，如人工神经网络和支持向量机。与基于统计理论的地学计算方法不同的是，此类方法能够通过机器学习来处理复杂空间数据之间的非线性关系，从而可以应用在诸如基于遥感影像的土地集约利用评价（尹君等，2007）、短时交通流量预测（杨兆升等，2006）、滑坡空间灾害预测（戴福初等，2007）等地学问题的研究上。总体来看，此类研究在人工智能和机器学习方法本身的创新不多，主要是对研究地理问题应用的扩展。

元胞自动机（Cellular automata）与基于主体的建模（Agent based modelling）是两类被广泛应用的非线性地学建模方法。这两类建模方法的主要特点是通过简单个体对象行为和局部交互作用规则的制定，同时借助于计算机系统的大量迭代来模拟复杂的宏观地学演化特征和地理过程。通过更加细化的规则的制定，这些模拟方法被广泛地应用在土地利用变化模拟、城市化与城市发展模拟、生态系统的动态变化模拟等诸多领域的应用中。例如，何春阳等综合系统动力学模型与元胞自动机模型，发展了土地利用情景变化动力学 LUSD 模型（何春阳等，2005）；罗平等构建地理特征的元胞自动机概念模型，并用于城市土地利用变化（罗平等，2004）；黎夏等将基于神经元网络的元胞自动机用于城市模拟，为城市规划提供参考（黎夏等，2002）；彭翀等分析主体行为与土地利用关系，运用多主体模型对居民用地扩展进行模拟（彭翀等，2007）；黄华国等利用三维曲面元胞自动机进行森林火建模和蔓延模拟（黄华国等，2005）；于欢等利用元胞自动机模拟三江平原湿地景观时空演化（于欢等，2010）。综合分析，由于元胞自动机和基于主体建模方法本身的机制相对简单和固定，因此研究者主要的工作是将地学过程转化为此二类方法的模型过程，同时行为规则和影响因素的制定也是关乎模拟效果的主要因素。

（三）高性能地学计算方法研究

随着计算机硬件能力的上升以及大数据量地学计算的应用需求，发展高性能地学计算方法成为当前地学计算中一个非常活跃的领域。随着多核、众核 CPU 和 GPU 技术的发展，小规模的计算集群甚至单个计算节点也有能力完成高性能计算任务。因此，高性能地学计算的发展将是一个包含了单节点、小规模多节点、集群和超大规模集群的不同级别的高性能计算体系，从而可以满足不同量级和复杂度的高性能地学计算与分析任务的需求，进而扩大高性能地学计算在地理研究更多领域中的应用。从近些年发展的总体来看，地学算法的多级并行化是发展高性能地学计算的主要内容之一（薛永等，2008；靳华中等，2005；MJ Mineter et al.，2000；陈国良等，2009；周玉科等，2012）。当前研究者所考虑的地学算法并行化主要有以下几种形式：单机多核并行、GPU 与 CPU 混合并行和多节点集群并行（王结臣等，2011；许雪贵等，2011）。从并行化算法的内容看，主要是将传统的矢量空间索引、经典矢量算法和栅格算法、网络分析算法等发展成为可并行化的算法（李宏宽等，2011；杨仁忠等，2012；贾婷等，2010；赵春宇等，2006）。

空间索引并行化是解决海量地学数据快速检索、查询和访问的重要基础。并行空间索引算法的应用可以极大减少检索访问时间，为后续地学计算效率的提升提供高效的数据访问机制。多核、集群和分布式计算等硬件及理论的发展，为空间索引并行化提高了发展契机，许多研究者转向了并行空间索引的探索研究。有学者研究利用 R 树进行并行空间索引计算，如周芹等提出了基于分区技术的静态 R 树索引并行算法（周芹等，2009），赵园春等设计了多层并行 R 树空间索引结构（赵园春等，2007），于波等基于已有空间索引算法和并行技术，提出分布式并行空间索引结构 DPR 树（于波等，2010）。此外，也有学者研究基于 BSP 树的并行算法（MW Goudreau et al.，1999）以及结合 GPU 并行技术的算法（WF Mccoll，1999；L Luo et al.，2012）。

空间叠置分析的串行算法已经历多年的发展，其基本算法包括曲线求交算法、多边形裁剪算法和构建拓扑方位角算法、Qi 算法和基于矢量外积的算法等。但是，在当前海量数据和大规模计算应用下，串行叠置分析已经满足不了需求。目前矢量要素的叠加并行运算划分方式主要有管道叠加、数据并行叠加和块式叠加三种叠加方式，但是该并行策略和算法在负载均衡调度、频繁通讯方面还存在不足。在线面裁剪并行算法研究中，有学者利用多指令流—多数据流系统实现了 Sutherland-Hodgman 算法的并行化也有研究者利用管道法在 4 个运算器下实现了 Liang-Barsky 算法的并行化（M Qatawneh et al.，2009）。但是，更为重要的基于拓扑关系的裁剪算法的并行化研究成果目前还比较少见到。由此可见，在并行数据库或者是集群数据库的环境下，传统拓扑结构的生成与维护需要进一步加强研究和探讨，从而为基于拓扑结构的分析提供基础支持。

网络分析是地学计算和空间分析的主要工具之一，从很早开始，就有学者针对并行的网络分析算法进行了研究，包括 K 期望最短路径的分布式并行算法，Hribar 等通过大量的测试实验，深入分析了算法的终止探测、网络分解和算法的选取对并行算法性能的影响。也有研究者将时间依赖网络的最大路径标签修改算法在并行机上的 PVM 环境下用并行的方法加以实现。最近，国内也出现了许多类似的研究，比如黄跃峰等提出了多核平台并行单源最短路径算法（黄跃峰等，2012；张健等，2010）。

由于数据和存储类型的特点非常适合并行化算法的开发，栅格数据的并行化计算研究在国内外早已经开展。并且此类研究内容和成果也非常多，比如有关栅格数据基础分析的直方图均衡化并行算法、单波段影像进行线性拉伸并行化、连通域算法的并行化和快速傅里叶变换和频率域滤波等算法的并行化等，也包括栅格分类的 k 均值聚类的并行化，基于自适应属性空间划分的并行聚类方法，模糊 c 均值聚类算法的数据并行化、遥感影像数据分类算法的并行化和影像数学形态学算法并行化等，在此不一一列举。总体来看，几乎所有经典的栅格分析都由相应的并行化算法研究成果。但从另一个方面也说明了算法并行化并不是栅格数据高性能地学计算分析的难点所在，而高效率的数据的分布存储、并行访问与网络传输才是限制和研究海量栅格数据地学计算的基础问题，这是因为通常是这些因素影响着栅格地学计算的执行效率，而不是算法本身。

高性能地学计算研究的主要内容可以分为相互关联的两个方面，即计算体系的构建和并行计算策略的研究。前者主要涉及针对不同的地学计算特点和应用需求来如何构建数据存储与访问、资源管理与调度、算法执行和监控等计算构架和管理体系。此方面的内容通常是结合地学计算的特点并借鉴集群计算的通用模式来进行定制和改进；并行地学计算策略研究的主要目的是将地学算法改造为适合并行计算体系的高性能计算方法。计算任务分解的思路是当前大多数研究所采用的基本思想，分解策略主要包含了诸如按照空间数据量的划分，按照空间位置的邻域划分以及混合划分等。针对不同的地学算法，其划分策略也不尽相同，在数据量均衡的基础上，往往还需要考虑计算节点、进程之间通讯与数据交换的代价以及调度的复杂性。

（四）近两届 Geocomputation 的主题

自从 1996 年首届国际地学计算会议召开以来，迄今为止一共举办了 11 届，最近一届于 2013 年 5 月在中国武汉大学召开。Geocomputation 国际会议已经成长为地理信息科学领域重要的国际会议之一，其大会讨论主题的设置通常可以反映当前和今后一段时间内地学计算领域最新的发展方向和研究热点。从最近两届 Geocomputation 大会的讨论主题来看，地学计算方法和模型以及地学计算的应用仍然是当前本领域所探讨的核心问题。但随着空间数据来源的多样化以及复杂程度的上升，高性能地学计算正逐渐引起研究者的兴趣。下面列出了最近两届 Geocomputation 大会所设立的核心讨论主题。

2011 年（University College London，2011 年 7 月）
- ► 地理人口统计（Geodemographics）
- ► 遗传算法和元胞自动机的建模（Genetic Algorithm and Cellular Automata Modeling）
- ► 基于主体的建模（Agent-based Modelling）
- ► 地统计（Geostatistics）
- ► 时空建模和分析（Space-Time Modelling and Analysis）
- ► 不确定性和准确性（Uncertainty and Accuracy）
- ► 网络的复杂性（Network Complexity）
- ► 志愿者地理信息和计算基础设施（VGI and Computational Infrastructure）
- ► 机器学习（Machine Learning）
- ► 地学可视化和地形分析（GeoVisual and Terrain Analysis）
- ► 地理加权回归（Geographically Weighted Regression）
- ► 基于位置的服务（Location-based Services）
- ► 应用（Applications）

2013 年（Wuhan University，2013 年 5 月）
- ► 高性能地学计算（High Performance Geocomputation）
- ► 基于代理和元胞自动机的建模（Agent-based and Cellular Automata Modeling）
- ► 交通（Transportation）
- ► 地理空间网络服务（geospatial web services）
- ► 地理人口统计（Geodemographics）
- ► 环境（Environment）
- ► 地理可视化分析和地理可视化（Geovisual Analytics and Geovisualization）

▶ 优化（Optimization）

▶ 地统计（Geostatistics）

▶ 时空分析（Spatio-temporal Analysis）

▶ 遥感和地形分析（Remote Sensing and Terrain Analysis）

从上述最近两届的 Geocomputation 国际会议所设立的主要来看，地学计算的分析和建模方法仍然是目前地学计算研究领域所关注的热点问题，尤其是一些经典的地学计算方法，如地统计、时空分析与建模以及基于主体和元胞自动机模拟等。这些方法的理论基础相对完整，进一步提高其在解决地学问题中的应用仍然是未来的主要研究内容。部分新出现的热点问题如高性能地学计算、志愿者 GIS 和地理空间网络等也成为 Geocomputation 所关注的内容，这些研究主题的提出通常是伴随着通讯领域和互联网科技的发展以及海量众包地理数据的出现，其概念和内涵仍然在不断的变化和发展之中，也必将成为未来一段时间内地理计算所关注的主要内容。

四、发展与展望

相比地理信息科学的其他学科领域，地学计算的发展时间相对较短。地学计算主要涉及地学数据、计算与模拟方法以及高性能地学计算支撑平台，其内涵与领域的系统边界也将随着相关内容的发展而不断变化与更新。然而，无论是作为一个交叉学科分支还是研究领域，探讨地学计算的定义与理论基础，从纷杂的内容中归纳出清晰的定义与内涵，是推动地理计算进一步发展的重要基础内容。

地学数据，特别是各种类型的遥感数据的获取与积累速度明显大于处理与分析应用的速度，近些年来，这一矛盾正在逐渐加剧。此外，志愿者地理信息和众包轨迹数据的出现，也增加了地学数据处理与分析的复杂性和困难。这就需要发展基于并行数据库和云存储体系的空间数据管理机制和方法。无论是国外还是国内，目前相关的研究都还处在探索阶段，这是未来发展地学计算算法和模型的重要基础。

从地学计算方法本身来看，对于复杂的地理问题，需要由单一数据源的分析转向多源空间数据的综合分析，从而得到对于地理现象和规律更加全面和准确的理解。对于新形态的数据，需要发展新的地学计算方法来发现新的地理规律。从目前国内研究情况来看，主要集中在方法的应用，而对于方法本身的创新和研究还不多，这一点比起国际的研究进展还有很大的落后。

对于高性能地学计算平台来说，发展适合多种硬件构架的高性能地学计算体系，扩展高性能地学计算处理复杂空间数据的能力，发展支持高性能地学计算的广域空间数据模型理论和方法以及推动高性能地学计算由单一计算体系向综合地理计算服务发展是未来发展的必然趋势。随着网络技术的快速发展以及应用层次的不断深入，无论是相关的地学研究领域还是国家社会经济部门对地学计算与应用服务模式提出了新的要求。同时，"云计算"

等新的计算技术体系的发展也为满足这种要求提供了可能。这就需要将只能完成特定计算任务的单一高性能地学计算系统发展到能够满足不同计算需求的高性能地学计算服务平台。这也意味着需要将高性能地学计算平台的运行模式从单一的地学计算功能执行转变为以微粒度的计算工具为单元的开放式计算服务模式，进而实现流程化高性能地学计算和空间分析应用。并且能够在新一代面向服务的地理信息系统构架下，实现"数据资源、软件资源和硬件资源"的一体化融合，为快速搭建面向各个层面地理信息相关应用的整体性解决方案提供高效地学计算支撑。

参 考 文 献

［1］ Brooks SM, McDonnell R, Longley PA, et al. Geocomputation：A Primer［M］. Chichester：John Wiley Press, 1998.

［2］ 陈彦光，罗静. 地学计算的研究进展与问题分析［J］. 地理科学进展，2009, 28（4）：481–488.

［3］ Cheng T, Haworth J, Mantey E, Advances in geocomputation（1996–2011）［J］. Computers, Environment and Urban Systems, 2012, 36（6）：481–487.

［4］ Goodchild MF. Citizens as sensors：the world of volunteered geography［J］. Geo-Journal, 2007, 69（4）：211–221.

［5］ 李德仁，钱新林. 浅论自发地理信息的数据管理［J］. 武汉大学学报，2010, 35（4）：379–383.

［6］ 张红平，顾学云，熊萍，等. 志愿者地理信息研究与应用初探［J］. 地理信息世界，2012, 4：76–71.

［7］ 薛涛，刁明光，李建存，等. 资源环境遥感海量空间数据存储、检索和访问方法［J］. 国土资源遥感，2013, 25（2）：168–173.

［8］ 向劲锋，雷州，张龙，等. 基于关系和状态的移动云位置信息服务［J］. 上海大学学报，2013, 1：49–53.

［9］ 陈崇成，林剑峰，吴小竹，等. 基于NoSQL的海量空间数据云存储与服务方法［J］. 地球信息科学学报，2013（2）：166–174.

［10］ Felix EJ, Fox K, Regimbal K, et al. Active storage processing in a parallel file system［Z］. 2006.

［11］ Welch B, Unangst M, Abbasi Z, et al. Scalable performance of the Panasas parallel file system［Z］. 2008：1–17.

［12］ 童晓冲，贲进，张永生. 全球多分辨率六边形网格剖分及地址编码规则［J］. 测绘学报，2007, 4：428–435.

［13］ 白建军，赵学胜，陈军. 基于线性四叉树的全球离散格网索引［J］. 武汉大学学报，2005, 9：56–59.

［14］ 周成虎，欧阳，马廷. 地理格网模型研究进展［J］. 地理科学进展，2009, 28（5）：657–662.

［15］ 陶芳芳，虞慧婷，林庆能，等. 广义相加模型在上海世博会园区医疗站就诊人数预测中的应用［J］. 环境与职业医学，2011, 28（1）：9–12.

［16］ 陈林利，汤军克，董英，等. 广义相加模型在环境因素健康效应分析中的应用［J］. 数理医药学杂志，2006, 19（6）：569–570.

［17］ 刘瑜，肖昱，高松，等. 基于位置感知设备的人类移动研究综述［J］. 地理与地理信息科学，2011, 27（4）：8–13.

［18］ 龚玺，裴韬，孙嘉，等. 时空轨迹聚类方法研究进展［J］. 地理科学进展，2011, 30（5）：522–533.

［19］ 赵莹，柴彦威，陈洁，等. 时空行为数据的GIS分析方法［J］. 地理与地理信息科学，2009, 25（5）：1–5.

［20］ Demšar U, Virrantaus K. Space-time density of trajectories：exploring spatio-temporal patterns in movement data［J］. International Journal of Geographical Information Science. 2010, 24（10）：1527–1542.

［21］ Li Y, Han J, Yang J. Clustering moving objects［Z］. 2004, 617–622.

［22］ Nanni M, Pedreschi D. Time-focused clustering of trajectories of moving objects［J］. Journal of Intelligent

Information Systems, 2006, 27（3）：267-289.

［23］ Ratti C, Willimas S, Frenchman D, et al. Mobile landscapes：using location data from cell phones for urban analysis ［J］. Environment and Planning B Planning and Design, 2006, 33（5）：727.

［24］ Markkula J. Dynamic geographic personal data-new opportunity and challenge introduced by the location-aware mobile networks ［J］. Cluster Computing, 2001, 4（4）：369-377.

［25］ 尹君, 谢俊奇, 王力, 等. 基于 RS 的城市土地集约利用评价方法研究［J］. 自然资源学报, 2007, 5：775-782.

［26］ 杨兆升, 王媛, 管青. 基于支持向量机方法的短时交通流量预测方法［J］. 吉林大学学报, 2006, 6：881-884.

［27］ 戴福初, 姚鑫, 谭国焕. 滑坡灾害空间预测支持向量机模型及其应用［J］. 地学前缘, 2007, 6：153-159.

［28］ 何春阳, 史培军, 陈晋, 等. 基于系统动力学模型和元胞自动机模型的土地利用情景模型研究［J］. 中国科学（D 辑）：地球科学, 2005, 35（5）：464-473.

［29］ 罗平, 杜清运, 雷元新, 等. 地理特征元胞自动机及城市土地利用演化研究［J］. 武汉大学学报, 2004, 29（6）：504-507.

［30］ 黎夏, 叶嘉安. 基于神经网络的单元自动机 CA 及真实和优化的城市模拟［J］. 地理学报, 2002, 2：159-166.

［31］ 彭翀, 杜宁睿, 刘云. 大城市居住用地扩展的多主体模型研究［J］. 武汉大学学报, 2007, 6：548-551.

［32］ 黄华国, 张晓丽, 王蕾. 基于三维曲面元胞自动机模型的林火蔓延模拟［J］. 北京林业大学学报, 2005, 27（3）：94-97.

［33］ 于欢, 何政伟, 张树清, 等. 基于元胞自动机的三江平原湿地景观时空演化模拟研究［J］. 地理与地理信息科学, 2010, 26（4）：90-94.

［34］ 薛永, 万伟, 艾建文. 高性能地学计算进展［J］. 世界科技研究与发展, 2008, 30（3）：314-319.

［35］ 靳华中, 孟令奎, 王显. 集群环境下并行 GIS 的体系结构设计［J］. 地理空间信息, 2005, 3（5）：46-48.

［36］ Mineter MJ, Dowers S, Gittings BM. Towards a HPC framework for integrated processing of geographical data：encapsulating the complexity of parallel algorithm ［J］. Transactions in GIS, 2000, 4（3）：245-262.

［37］ 陈国良, 孙广中, 徐云, 等. 并行计算的一体化研究现状与发展趋势［J］. 科学通报, 2009, 54（8）：1043-1049.

［38］ 周玉科, 马廷, 周成虎, 等. MySQL 集群与 MPI 的并行空间分析系统设计与实验［J］. 地球信息科学学报, 2012, 14（4）：448-453.

［39］ 王结臣, 王豹, 胡玮, 等. 并行空间分析算法研究进展及评述［J］. 地理与地理信息科学, 2011, 27（6）：1-5.

［40］ 许雪贵, 张清. 基于 CUDA 的高效并行遥感影像处理［J］. 地理空间信息, 2011, 9（6）：47-54.

［41］ 李宏宽, 杨晓冬, 邹珍军. 基于 MPI 并行的遥感影像系统级几何校正快速处理技术研究［J］.河南工程学院学报, 2011, 23（1）：49-52.

［42］ 杨仁忠, 张菊, 林波涛, 等. GPU 平台下针对 SAR 地面快视系统的 RD 算法优化与实现［J］.遥感技术与应用, 2012, 27（2）：237-242.

［43］ 贾婷, 魏祖宽, 唐曙光, 等. 一种面向并行空间查询的数据划分方法［J］. 计算机科学, 2010, 37（8）：198-200.

［44］ 赵春宇, 孟令奎, 林志勇. 一种面向并行空间数据库的数据划分算法研究［J］. 武汉大学学报, 2006, 31（11）：962-965.

［45］ 周芹, 钟耳顺, 黄耀欢. 基于分区技术的静态 R 树索引并行计算技术［J］. 计算机工程, 2009, 35（2）：68-70.

［46］ 赵园春, 李成名, 赵春宇. 基于 R 树的分布式并行空间索引机制研究［J］. 地理与地理信息科学, 2007, 23（6）：38-41.

［47］ 于波, 郝忠孝. 基于 DPR 树的分布式并行空间索引机制的研究［J］. 计算机技术与发展, 2010, 20（6）：39-42.

［48］ Goudreau M W, Lang K, Rao SB, et al. Portable and efficient parallel computing using the BSP model ［J］. Computers, IEEE Transactions on, 1999, 48（7）: 670-689.

［49］ Mccoll WF. Scalability, portability and predictability: the BSP approach to parallel programming ［J］. Future Generation Computer Systems, 1996, 12（4）: 265-272.

［50］ Luo L, Wong MDF, Leong L. Parallel implementation of R-trees on the GPU ［Z］. ASP-DAC, IEEE, 2012, 353-358.

［51］ Qatawneh M, Sleit A, Almobaideen W. Parallel implementation of polygon clipping using transputer ［J］. American Journal of Applied Sciences, 2009, 6（2）: 214.

［52］ 黄跃峰，钟耳顺. 多核平台并行单源最短路径算法 ［J］. 计算机工程，2012, 38（3）: 1-3.

［53］ 张健，徐茂兴. 连通域标记并行算法在多核处理器上的设计和实现 ［J］. 计算机系统应用，2010, 19（4）: 140-143.

撰稿人：马　廷　苏奋振　张　宇　范俊甫

移动GIS与位置服务进展研究

移动互联网和智能终端正在改变着世界（易观国际 2013）。随着多功能芯片与终端集成技术、移动通讯与互联网技术、移动终端定位技术和空间数据处理与可视化技术的发展，移动 GIS 已经成为 GIS 发展的趋势之一。

移动 GIS 是运行于嵌入式终端或掌上终端的 GIS 软件或应用服务形态，研究始于 20 世纪 90 年代初期。早期的移动 GIS 只是把平台或者桌面级 GIS 的部分功能移植到嵌入式或掌上终端上，以完成移动环境下的测绘地理信息采集、土地利用调查、管线巡查、地质灾害巡查等工作，一般为离线运行模式，采取胖客户端方式存储数据，不需与服务器进行实时交互，没有移动通讯需求，移动定位可选。目前的移动 GIS 更强调 GIS、移动定位、移动通讯、多媒体技术等的集成，支持多种移动终端类型和操作系统，采取在线或者离线 / 在线混合运行模式，强调与服务器端的实时交互，应用领域也更加广泛。如果侧重地理空间数据采集、数据管理和分析等专业功能，则一般称为移动 GIS，如果侧重基于实时位置的地理信息服务，则演化为基于位置的服务（LBS），因此 LBS 可视为移动 GIS 的一种特例。

由于应用场景的巨大差异，移动 GIS 对数据组织、管理、查询、分析、用户界面、交互方式与服务模式有着特殊需求。早期的移动 GIS 受限于终端的数据存储、数据处理、可视化能力及其移动通讯带宽的不足，研究重点关注数据多尺度传输、受限环境下的数据处理算法、受限窗口可视化等技术，或者嵌入式操作系统的 GIS 开发技术。随着移动终端硬件技术、通讯技术和终端开发技术的快速发展，目前的研究重点更关注于多源数据融合与聚合、海量移动对象管理、离线 / 在线相结合的空间分析、移动对象轨迹数据挖掘、网络文本实时搜索与地理语义分析、自适应地理空间信息推送、ServiceGIS 服务模式、服务聚合等环节。

一、主要研究进展

（一）众源地理空间数据融合

随着 GIS 大众化和普适化应用趋势的不断增强，以 VGI（Volunteer Geographic Information）

方式产生的众源地理空间数据大量出现，如欧洲的"开放式道路地图"（Open Street Map）以及社交网络 Web 里到数据（如大众点评网）等，为移动 GIS 特别是 LBS 应用提供了现势性较强的地理空间数据源。这种采取群体众包（Crowdsourcing）理念，通过互助开放途径加工地理空间数据的方法，具有极高的生产效率，并可以充分发挥用户的创造力，是 Web 2.0 时代"用户创造内容"（User Generated Contents，UGC）的具体体现。然而，由于生产过程不专业、不标准，数据质量良莠不齐，众源地理空间数据与通过专业手段采集的地理空间数据的匹配与融合面临新的挑战。

Kuiz et al.（2011）对多源地理空间数据匹配研究进行了系统总结。相对于移动 GIS 的专业应用特点，主要面向大众的 LBS 更关注数据的时效性，对众源地理空间数据的需求更为迫切，特别是道路网络、POI 等数据。针对不同来源的道路网络数据，在进行匹配融合时，一般通过计算与候选路段间的几何、拓扑、语义等相似性特征选取最优的匹配融合结果。然而，多源空间数据之间通常存在非刚性偏差，通过几何、拓扑、语义等相似性可以确定多条可能的候选路段，但很难进一步确定实际的匹配路段。因此，需要考虑在整个路网中与其他匹配对之间的兼容性。Zhang et al.（2011）将概率松弛法直接应用于路段的匹配融合，但需要设定多种阈值，且匹配概率受路网密度影响较大。杨必胜等（Yang et al., 2012，2013）对路网中的复杂道路和交叉口空间结构模式进行统一描述，发展了基于概率松弛法的匹配方法，较好地解决了几何目标间 M:N 类型的匹配，实现了不同尺度、坐标系路网几何数据与属性数据的融合。

近年来，随着位置服务的兴起，用户群体自身也不断提供一些丰富实时的位置信息，为 POI 数据的快速更新提供了一种新的数据源。然而，不同来源的 POI 与路网数据的直接融合将导致两者错误的空间关系，进而造成错误的规划路径和用户行为分析结果等。针对这一问题，Zhang et al.（2013）提出了一种基于 POI 与道路间几何/语义关联的 POI 与道路网集成方法，解决了众源 POI 数据与传统空间数据间的融合问题。

此外，目前导航数据生产厂商在更新道路网络数据时，也面临专业的数据采集车和大众提供的机动车行驶轨迹提取道路几何数据融合、原有 POI 数据和大众标注 POI 数据融合的问题。同时，还存在其他类型的地理空间数据，如道路交通信息的多源融合问题，针对这些问题，需要解决数据甄别、时效性检验、数据融合等问题。例如，陆锋、张恒才（2013）等采用基于神经网络的模糊 C 聚类方法、研究了微博客消息蕴涵城市交通信息的提取、路网匹配和融合方法，解决了微博客消息的描述模糊性处理和不同微博客用户发布消息的描述差异性处理问题；同时，通过引入 D–S 证据理论方法和维基百科知识，解决了不同微博客用户发布消息的语义差异性造成的信息融合不确定性推理问题。

（二）室内环境建模

移动 GIS 特别是 LBS，不可避免地涉及室内应用需求。室内地图生产很难采取传统的测绘地理信息生产方式，必须解决数据模型、数据采集和处理等问题。

在数据模型方面，国内研究集中在大场景三维模型构建（如地面三维模型）、CAD 模型及三维模型的数据组织等方面，针对细粒度的室内环境模型的研究较少。在不涉及立体网络分析的简单室内地图浏览应用，不需要复杂的数据模型，仅仅存储不同楼层的平面图即可。移动终端所处楼层由用户自行切换或者通过 WiFi 定位技术自动切换。如果涉及网络分析应用，则需要构建室内多楼层矢量地图模型。

不同的室内空间结构差别很大，与常用的矢量 GIS 拓扑模型不同。目前的室内建模方法主要有几何模型、符号化模型。

几何模型扩展室外空间建模方法，如区分对待室内外实体之间水平和垂直连通关系的三维几何网络模型，把三维空间内的实体连通关系转化为对偶空间、方便室内空间紧急疏散线路计算的 3D 对偶模型。支持室内导航、并考虑室内空间实体形状与连通关系的三维可测量拓扑模型等。

在符号化模型方面，杨彬（2010）采用图模型实现室内空间建模，该模型首先构建基本平面图，同时保证室内空间的连通性和可达性，然后描述定位设施部署信息，将室内移动对象分为激活子空间与非激活子空间，从而确定室内移动对象的状态空间。近年来，也有学者尝试利用语义建模室内环境，主要是在建模过程中维护室内空间实体之间的语义关系与距离信息保持不变。

（三）移动对象定位

快速、精确地确定移动对象的位置是移动 GIS 和 LBS 的支撑技术。目前应用最为广泛的移动对象定位技术包括卫星导航定位技术、移动通讯网络蜂窝定位技术、WiFi 定位技术、Zigbee、RFID、UWB、伪卫星、惯性导航技术等。

全球导航卫星系统（Global Navigation Satellite System，GNSS）主要包括美国的全球定位系统（Global Positioning System，GPS）、俄罗斯的全球导航卫星系统（GLONASS）、我国的北斗卫星导航系统、正在建设的欧洲 Galileo 卫星导航定位系统等。GNSS 采用三维交会原理进行空间定位，通过测量多颗卫星到移动对象的位置，结合已知卫星精确的实时位置信息，计算移动对象的三维坐标。定位精度取决于可接收到信号的卫星数量、空间分布及移动对象到导航卫星的距离测量精度，定位精度可以通过多种差分方式得以提高。

移动通讯网络蜂窝定位技术可分为两类：基于网络的定位和基于移动终端的定位。基于网络的定位技术主要包括 Cell-ID、基于信号到达时间的定位（Time of Arrival，TOA）、信号到达时间差定位（Time Different of Arrival，TDOA）和基于角度测量的定位技术（Angle of Arrival，AOA）。Cell-ID 通过移动通讯时绑定的网络基站确定终端的位置，其定位精度取决于蜂窝小区的大小，对基站的密度有很大的依赖性。TOA、TDOA 和 AOA 通过测量移动对象到达多个基站的信号传播时间、时间差或信号角度，以地面三角测量方式来确定移动对象的位置。TOA 的定位精度与基站的地理位置分布关系很大，TOA 技术需要升级网络端，增加测量模块，同时还需要网络时间同步；TDOA 降低了时间同步要求，可应用于各种移动通讯系统。AOA 技术在障碍物较少的地区可以得到较高的定位精度。

基于移动终端的定位技术主要包括 A-GPS（Assisted GPS）和增强观察时间差（Enhanced Observed Time Difference, E-OTD）。A-GPS 技术在定位时，网络根据移动终端所在蜂窝小区标识，迅速确定移动终端上空的全球定位系统卫星信号，加速卫星搜索过程，从而提高全球定位系统卫星定位速度。同时，可以利用移动通讯网络发送差分信号到移动终端，提高定位精度。本质上 A-GPS 是完全依赖全球定位系统的定位技术，因此适用于任何移动通讯网络，但要求天空无遮挡。E-OTD 通过放置位置测量单元实现。E-OTD 可以提供精确定位，但是实现成本很高，且只适合 GSM/GPRS 网络，在运营环境中配置繁琐，限制了漫游用户的服务。

近期，利用移动数据通讯网的室内定位技术引起了广泛关注。这一技术基于 TC-OFDM（（Time & Code Division-Orthogonal Frequency Division Multiplexing）信号进行测距定位，结合少量标校点，可达到 3 米的室内定位精度（邓中亮，2012）。

WiFi 定位是目前 LBS 应用的主流定位方式。它通过搜索周边 WiFi 接入点的 MAC 地址，结合第三方数据提供商的 MAC 地址与地理位置的对照表进行快速的位置匹配来确定移动终端的位置。如果终端具有 GPS 模块，则可以通过网络随时自动修正 MAC 地址与地理位置的对照表，WiFi 热点和用户越多，定位精度则越高，达到"人人为我，我为人人"的目的。

Zigbee 定位技术和 WiFi 定位技术类似，都是采用无线传感器网络定位方式，利用信号强度定位，易受环境干扰；节点覆盖范围小，覆盖成本较高。

由于定位技术各有所长，如何能结合多种技术，在更大范围内获得更精确的定位结果，成为研究和应用的热点。其中，具有代表性的混合定位技术包括 GPSOne 和 XPS 技术。GPSOne 首先使用 A-GPS 技术定位，如果全球定位系统卫星视野被部分 / 全部阻挡时，辅助采用 AFLT 三角测量技术进行定位。XPS 定位技术是结合 WiFi 定位、移动通讯网络蜂窝定位和全球定位系统定位技术的组合定位技术，可在一定程度上提供室内外无缝快速定位，克服传统单一定位方式的缺点，定位精度和基础设施分布密度密切相关。

（四）移动对象管理

移动 GIS 或 LBS 的一个重要特征在于用户或服务的对象经常处于运动状态，产生了大量的运动信息。这些随时间变化的位置信息需要在数据库系统中高效管理，以支持用户关于过去、现在甚至将来任意时刻的位置相关查询，以及深层次的时空模式分析。传统的数据库管理系统通常假设数据在没有显式更新前，属性值保持恒定，故而难以实现连续变化位置信息的动态管理与实时查询。这种情况下，管理移动对象位置及相关信息的移动对象数据库（Moving Object Database，MOD）应运而生。MOD 的研究目标是：建立移动对象数据库中的位置表示模型，解决该位置表示模型框架下的数据表示与存储、位置记录索引、位置相关查询处理、位置相关连续查询、环境感知的查询处理以及深层次时空模式分析等技术问题。

1. 移动对象数据模型

移动对象数据模型是移动对象数据库的核心，也是后续移动对象查询、预测与分析的基础。现有最新研究进展大多集中在自由空间与路网空间下移动对象模型。自由空间下的移动对象模型主要有 Wolfson 等早期提出的 MOST 模型、离散时空轨迹 DSTTMOD 模型、历史轨迹抽象数据类型等；路网约束空间下的移动对象模型主要有基于路段的路网空间移动对象模型、基于道路的路网空间移动对象模型（Sandu et al., 2012）及基于分区的路网空间移动对象模型、室内外混合移动对象数据模型（Xu et al., 2012）移动对象、社交网络与轨迹一体化模型（张恒才，2013）等。

2. 移动对象位置更新

连续不断地对移动对象进行跟踪涉及移动对象位置更新策略问题。良好的更新策略能大大减少通讯及数据库更新的代价。Dead Reckoning（位置推算）是一种常见的更新策略，速度、角度、基于路径的线性偏移都可以作为阈值设定的标准，而且还可以根据代价函数自适应地为不同的位置定义不同的更新阈值。另一类有效的位置预测策略是预测未来位置，并将之与实际到达位置进行比较，判断是否需要触发位置更新，如偏离策略、点策略、向量策略和基于路段的策略、基于网络路径和加速度的策略等。

3. 移动对象索引

移动对象的连续运动特性导致移动对象索引不同于传统的空间数据索引。索引是对被索引数据的某一方面属性的一种结构化描述数据，它使得在对数据集进行查询时，不需要遍历数据集，只通过对索引数据的访问，就能够完全得到查询结果。该方面的主要研究集中在移动对象当前、将来位置索引，历史轨迹索引和全时态索引 3 个方面。近年来，国内的研究者在网络空间约束下的移动对象索引和高性能管理方面取得了重要的研究进展，借助道路网约束和线性参考位置模型，将索引分为静态与动态两个部分，分别对路网和路网上的移动对象的当前位置进行树结构索引（如 NCO-Tree、TPR 树等）。

4. 移动对象查询

移动对象包含了空间和时间两方面的属性，因此对移动对象的查询，往往要指明时空谓词，而查询过程就是查询满足这些时空谓词条件的移动对象。因此移动对象的查询根据查询的空间谓词不同、时间谓词以及目标所在的空间的不同分为不同的类型。

按空间谓词不同，移动对象的查询可以分为：①范围查询，即查询一定时间段内给定区域的所有对象，大部分移动对象索引都支持此类查询处理；②邻近查询，即查询某时间段内哪些对象距离给定目标点最近。邻近查询中最通常的类型是 K 邻近查询，即查找最靠近查询点的 K 个对象。目前 KNN 查询处理主要有两种方法：索引树遍历方法和区间预计算方法。大部分研究都是使用空间索引结构，如 R 树或 Quad 树进行树的遍历来处理 KNN

查询。邻近查询中另一种查询为逆近邻查询（RNN），及查找其最近邻是查询点的移动对象；③聚集查询，即查询在某个时间段经过某个区域 R 的目标数。如聚集最近邻查询（ANN）及查找距离目标点集合的聚集距离最小的对象集合；④连续查询，即指在某个时间区域内连续有效的查询，查询结果随着移动对象位置的变化不断更新，直到满足某种条件；⑤密度查询，即查找在某段时间内移动对象密集的区域，或找到移动对象在某个时刻点的密集区域。

按时间谓词不同，移动对象的查询可以分为历史查询、当前查询和将来查询，分别对应 3 种时态的数据。不同类型的索引也对不同时态的查询提供支持。对于当前和将来索引，除了可以支持当前的范围查询，还可以在可预期的将来时间内提供可预测的将来范围查询，查询的准确程度则取决于索引中使用的预测模型。针对历史数据和当前数据的范围查询，处理比较简单，各种移动对象索引对它们的处理方式大同小异；而将来范围查询，由于带有预测性质，难度大大增加，因此成为人们研究的焦点。

根据所在空间不同，移动对象查询可以分为无限制空间中的查询和网络空间中的查询。以前的大多数查询工作集中在无限制空间中各种查询处理方法，而对于网络空间中的查询处理，距离度量从欧几何距离变成了网络距离（网络上两点间的最短路径距离），基于无限制空间的查询处理方法用于这种环境可能产生不正确的结果。对于空间网络上的查询处理问题，主要有 3 种解决方法（Lin et al., 2012）：①混合树遍历和路径搜索算法；②将单源到所有目的的多趟最短路径算法用于基于网络距离的区间计算；③转换网络到高维空间，以利用简单的欧几何距离度量方法。这些方法的本质都是首先使用某种空间划分方法进行过滤，找出候选集以减少路径计算数，然后对过滤出的候选集合使用道路网络距离进行求精。

5. 移动对象高性能计算

近年来，计算机软件硬件技术发生巨大变化，一系列崭新技术名词如异构计算、内存计算、NoSQL、云计算、大数据等不断涌现，为大规模移动对象管理与高性能计算提供了难得的发展机遇。地理信息、计算机等领域国内外研究学者进行了大量尝试与探索，并提出了许多重要研究成果，如 MRGIS、Hadoop-GIS、CUDA-GIS 等。

移动对象管理的技术发展趋势主要体现在以下 4 个方面：并行计算、闪存技术、新型数据管理技术、分布式计算。

在并行计算方面，核心任务是将复杂问题分成若干小任务去分别解决，有效利用多种计算资源来解决计算效率问题。同构并行计算行是指在同种计算体系架构单元（如 CPU）上的并行计算，众多 SMT、CMP、SMP、MPP 及 MIC 等技术被提出，用以提高计算单元处理能力。异构并行计算是指利用不同类型的指令集与计算体系架构组成计算单元，常见的是 CPU、GPU 等异构计算单元。

在闪存技术方面，为摆脱机械硬盘读写速度 I/O 瓶颈问题，闪存技术逐渐成为重要数据存储解决方案（孟小峰等，2012）。闪存具有读写速度快、功耗较低、抗震性好的特点，利用闪存高随机读写的访问特征，可以有效提高数据库的高并发性能及事务吞吐率，基于闪存的大规模移动对象管理是一热点研究方向。

在新型数据管理技术方面，针对现在数据采集能力爆发式增长、而数据查询分析越发困难的现状，促使数据管理技术的革命性变革，一些新数据管理技术出现，如 NoSQL 技术、混合数据库等（王珊等，2011）。典型的数据管理系统包括 Cobar、GreePlum、AsterData、HadoopDB 等。新型数据管理方案能够实现海量数据高效率存储与访问，且具有高扩展性与高并发的特点。

在分布式计算方面，业界不断提出新的分布式存储架构（如 GFS、FasdDFS、GridFS、HDFS、MogileFS 等）及分布式编程模型（如 MapReduce、BSP 等）。相关产品如 Hadoop、Spark、Storm、Pregel、GraphChi 等不断成熟。

（五）移动对象轨迹数据挖掘

移动用户的运动轨迹在一定程度上反映了个体或群体的意图、喜好和空间行为模式。从大量获取的移动用户轨迹数据中提取出蕴含的关联规则和序列模式，并据此建立相应的内容信息评价体系，对于地理空间相关信息的个性化推荐至关重要。轨迹聚类、轨迹频繁模式挖掘、轨迹异常检测是其中 3 个主要的研究方向。

轨迹聚类的目的是对轨迹集合进行分组，使得组内轨迹之间具有较高的相似度，而组间的差别较大，是轨迹数据挖掘的基本任务之一。轨迹聚类可以按照轨迹所在的空间特征的差异，分为欧氏空间移动对象轨迹聚类与路网空间移动对象轨迹聚类。轨迹聚类也可以按照轨迹数据集是否变化来分类：一类是静态轨迹数据，就是在聚类分析时轨迹数据不再发生变化；另一类是动态轨迹数据。在静态轨迹聚类研究方面，裴韬等人为了克服聚类形状对聚类效果的影响，提出了多尺度分解聚类算法（Pei et al., 2012）；在采用离散 Fréchet 距离进行分层聚类的基础上，进一步解释了聚类点与内部团簇之间的关系（Pei et al., 2013）。在动态轨迹聚类研究方面，Masud 等人考虑了时间约束下数据流分类概念的漂移与演化，提出一种动态轨迹聚类的方法（Masud et al., 2011）；Fang 等人对网络行为轨迹模式进行了聚类，并从时间角度分析了模式可变性（Fang et al., 2013）；一些新型的算法也被应用到移动轨迹数据聚类研究中，如 Delaunay（Deng et al., 2011）、Crowdsourcing（Demetrios et al., 2013）、LRGMM（He et al., 2011）、NWED（Somayeh et al., 2012） 等。地理约束在移动轨迹数据聚类研究中也得到了广泛关注（Onnela et al., 2011；Lee et al., 2011）。

在轨迹频繁模式挖掘研究方面，业界已经研发了很多新的技术和方法，以发现在同一时间切面中移动对象所呈现的聚合模式，及该模式的时间演化规律。意大利比萨大学开发了 M-ATLAS 大型轨迹挖掘系统，同挖掘海量移动数据繁集，计算频繁集之间可达性，检测异常轨迹数据（Fosca et al., 2011）。微软亚洲研究院近年来在轨迹数据频繁集挖掘方面也开展了深入研究，包括点位临近搜索（Tang et al., 2011；）、聚集模式（Zheng et al.，2013）、旅伴搜索（Tang et al.，2012）、出行方式分类（Zheng et al.，2011）等。英国伦敦大学学院的 Adel 等人对伦敦市区的行人出行轨迹进行分类以提取交通模式（Adel et al.，2012）。美国伊利诺伊大学韩家炜团队主要对网络轨迹数据的频繁集进行了研究（Sun et al.，2011；Manish et al.，2011），并对当前采用数据流进行频繁模式挖掘的研究进行了综述（Liu et al.，2011）。其他一些学者也对轨迹频繁模式挖掘开展了研究，如时空频繁模式挖掘（Hung et al.，2011）、频繁子集提取（Costas et al.，2012）等，发展出一系列的算法。

在轨迹异常检测方面，Örebro 大学的 Rikard Laxhammar 系统分析了异常轨迹检测的各种方法，并应用于实时监督（Rikard，2011）微软亚洲研究院通过研究浮动车数据的异常轨迹发现城市中的异常事件（Pang et al.，2011），并采用具体的交通路线（Chawla et al.，2012）或微博关键词（Pan et al.，2013）来解释其成因。当前已发展出一批轨迹异常检测的成熟算法，如 iBAT（Zhang et al.，2011）、iBOAT（Chen et al.，2013）、多数据融合（Gao et al.，2011）、PDA（Hsiao et al.，2011）、RTOD（Liu et al.，2012）等，Chandola 等人对当前研究现状进行了综述（Chandola et al.，2012）。

在移动对象轨迹挖掘的方法方面，Long J. A. 等人总结了适用于移动轨迹挖掘的各种传统方法，包括时间地理学、路径属性描述器、路径相似度度量、模式与聚类方法、个体—群体动态性、空间场方法与空间域方法（Long et al.，2013）。但应注意，由于城市计算的兴起与智慧城市的建设，移动对象的内涵已不仅仅限于车辆（浮动车、私家车、公交车等）或手机，广义的移动对象还包括社交媒体、网络、甚至公交卡、电卡等。同时，由于智能终端的普及，势必造成移动对象轨迹的大数据化。因此，出现了一批新兴的挖掘方法，主要包括非参数建模（Haworth et al.，2012；Liu et al.，2013）、流数据挖掘（João et al.，2013）、图数据挖掘（Barabási，2011；Baruch et al.，2013）等。另外，基于大数据的可视化分析（Guo et al.，2012；Lee et al.，2012；Wang et al.，2013）与其他学科的交叉研究［如 DNA 测序（Ahmed et al.，2012）］也为移动对象轨迹的分析提供了新的思路。

在移动对象轨迹挖掘的应用方面，国内最初多数的移动对象数据挖掘起源于各城市出租车 GPS 轨迹数据，应用主要集中在海量浮动车轨迹与路网数据的匹配、路网行程时间估计和城市路网交通状态相关的估计和分析，在 GIS 领域还涉及相关空间统计方法的拓展（Zou et al.，2011；Li et al.，2012；段滢滢，2012；Chen et al.，2013）。随着研究的进一步深入，中国科学院地理资源所、武汉大学、北京大学、微软亚洲研究院、中国科学技术大学、浙江大学等研究团队，逐渐开始利用移动对象（出租车、公交卡等）数据进行城市空间结构、土地利用、路网时空可达性等方面的数据分析与挖掘（Liu et al.，2012；Chen et al.，2011；Yue et al.，2012），动态网络分析与多目标优化（Fang et al.，2012）以及可靠最短路径规划（Chen et al.，2013）等，计算机领域的应用则多集中在推荐系统上，如旅游推荐、社区推荐、地点推荐、乘车路线推荐、朋友推荐和行为活动推荐等，其他一些应用主要集中在以下几个方面：搜索服务（Yang et al.，2013）、城市功能分区（Yuan et al.，2012）、规划选址（Dmytro et al.，2013）、能耗或时间估计预测（Zhang et al.，2013）等。

国外很多以大规模手机数据甚至钞票等流通的轨迹数据研究各种社会现象，如个体轨迹的可预测性与群体监控（Liang et al.，2013），以及城市空间尺度与人类动态性等问题（Filippo et al.，2011；Noulas et al.，2012；Ganti et al.，2013），多篇相关文章发表在 *Science* 和 *Nature* 上。

（六）网络蕴含地理空间数据挖掘

互联网已是公众获取信息的主要渠道，相对传统信息收集和传播方式更为广泛，更新速度快，成为了全社会、多领域、广纵深、近实时的动态映像。因此，研究和开发网络蕴含地理空间数据挖掘和应用技术，将是 LBS 的一个重要内容和发展方向。

国际学术界针对互联网蕴涵空间信息检索理论及技术，从数据表示、组织、管理及呈现等诸方面开展相关研究工作，并针对网络环境，研究数据采集及多源数据融合等问题。

空间信息检索始于 20 世纪 90 年代早期的 GIPSY 项目。该项目在地名字典基础上利用字符串匹配方法在文本内容中提取地名（即地名分词），然后将地理坐标赋值给地名，最后为文档建立空间索引。后续项目有 ADL 空间集成项目、欧洲 SPIRIT 项目、伯克利大学的目录项目（Buckland 等）、geoXwalk 项目、GeoVSM 等。国内有中国科学院遥感应用研究所开展的"空间信息智能网络搜索"（词虎）项目。

近年来，随着社交网络的快速发展，含有空间属性的个人消息（日志、状态、微博、评论等）成为获取地理空间数据的重要来源，如用于地理数据更新（张春菊，2011）、专题信息获取（张恒才，2013）、对象的空间分布与空间传播（Gelernter，2013）、事件的识别与实时监测（Watanabe，2011）等。

网络蕴含地理空间数据挖掘的关键是从文本描述中获取空间位置和空间范围。一些研究对已有的地名分词、地名消歧和空间关系语义推理等空间信息提取方法进行改进和完善，如唐旭日（2010）利用条件随机场进行地名分词，朱少楠（2013）基于行政隶属关系树状图消除地名歧义，De Alencar（2011）借助 Wikipedia 知识为文档添加地理标签，Clementini（2013）通过建立统一框架解决方向关系推理中的模糊问题等；另一些研究针对社交网络中部分数据缺少地理空间属性，尝试推断和预测其中隐含的空间位置。一是统计消息文本中词与空间位置的共现频率并结合机器学习进行预测（Ikawa，2012）；二是利用好友关系和好友位置推理出用户所在位置（Backstrom，2010）。此外，针对网络文本蕴含地名模糊边界的研究也取得了丰富成果，主要方法是通过互联网搜索技术或社交网络信息获取相关地名样本，利用密度表面或 Delaunay 三角网表达空间区域和空间边界（Martins，2011；Hollenstein，2013）。

（七）位置依赖的推送式信息服务

位置依赖的自适应推送式信息服务又称为地理围栏（Geofence），指的是服务平台建立智能推送算法模型，当用户位置符合某些条件时，服务平台自动向用户推送服务。如当用户进入、离开某个特定地理区域，或在该区域内活动时，以及用户与位置相关的状态发生变化时，服务平台可以向用户推送其关心的信息，如生活服务信息的自动通知、提示或者警告等。还可以对特定的车辆和人员进行监管，限制他们的活动范围。通过地理围栏技术，位置社交网站可以帮助用户在进入某一地区时自动登记，自动发现位置邻近的好友等，增加用户群体的黏度。

地理围栏技术难点包括以下两个方面。

1）地理围栏数据采集。地理围栏有 3 类：行政区域、商圈或用户定义的特定围栏。行政区域围栏采集相对容易，一般基础地图数据能够提供到区县。商圈是一个人文概念，需要大量的线下采集工作且其范围相对难以界定。用户定义围栏是某些特定区域，例如家附近、公司附近等，难点在于对海量用户提供的各自不同的围栏数据保存、修改、判断等；多用户地理围栏信息的共享与快速发现；地理围栏的网格尺度与用户需求群地图的融合等。

2）地理围栏和聚合位置信息的关联和互动。仅仅定义围栏、知道用户进入或离开围栏缺乏实用性，地理围栏的价值在于向用户提供与围栏相关的位置信息服务。只有聚合大量的位置相关信息（商业、交通、天气、新闻、朋友，等等），并且能够判断用户的行为特性，合适的时间、合适的地点向用户提供合适的信息，才是地理围栏的生命力所在。其中最大的难点是如何获取用户的兴趣模型、用户行为特征以判断用户的相似性并寻求合适的推送算法，通过自适应的服务平台动态推送用户的需求信息。这种推送是基于用户的（於志文等，2012）、基于社会网络与上下文感知的（王玉祥等，2010）、个性化的（牟乃夏等，2011）信息主动推送。用户对推送信息的满意度等推送质量评价也是研究的重点问题。

（八）隐私处理技术

位置隐私保护是移动 GIS 和 LBS 中容易忽视的，但却是非常重要的问题。隐私保护与信息服务是一对矛盾，位置服务质量越高，位置隐私泄露风险越大，但提高位置隐私保护粒度，会降低位置服务质量。因此位置隐私保护技术研究也越发重要（Pandey et al., 2013）。位置隐私保护包含位置隐私与查询隐私。位置隐私是指在未经授权的情况下，获取用户的位置信息；查询隐私是指保护用户查询过程中所涉及的敏感内容，如财务、病历等私人信息。隐私泄露途径包括 3 种：直接获取（direct communication），攻击者直接从位置服务器中获取用户位置信息；观察（observation）：攻击者通过观察分析用户行为信息从而获取相关位置信息；连接攻击（link attack），攻击者通过获取更多的背景知识从而确定用户位置信息。

位置隐私保护研究内容可以分为 3 个方面：位置隐私保护系统架构研究、位置匿名研究及查询处理技术研究。

在位置隐私保护系统架构研究方面，现有位置隐私保护系统架构包括中心服务器结构、独立结构、分布式点对点结构。独立结构是指用户客户端与数据库服务器在同一台设备上，用户根据自身的隐私保护需求完成位置匿名过程，不需要与其他服务器进行交换。中心服务器结构是指在用户客户端与数据库服务器基础上，安装单独的第三方匿名服务器，用户将位置信息提交给匿名服务器，完成匿名处理过程。分布式点对点架构是指每个节点之间具有平等性，都能够完成位置匿名的过程，此外，还可通过匿名组来完成组成员匿名。

在位置匿名研究方面，主要位置匿名方法有 3 种：虚拟位置、空间匿名、时空匿名。虚拟位置是指利用虚拟位置来代替真实位置；空间匿名是指通过降低空间粒度或者通过空间加密的方式；时空匿名是在空间匿名的基础之上，通过添加时间匿名信息，提高位置匿名精度。位置匿名的目的是保证无法将某一位置信息与确定的用户、组织机构相匹配，经典位置匿名模型有空间划分匿名模型、动态匿名模型等。

在位置隐私保护查询处理研究方面，当系统采用位置隐私保护时，位置信息经过匿名处理，不再是用户的真实位置，因此相关查询处理技术需要修改。隐私保护下的查询处理技术主要采取两种策略，一方面如果位置匿名技术采用虚拟位置，则原有查询处理技术不需要改变；另一方面，如果位置匿名技术采用空间匿名或者时空匿名，服务器已经不能够获取精确的位置点，而是位置范围等，则在查询处理过程中需要详细区分服务器端哪些数据是公用数据，哪些数据是隐私数据，此外，查询结果也从精确的查询结果集转变为概率查询结果集。

随着定位技术多样化，数据挖掘分析方法丰富及位置服务应用不断增多，位置隐私保护技术研究越来越严峻。除了上述研究内容外，未来位置隐私保护研究方向包括：混合技术隐私保护技术，即现有隐私保护技术往往仅能保证在特定的应用环境下保证用户位置安全，匿名手段单一，后续应采用时空加密、时空匿名等混合的匿名技术；位置匿名评估研究，现有研究工作大都专注隐私保护技术，缺乏对匿名算法好坏的评估标准，尤其缺乏匿名成功率、匿名处理效率及位置服务质量等评价标准。

二、应用发展趋势

进入"十二五"，"自我感知、主动服务、群体众包、实时反馈、自适应"成为面向公众的 GIS 产品的主要技术内涵。地图跟踪导航产品与地理信息服务深层次开发不断融合的需求越来越迫切。国内外商用地图产品均已经成功移植到 IOS、Android、Windows Phone 等移动终端操作系统平台上。此外，随着社交网络平台（Social Network System, SNS）和网络地图平台的迅速普及，移动通讯和移动定位技术的快速发展，基于实时位置信息的社交网络（Location Based Social Network, LBSN）也日益引起业界的广泛关注，成为 LBS 继导航之后的新的业务增长点。

目前的 LBS 产品，无论是静态和动态导航产品，移动终端上的地图产品，还是 LBSN 产品，严格意义上还是周期更新的静态地图结合有限路段的实验性交通信息，或者地理位置标记的虚拟社交网络，距离用户对高动态实时信息的渴求还有很大差距。高动态实时信息包括多种来源的实时交通信息、周边高动态变化的生活服务信息充斥于泛在网络（互联网和移动互联网页面、社交网络、微博客及其快速发展的物联网）上高频度变化的各种位置服务相关信息等。因此，从应用发展的需求看，迫切需要突破网络蕴含地理空间数据挖掘技术和海量移动对象轨迹数据挖掘技术，为移动 GIS 和 LBS 提供重要技术支撑，凸显移动 GIS 和 LBS 的互动、智能化、高动态、自适应信息服务能力，形成 LBS、SNS、BZC 整体集成态势和成熟商业模式。为"十二五"可预见的"LBS+ 物联网"的商业模式奠定成熟的技术基础。

基于位置的社交网络、物联网、社会计算等新兴领域的飞速发展，移动对象轨迹、网络行为、社交关系等作为典型大数据的重要性会越加凸显，同时也极大地推进了移动 GIS 的核心研究内容，如移动对象管理、分析、挖掘以及融合建模的研究。上述研究已经成为当前业界及学界共同关注的焦点。经过多年发展，虽然业界已经提出了一些模型及分析方法，但远未满足实际需求，复杂网络的表达与分析、移动对象表达与时空行为分析、时空一体化建模等问题都亟待解决。此外，需要进一步丰富移动对象查询的种类和方式，在分布式索引、索引并发控制、查询语言设计、高效查询处理框架等方面都需要投入更多的努力，提高索引的更新性能，同时保持查询效率的均衡，满足移动计算环境下的应用要求。

参 考 文 献

［1］ Jawad A, Kersting K, Andrienko NA. Where Traffic meets DNA：Mobility Mining using Biological Sequence Analysis Revisited［C］. ACM SIGSPATIAL GIS//, 2011.

［2］ Backstrom L, Sun E, Marlow C. Find me if you can：improving geographical prediction with social and spatial proximity［C］// In Proceedings of the 19th International Conference on World Wide Web, 2010.

［3］ Barabási A–L.. 2011. The network takeover［J］. Nature Physics, 8：14–16.

［4］ Barzel B, Barabási A–L. Network link prediction by global silencing of indirect correlations［J］. Nature Biotechnology, 2013, 31（8）720–725.

［5］ Bolbol A, Cheng T, Tsapakis I, et al. Inferring Hybrid Transportation Modes［J］. from Sparse GPS Data Using a Moving Window SVM Classification. Computers, Environment and Urban Systems, 2012, 36(6)：526–537.

［6］ Chawla S., Zheng Y., Hu J.. 2012. Inferring the Root Cause in Road Traffic Anomalies［C］// ICDM. 2012. 141–150.

［7］ Chen BY, Lam WHK, Sumalee A. et al, Reliable shortest path finding in stochastic networks with spatial correlated link travel times［J］. International Journal of Geographical Information Science. 2012, 26：365–386.

［8］ Chen BY, Yuan H, Li QQ, et al, Map matching algorithm for large–scale low–frequency floating car data［J］. International Journal of Geographical Information Science, 2014. 28（1）：22–38.

［9］ Chen C, Zhang D, Castro PS, et al. iBOAT：Isolation–Based Online Anomalous Trajectory Detection［J］. Proceedings of IEEE Transactions on Intelligent Transportation Systems, 2013, 14（2）：806–818.

［10］ Chen J, Shaw SL, Lu F, et al., Exploratory data analysis of activity diary data：a space–time GIS approach, Journal of Transport Geography, 2011, 19：394–404.

［11］ Clementini E. Directional relations and frames of reference［J］. GeoInformatica, 2013, 17：1–21.

［12］ Costas P, Nikos P, Ioannis K, et al. Segmentation and Sampling of Moving Object Trajectories Based on

Representativeness［J］. IEEE Transactions on Knowledge and Data Engineering, 2012, 24（7）: 1328-1343.

［13］ De Alercar RO, Davis Jr CA. Geotagging aided by topic detection with Wikipedia［C］. Advancing Geoinformation Science for a Changing World, 2011.

［14］ Demetrios ZY, Christos L, Constandinos C, et al. Crowdsourced Trace Similarity with Smartphones［J］, IEEE Transactions on Knowledge and Data Engineering, 2013, 25（6）: 1240-1253.

［15］ Deng M, Liu Q, Cheng T, et al. An adaptive spatial clustering algorithm based on delaunay triangulation［J］. Computers, Environment and Urban Systems, 2011, 35（4）: 320-332.

［16］ Dmytro K, Anastasios N, Salvatore S, et al. Geo-spotting: mining online location-based services for optimal retail store placement［C］// Proceedings of the 19th ACM SIGKDD international conference on Knowledge discovery and data mining, 2013.

［17］ Dodge S, Laube P, Weibel R. Movement similarity assessment using symbolic representation of trajectories［J］. International Journal of Geographical Information Science, 2012, 26（9）: 1563-1588.

［18］ Fosca G, Mirco N, Dino P, et al. Unveiling the complexity of human mobility by querying and mining massive trajectory data［J］. The VLDB Journal, 2011, 20（5）: 695-719.

［19］ Ganti RK, Srivatsa M, Ranganathan A, et al. Inferring human mobility patterns from taxicab location traces［C］. UbiComp, 2013.

［20］ Gao J, Fan W, Deepak ST, et al. Consensus extraction from heterogeneous detectors to improve performance over network traffic anomaly detection［C］// INFOCOM, 2011.

［21］ Gelernter J, Mushegian N. Geo-parsing Messages from Microtext. Transactions in GIS, 2011. 15（6）, 753-773.

［22］ Ghoshal G, Barabasi, AL. Ranking stability and super-stable nodes in complex networks［J］. Nature Communications 2011, 2: 1-7.

［23］ Guo H, Wang Z, Yu B, et al. TripVista: Triple Perspective Visual Trajectory Analytics and its application on microscopic traffic data at a road intersection［C］// PacificVis, 2011.

［24］ Gupta M, Aggarwal CC, Han J. Finding Top-k Shortest Path Distance Changes in an Evolutionary Network［C］// SSTD, 2011.

［25］ Haworth J, Cheng T. Non-parametric regression for space - time forecasting under missing data［J］. Computers, Environment and Urban Systems, 2012, 36（6）: 538-550.

［26］ He XF, Cai D, Shao YL, et al. Laplacian Regularized Gaussian Mixture Model for Data Clustering［J］. IEEE Trans. Knowl. Data Eng. 2011, 23（9）: 1406-1418.

［27］ Hollenstein L., Purves R., Exploring place through user-generated content: Using Flickr tags to describe city cores ［J］. Journal of Spatial Information Science, 2013, 1: 21-48.

［28］ Hsia KJ, Xu KS., Calder J, et al. Multi-criteria Anomaly Detection using Pareto Depth Analysis［J］. Advances in Neural Information Processing Systems, 2011, 25: 854-862.

［29］ Hung CC, Peng WC, Lee WC. Clustering and aggregating clues of trajectories for mining trajectory patterns and routes ［J］.The VLDB Journal, 2011, 11: 1-24.

［30］ Ikawa Y., Enoki M., Tatsubori M. Location inference using microblog messages［C］// In Proceedings of the 21st international conference companion on World Wide Web, 2012.

［31］ João G, Raquel S, Pedro PR. On evaluating stream learning algorithms［J］. Machine Learning, 2013, 90（3）: 317-346.

［32］ Lee JY, Kwan MP. Visualization of socio-spatial isolation based on human activity patterns and social networks in space-time［J］. Tijdschrift voor Economische en Sociale Geografie, 2012, 102（4）: 468-485.

［33］ Lee JG, Han JW, Li XL, et al. Mining Discriminative Patterns for Classifying Trajectories on Road Networks［J］. IEEE Trans. Knowl. Data Eng. 2011, 23（5）: 713-726.

［34］ Liang Y., Caverlee J., Cheng Z. et al. How big is the crowd? event and location based population modeling in social media［C］// Proceedings of the 24th ACM Conference on Hypertext and Social Media, 2013.

［35］ Liu HY, Lin Y, Han JW. Methods for mining frequent items in data streams: an overview. Knowl. Inf. Syst. 2011, 26（1）: 1-30.

［36］ Liu LX, Qiao SJ, Zhang YP, et al.Hu Jinsong. An efficient outlying trajectories mining approach based on relative distance ［J］, International Journal of Geographical Information Science, 2012, 26（10）: 1789-1810.

［37］ Lin Q, Schneider M. MONET: Modeling and Querying Moving Objects in Spatial Networks ［C］// Proceedings of the Third ACM SIGSPATIAL International Workshop on GeoStreaming , 2012.

［38］ Liu XL, Lu F, Zhang HC, et al. Front. Earth Sci. 2013, 7（2）: 206-216.

［39］ Liu, Y, Kang C, Gao S, et al. Understanding intra-urban trip patterns from taxi trajectory data ［J］. Journal of Geographical Systems, 2012a, 14（4）, 463-483.

［40］ Liu, Y, Wang F, Xiao Y, et al. Urban land uses and traffic 'source-sink areas': evidence from GPS-enabled taxi data in Shanghai ［J］. Landscape and Urban Planning, 2012b, 106: 73-87.

［41］ Long JA, Nelson TA. A review of quantitative methods for movement data ［J］. International Journal of Geographical Information Science, 2013, 27（2）: 292-318.

［42］ Lu Y, Liu Y. Pervasive location acquisition technologies: Opportunities and challenges for geospatial studies ［J］. Computers, Environment and Urban Systems, 2012, 36（2）, 105-108.

［43］ Martins B. Delimiting imprecise regions with georeferenced photos and land coverage data ［J］. Web and Wireless Geographical Information Systems, 2011, 6574, 219-229.

［44］ Mohammand MM, Jing G, Latifur K, et al. Thuraisingham: Classification and Novel Class Detection in Concept-Drifting Data Streams under Time Constraints ［J］. IEEE Trans. Knowl. Data Eng. 2011, 23（6）: 859-874.

［45］ Noulas A, Scellato S, Lathia N, et al. Mining User Mobility Features for Next Place Prediction in Location-Based Services ［C］// ICDM, 2012.

［46］ Onnela JP, Arbesman S, González MC, et al. Geographic Constraints on Social Network Groups ［J］. PLoS ONE, 2011, 6（4）: e16939.

［47］ Pan B, Zheng Y, Wilkie D, et al. Crowd sensing of traffic anomalies based on human mobility and social media ［C］// ACM GIS, 2013.

［48］ Pandey M, Verma S. Privacy Provisioning in Wireless Sensor Networks ［J］. Wireless Personal Communications, 2013, 9: 1-26.

［49］ Pan G, Qi G, Wu Z, et al. Land-Use Classification Using Taxi GPS Traces ［J］, IEEE Transactions on Intelligent Transportation Systems, 2013, 14（1）: 113-123.

［50］ Pang XL, Chawla S, Liu W, et al. On Detection of Emerging Anomalous Traffic Patterns Using GPS Data ［J］. Data & Knowledge Engineering, 2013, 87: 357-373.

［51］ Pei T, Gong X, Shaw SL, et al. Clustering of temporal event processes ［J］. International Journal of Geographical Information Science, 2013, 27（3）: 484-510.

［52］ Pei T, Zhou C, Zhu AX, et al. Windowed nearest neighbour method for mining spatio-temporal clusters in the presence of noise ［J］, International Journal of Geographical Information Science, 2010, 24: 6, 925-948.

［53］ Ren F, Kwan MP, Schwanen T. Investigating the temporal dynamics of Internet activities ［J］. Time & Society, 2013, 22（2）: 186-215.

［54］ Rikard L. Anomaly Detection in Trajectory Data for Surveillance Applications ［D］. Sweden: Örebro University, 2011.

［55］ Ruiz JJ, Ariza FJ, Urea MA, et al, Digital Map Conflation: A Review of the Process and a Proposal for Classification ［J］. International Journal of Geographical Information Science, 2011, 25（9）: 1439-1466.

［56］ Simini F, González MC, Maritan A, et al. A universal model for mobility and migration patterns ［J］. Nature, 2011, 484: 96-100.

［57］ Sandu P, Zeitouni K. Modeling and Querying Mobile Location Sensor Data ［C］// The Fourth International Conference on Advanced Geographic Information Systems, Applications, and Services, 2012.

［58］ Song W, Keller JM, Haithcoat TM, et al. Relaxation-based Point Feature Matching for Vector Map Conflation ［J］. Transactions in GIS, 2011, 15（1）: 43-60.

［59］ Sun YZ, Han JW, Yan XF, et al. PathSim: Meta Path-Based Top-K Similarity Search in Heterogeneous Information

Networks［J］. PVLDB, 2011, 4（11）: 992–1003.

［60］Tang LA, Zheng Y, Yuan J, et al: On Discovery of Traveling Companions from Streaming Trajectories［C］// ICDE, 2012.

［61］Tang LA, Zheng Y, Yuan J, et al. Retriving k–nearset neighboring trajectories by a set of point locations［C］// SSTD, 2011.

［62］Varun C, Arindam B, Vipin K. Anomaly Detection for Discrete Sequences: A Survey［J］. IEEE Transactions on Knowledge and Data Engineering, 2012, 24（5）: 823 – 839.

［63］Wang Z, Lu M, Yuan X, et al, Visual Traffic Jam Analysis based on Trajectory Data［J］. IEEE Transactions on Visualization and Computer Graphics, 2013, 19（12）: 2159–2168.

［64］Wang F, Aji A, Liu Q, et al, Hadoop–GIS: A High Performance Spatial Query System for Analytical Medical Imaging with MapReduce［J］, Center for Comprehensive Informatics Technical Report, 2011, 6（11）: 1–12.

［65］Watanabe K, Ochi M,Okabe M, et al. Jasmine: a real–time local–event detection system based on geolocation information propagated to microblogs［C］// In Proceedings of the 20th ACM international conference on Information and knowledge management, 2011.

［66］Xu J, Güting RH. A generic data model for moving objects［J］. GeoInformatica. 2012, 17（1）: 125–172.

［67］Yang B, Luan XC, Li QQ. An Adaptive Method for Identifying the Spatial Patterns in Road Networks, Computers［J］, Environment and Urban Systems, 2010, 34: 40–48.

［68］Yang B, Luan XC, Li QQ, Generating Hierarchical Strokes from Urban Street Networks Based on Spatial Pattern Recognition［J］. International Journal of Geographical Information Science, 2011, 25（12）: 2025–2050.

［69］Yang BS, Zhang YF, Luan XC. A Probabilistic Relaxation Approach for Matching Road Networks［J］, International Journal of Geographical Information Science, 2013, 27（2）: 319–338.

［70］Yang DQ, Zhang DQ, Yu ZY, et al. Fine–grained preference–aware location search leveraging crowdsourced digital footprints from LBSNs［C］// UbiComp , 2013.

［71］Yuan J, Zheng Y, Xie X. Discovering regions of different functions in a city using human mobility［C］// KDD, 2012.

［72］Yang, Y, Han DW, Bo H. Exploratory calibration of a spatial interaction model using taxi GPS trajectories［J］. Computers, Environment and Urban Systems, 2012, 36（2）: 140–153.

［73］Zhang D, Li N, Zhou Z, et al. iBAT: detecting anomalous taxi trajectories from GPS traces［C］// UbiComp, 2011.

［74］Zhang FZ, Wilkie D, Zheng Y, et al. Sensing the Pulse of Urban Refueling Behavior［C］// UbiComp, 2013.

［75］Zhang YF, Yang BS, Luan XC. Automated Matching Road Networks Based on Probabilistic Relaxation［C］// Proceedings of ISPRS Workshop on Dynamic and Multi–dimensional GIS, 2011.

［76］Zheng K, Zheng Y, Yuan J, et al. On Discovery of Gathering Patterns from Trajectories［C］// ICDE, 2013.

［77］Zheng Y, Chen Y, Li Q, et al. Understanding transportation modes based on GPS data for Web applications［J］. ACM Transactions on the Web, 2010, 4（1）: 1– 36.

［78］Zou H, Yue Y, Li QQ. An improved distance metric for the interpolation of link–based traffic data using kriging: a case study of a large–scale urban road network［J］. International Journal of Geographical Information Science, 2011, 26（4）: 667–689.

［79］邓中亮. 广域室内高精度定位技术获突破［N］. 中国科学报, 2012–05–08.

［80］段滢滢, 陆锋. 基于道路结构特征识别的城市交通状态空间自相关分析［J］. 地球信息科学学报, 2012, 14（6）: 768–774.

［81］孟小峰, 金培权, 曹巍, 等. 闪存数据库研究进展及发展趋势［J］. 中国科学基金, 2012,（3）: 142–145.

［82］牟乃夏, 刘文宝, 张灵先, 等. 空间信息服务的个性化问题［J］. 测绘科学, 2011, 36（3）: 104–106.

［83］唐旭日, 陈小荷, 张雪英. 中文文本的地名解析方法研究［J］. 武汉大学学报（信息科学版）, 2010, 35（8）: 930–935.

［84］王珊, 王会举, 覃雄派, 等. 架构大数据: 挑战、现状与展望［J］. 计算机学报, 2011, 34（10）: 1741–1752.

［85］王玉祥, 乔秀全, 李晓峰, 等. 上下文感知的移动社交网络服务选择机制研究［J］. 计算机学报, 2010,

33（11）：2126–2135.

［86］於志文，周兴社，郭斌，移动社交网络中的感知计算模型、平台与实践［J］，中国计算机学会通讯，2012，8（5）：15–21.

［87］张春菊，张雪英，朱少楠，等．基于网络爬虫的地名数据库维护方法［J］．地球信息科学学报，2011，13（4）：492–499.

［88］张恒才，陆锋，陈洁．网络空间移动对象模型的应用与发展［J］，地球信息科学学报，2013，15（3）：328–337.

［89］张恒才、陆锋、陈洁．微博客蕴含交通信息的提取方法研究［J］，中国图像图形学报，2013，18（1）：123–129

［90］朱少楠，张雪英，李明，等．基于行政隶属关系树状图的地名消歧方法［J］．地理与地理信息科学，2013，29（3）：39–42.

撰稿人：陆　锋　杨必胜

地理信息共享与服务进展研究

一、引言

共享（Sharing）是社会结构的一部分，它本质上是一种互利行为。在互利中，共享的各方选择、巩固和发展彼此的社会关系，并降低个人或者整体的成本。共享不一定是无偿的，如劳动交换，也是一种共享行为。

获取地理信息的成本很高，使用地理信息的范围很广，而复制使用地理信息的成本很低。如果在需要使用地理信息时，每个人都各自去获取地理信息，显然不经济，甚至完全不可能，由此可见，地理信息是一种典型的需要共享的资源。随着地理信息应用的普及、规模的扩大和程度的加深，多个部门、多个层次的应用之间对地理信息进行共同使用、形成共同理解已成为一个迫切的需求。

地理信息共享与服务的无偿或有偿、离线或在线、复制拥有或者按次使用、是否允许二次传递等共享问题，既是一个理论研究和技术实现的课题，也是一个标准规范和共享平台的维护运营的问题。因此，地理信息共享的研究内容有地理信息共享的理论、规则、标准、技术、实现与应用等。地理信息共享的研究目标已经从最初的数据共享发展到现在的处理功能共享和知识共享，地理信息共享的范围也已由最初的部门内部共享发展到多个部门共享，甚至一个城市、一个区域、一个国家和全球的共享，即社会化共享。地理信息共享的方式很多，传统的地理数据共享可以通过拷贝副本共享，目前研究的前沿是通过网络服务的方式在线共享。

在先进信息技术不断涌现的背景下，伴随着我国各行业领域快速信息化进程的脚步，我国在地理信息共享与服务的一系列研究方向，如地理信息标准体系、地理信息共享技术、地理信息服务技术、公共地理信息服务平台等，在理论研究、技术方法和实践应用等方面均取得了丰硕的研究成果，并展现出美好的发展远景。

同时，随着信息技术领域的飞速发展，进一步依托新型信息基础设施开展地理信息共享与服务方面的研究与应用，已日益得到国内外同行的重视，特别是依托高性能计算平台、云计算环境、大数据技术等开展大规模地理空间数据集成共享与应用服务等方向，吸引了大批该领域的学者及相关研究机构，大大推进了该方向的纵深发展。

本专题报告主要论述地理信息共享与服务 5 个方面的进展，包括地理信息标准、地理数据共享与服务、地理信息处理服务、地理信息处理的组合服务、公共地理信息平台。地理信息共享服务还涉及很多内容，如共享与服务的架构、服务器端的性能优化、高性能和云计算环境下的地理信息服务、时空信息的服务、大数据环境下的知识挖掘服务、通过虚拟地球可视化共享等，这些内容已经分别在其他专题报告中论述，本专题将不再详细阐述这些内容。

本专题报告主要总结我国地理信息共享与服务的研究进展，但是国内外学术研究不能完全分开。本专题首先考虑国内外作者在国内的工作，然后考虑国内作者在国外的工作，在考虑华人学者近年的成就方面，一般不考虑国外作者在国外的工作，除非影响到内容的连贯性。

二、主要研究进展

（一）地理信息共享与服务标准

1997 年，我国成立全国地理信息标准化技术委员会（National Standardization Technical Committee of Geomatics，NSTCG，以下简称地标委），地标委设立秘书处，挂靠在国家基础地理信息中心。秘书处在地标委主任委员和秘书长的领导下，承担地理信息标委会日常工作以及 ISO/TC211 国内技术归口工作。

在成立之初，地标委的工作主要是"跟踪地理信息国际标准，完善地理信息标准化信息平台，推进地理信息标准化工作组工作"。近年来，我国地理信息标准化逐渐开始系统化的工作。2009 年 12 月 8 日，地标委发布了《国家地理信息标准体系》，将具有内在联系的地理信息标准组成为一个结构化的有机整体，从较高层次提出了地理信息标准的总体构建计划（朱秀丽、李莉，2012）。同时，地标委积极组织我国地理信息标准的制定工作，完成了一系列地理信息国家标准的发布，包括地理信息共享与服务标准。2009 年以来发布的地理信息共享与服务国家标准见表 1 所示。

表 1　2009 年以来发布的地理信息共享与服务国家标准

标准名称	标准编号	发布日期
地理信息定位服务	GB/T 28589—2012	2012 年 6 月 29 日
地理信息要素编目方法	GB/T 28585—2012	
地理信息基于网络的数据分发规范	GB/Z 28586—2012	
地理信息基于位置服务参考模型	GB/T 27918—2010	2010 年 12 月 30 日
地理信息万维网地图服务接口	GB/T 25597—2010	2010 年 12 月 1 日

标准名称	标准编号	发布日期
地理信息注册服务规范	GB/T 25599—2010	
地理信息目录服务规范	GB/T 25598—2010	
地理信息分类与编码规则	GB/T 25529—2010	2010 年 12 月 1 日
地理信息数据产品规范	GB/T 25528—2010	
地理信息服务	GB/T 25530—2010	
地理信息元数据 XML 模式实现	GB/Z 24357—2009	2009 年 9 月 30 日
地理信息空间模式	GB/T 23707—2009	
数字城市地理信息公共平台地名 / 地址编码规则	GB/T 23705—2009	2009 年 5 月 6 日
地理信息核心空间模式	GB/T 23706—2009	
地理信息地理标记语言	GB/T 23708—2009	

地理信息在某些方面具有通用性，与具体的语言、文化、习惯无关，因此地标委注重借鉴国际标准的优秀成果，于 2011 年 4 月 26 日发布了《地理信息国际标准采标若干规定》。该规定对近几年采用地理信息国际标准过程中遇到的问题做了归纳整理，形成统一的规定。如国际标准中有示例类资料性附录的，一般应结合我国国情给出示例。地标委在 2011 年 1 月 22 日发布的 2010—2011 年地理信息国家标准优先支持的项目指南中列出的 5 类 31 个项目中，有 12 个项目拟为国际标准采标项目。

近年来，作为 ISO/TC211 的 36 个 Participating Member 之一，我国积极参与国际标准化组织地理信息技术委员会（ISO/TC211）的标准编制工作。除了参加 ISO 19115、ISO 19142、ISO 19143、ISO 19117、ISO 19119 和 ISO 19118 等标准的编制工作外，在 2012 年 12 月的 ISO/TC211T 第 35 届大会上，首次由我国学者担任项目负责人的地理信息国际标准《Geographic information–Content components and encoding rules for imagery and gridded data》（ISO19163）被批准立项。

随着地理信息应用的进一步发展，我国地理信息标准化工作任务任重而道远。目前，已经作为国家标准立项并正在制订的地理信息共享与服务标准有《地理信息万维网要素服务》《地理信息万维网覆盖服务》《地理信息 影像和格网数据》《地理信息元数据—Part 2 影像》等基于一批地理信息网络服务共享的技术标准和遥感影像数据标准。可以预计，在不久的将来，将会有越来越多的地理信息国家标准发布实施。

在研究制定地理信息国家标准的同时，一些行业也制定并颁布了与地理信息共享与服务有关的行业标准，这些行业主要包括测绘、城建、土地、水利、公安等。最近几年已颁布实施的有：《地理信息网络分发服务元数据内容规范》（CH/Z 9018—2012）、《地理信息元数据服务接口规范》（CH/Z 9019—2012）、《数字城市地理信息公共平台建设要求》

（CH/T 9013—2012）、《数字城市地理信息公共平台运行服务规范》（CH/T 9014—2012）、《城市地理编码技术规范》（CJJ/T 186—2012）、《地理信息公共服务平台 电子地图数据规范》（CH/Z 9011—2011）、《地理信息公共服务平台 地理实体与地名地址数据规范》（CH/Z 9010—2011）、《城市地理空间信息共享与服务元数据标准》（CJJ/T 144—2010）、《城市三维建模技术规范》（CJJ/T 157—2010）等。

（二）传感网与地理数据的共享与服务

网络技术、信息技术和 GIS 技术，特别是网络地理信息系统（WebGIS）技术的发展，为地理数据与传感网数据资源的共享与应用提供了一种全新、透明、方便和有效的手段（李德仁等，2012）。

在地理数据共享方面，开放地理空间联盟（Open Geospatial Consortium，OGC）和国际标准组织（International Standard Organization，ISO）已经制定了一系列的标准，如 CSW、WMS、WFS、WCS、WMTS 等，这些标准已经被我国学术界、工业界广泛接受并用于实际运行的系统（王勇等，2011）。例如，我国公共地理信息共享服务平台"天地图"主要采用的标准就是 OGC 的 WMS、WMTS 和 WFS，它是为政府、企业和公众提供权威、统一的地理信息网站，并提供 24 小时不间断的"一站式"地理信息服务。

开放网格服务架构——数据集成访问中间件 OGSA-DAI（Open Grid Service Architecture-Data Access and Integration）是在网格框架上发展而来的，符合开放式网格框架标准的数据集成和访问中间件，能把各种分布的、异构的关系型数据库、XML 数据库、文件数据呈现到网格服务之上，并为用户提供统一的访问查询接口。开放网格服务架构——分布式查询处理器 OGSA-DQP（Open Grid Service Architecture-Distributed Query Processor）是一个分布式查询处理服务，基于 OGSA-DAI 扩展而来的。DQP 适用于对分布式并行查询进行分析、评估、制定查询计划和最终的查询。使用 DQP 能够对异构的数据资源进行统一的查询访问，提供透明的分布式和并行机制。DQP 不仅能对数据服务资源进行查询，也能对 OGSA-DAI 上其他类型的服务进行访问。例如，我国首个自主知识产权的空间数据库管理系统 BeyonDB 就支持 OGSA-DAI 访问（蒙智敏等，2010）。

利用元数据的标准化来统一管理分散的传感网数据资源，并基于网络实现数据资源共享与服务，该模式得到了普遍理解和认同。基于这种技术背景，为了尽快建立自身的共享系统，国内外许多行业数据中心纷纷制定自己的元数据标准，服务于本行业或部门的数据交换与共享。但是，目前还没有哪一种元数据标准能完全满足传感器共享与互操作的需求，针对对地观测应用领域，目前更是没有任何关于对地观测传感器元数据标准的发布（Di L et al.，2009）。陈能成等（Chen N et al.，2012）系统地分析了对地观测卫星传感器共享元数据需求，建立了传感器共享八元组元数据模型。沈春山等（2010）研究了基于传感器描述协议的统一传感数据模型，研究了基于 SensorML 和 IEEE 1451 的新型传感网标准。陈能成等（Chen N et al.，2012）利用 SensorML 进行标准统一的形式化表达，建立了嵌套标准元数据的对地观测卫星传感器信息模型，以实现卫星传感器的共享管理。蒋锐等（2010）研究了基于传感网的矿山地质灾害传感器及观测现象的描述与表达，以实现矿山地质灾害监测预警和信息共享。

国内学者有关传感网的研究，更多地集中在传感网的服务与应用。胡楚丽等（2010）、陈能成等（2008）提出基于虚拟传感网的自适应观测数据服务系统通用框架，设计了异构传感器统一描述模型和观测数据的信息编码工具。曾宣皓（2008）和曾宣皓等（2009）提出了符合 SOA（Service Oriented Architecture）架构和 OGC SWE 规范的 e-Science 环境系统框架，给出了在 e-Science 环境下传感器资源的注册、查找、访问以及数据管理的服务流程。针对海洋观测数据集成需求，有关研究提出了面向 OGC SWE 标准规范的海洋观测网数据集成架构，并认为未来海洋观测网的数据集成是"海洋感知网"模式（蒋永国，2010）。同时，楼宇内外的红外传感器建模及其规划、通知服务被用于楼宇的安全监控（王建国，2008；王建国等，2010）。这些关于传感网数据的应用研究，有利用推进传感网的进一步发展。

（三）地理信息处理服务的共享

地球空间数据的网络服务解决了空间数据的网络共享与互操作问题，但它只对已有数据提供服务，没有在线加工处理能力。建立空间数据与处理服务的共享与互操作环境将是地理信息共享与服务的下一个发展阶段，即通过在网络环境下集成地理信息数据与处理服务来满足用户对空间信息与知识的需求（龚健雅等，2008）。

Web Services 是一种分布式、模块化和自描述的网络组件，可以在异构网络环境下完成远程发布和调用，适应分布式地理处理功能共享的需要。通过遵循开放的网络服务规范，将地理信息分析与处理操作（算法）封装成 Web Services，对外发布并提供服务接口，可以实现地理信息处理过程的服务化和共享。Web Services 采用了一系列基于 XML 的标准协议，如基于 HTTP 的 SOAP（Simple Object Access Protocol）协议，用于形式化的描述、定义服务接口的 WSDL（Web Services Description Language）以及用于服务注册和发现的 UDDI（Universal Description, Discovery, and Integration）协议。但是这些标准都是通用的，不能很好地解决地理空间信息领域的专业问题，其在传输协议中没有包含空间信息元数据信息以及对空间信息数据的标准化，使得 Web Services 在解决 GIS 功能互操作方面存在不足。

针对地理信息处理过程的特点，继 WMS、WFS 以及 WCS 等地理数据服务共享与互操作的服务规范之后，开放地理信息系统联盟 OGC 于 2007 年发布了网络地理信息处理服务规范 WPS1.0.0。WPS 规范规定了一系列 GIS 操作的服务调用的接口，从而实现各种空间分析操作算法的网络共享。利用 WPS 可以把 GIS 所有的处理功能都发布成标准的 Web 服务，同时包含这些服务的输入输出参数以及触发方式。WPS 规范中规定的面向地理空间数据的服务化过程处理的设计，为地理计算向服务端迁移给出了可行途径；同时这种基于服务的架构易于大规模并行计算拓展，有望逐步成为网络环境下地理计算的主流构架方式。

当前，围绕地理信息处理功能共享和服务的研究主要包括基于通用 Web 服务规范的地理信息处理服务，及基于 OGC WPS 服务规范的地理信息处理服务两方面。

关于通用 Web Services 规范的地理信息处理服务研究主要有：针对如何利用已有的地理信息处理算法封装成遵循 OGC 实现规范和 W3C 标准的 Web 服务的方法的研究。Li XY 等（2010）提出了以 GRASS GIS 为基础开发处理矢量 / 栅格数据的 Web Services 的方法，通过该方法得到并发布的 Web Services 能有效地克服多用户访问和网络带宽限制带来的问题，为地理信息数据和算法的共享提出了一种开发思路。

基于 OGC WPS 规范的地理信息处理服务的研究可进一步分为以下两类。

1. WPS 处理服务的设计与实现方法类研究

考虑到地理空间数据处理一般比较耗时，张小溪等（2009）提出了一种空间网格环境下基于 OGC 标准的异步 Web 处理服务框架。基于该框架实现的处理算法，可以避免因为计算时间过长而失去响应的问题，同时该框架也具有很好的扩展性，算法提供者可以很容易的将自己的算法集成到已有的服务中；同时该服务框架遵循 WPS 标准，可以与其他遵循 WPS 标准的处理服务实现互操作与资源共享。高昂等（2009）在空间数据分析和网络处理服务模型基础上，对网络服务的资源结构、服务调用模式、空间分析函数、数据处理流程等部分给出设计和定义，通过过程处理服务为客户端提供一系列地理空间数据处理操作功能，可以实现从简单空间分析操作到复杂模型计算等功能面向分布式网络环境的服务化拓展与提升，为地理空间数据和服务计算提供了新的途径。孙雨等（2009）基于 WPS 的 3 种主要方法提出了一种可扩展的 WPS 实现体系结构，用于解决空间信息互操作的问题，该实现框架具有可行性、灵活性以及可扩展性，能够更好地解决处理功能互操作的问题等。

2. 基于 WPS 处理服务的应用及平台类研究

这类研究以 WPS 服务为基础，设计与实现 GIS 或遥感的应用，解决应用中的通用或者某个特殊的问题。针对目前支持 WPS 的服务平台提供的均为固定服务的局限，刘晓丽等（2013）对 WPS 服务平台的处理内核进行插件式重构，提出一种基于插件的可扩展 WPS 服务平台架构，该平台具有一定可操作性，对实现 WPS 服务的开放性、灵活性及可扩展性提供了有效方法。范协裕等（2012）设计了基于 OGC 数据服务的空间信息处理服务平台，平台封装了现有的开源 GIS 软件包含的丰富的空间信息处理功能，对用户提供在线的 OGC WPS 服务，较传统处理平台不同的是，该平台以符合 OWS 协议框架的空间数据服务作为空间数据层，为开放地理信息在用户之间的共享和互操作提供了便利。为改变 WebGIS 中各种浏览器缺乏支持矢量数据的标准方法、数据互操作能力有限和空间分析功能较弱的现状，徐卓揆（2012）采用 HTML5 标准、Ajax 和 Web Service 技术，提出了一种开放式 WebGIS 模型，该模型支持数据共享的 Web Services 和 OGC WPS 规范，改善了现有 WebGIS 缺陷，提高了 WebGIS 的互操作及空间分析能力。为解决以 Web Services 为核心的 Globus 等通用网格平台框架在异构空间计算资源的抽象整合、注册查找、远程访问协作方面的不足，邓红帅等（2012）提出了以 OGC WPS 服务取代 Web Services 构建空间信息领域的计算网格系统，该方法能够很好地实现空间计算资源的跨单位共享协作。Zheng WF 等（2010）研究了以 WPS 服务为基础的空间计算网格技术及基于 WPS 服务的第三方物流地理信息服务模式与平台，该平台利用空间信息有效地降低了物流企业的成本，提高了工作效率。Peng Y 等（2009）研究了地理信息处理服务网的构建思路和方法，开发了 GeoPW 平台，该平台集成了 GRASS GIS 和 GeoStar 中许多通用的地理信息处理分析功能，并将其封装成 WPS 处理服务部署在网络上对外提供服务，该方法为未来地理信息处理服务网的构建提供了技术基础和实现思路；针对网络环境下遥感图像信息高效共享和互操作问题，张登荣等（2008）基于 Web 服务技术和工作流技术，结合 OGC WPS 服务规范，实现了以 SOA 为框架的 Web 环境下遥感图像处理系统，该系统具有便捷的服务链组织和执行能力、独立于语言平台和满足 OGC 规范等优点。

地理信息处理功能共享与服务的方法和规范目前仍处于发展阶段，还没有相应成熟和完善的应用或平台，但是一些开源项目和科研机构采用了现有的网络处理服务规范，提出了地理信息处理过程的共享和服务的思想，实现了基本框架和平台，并且逐步在一些科研项目和实验中展开了应用。目前，比较著名的地理信息处理功能的共享与服务发布的平台有以下 5 种。

（1）52 NorthWPS 项目

52 North 是 2004 年德国慕尼黑大学创立的一家高科技公司，致力于开发开源的地理信息处理与服务软件，目前有一个非常庞大的开发团队，已经开发了 OGC 的大部分数据服务和处理服务，包括传感网服务、地理处理服务、对地观测服务、元数据管理服务等。其中，52 NorthWPS 项目是由该公司开发的一个基于 Java 的开源项目，该项目实现了一些 WPS 服务及相应客户端，目前基于 OGC WPS1.0.0 规范发布了 WPS 服务器端开发平台和相配套的 uDig 客户端和 Jump 客户端。该项目致力于空间信息处理服务、工作流、网格计算和服务组合等方向。

（2）GeoPW 项目

武汉大学国际地学计算与分析联合研究中心（ICCGS）的团队在 GeoPW 平台中开发和部署了一系列常用的地理信息处理服务。GeoPW 平台将 GIS 软件系统 GRASS 和 GeoStar 中许多通用的地理信息处理分析功能封装成 WPS 规范的处理服务并部署在网络上对外提供服务。当前 GeoPW 已发布的 WPS 服务有 100 多个，并正在持续开发和公布。这些 WPS 服务提供包括 GIS 矢量数据和栅格数据的分析、网络分析、数据处理、地理统计分析以及水文分析等各种常用 GIS 处理分析功能。该项目目前面向互联网用户提供 WPS 的公开访问。

（3）OpenRS 项目

武汉大学测绘遥感信息工程国家重点实验室开发的 OpenRS 软件平台，是一个开放的遥感图像处理服务平台，提供了一个基于网络的地理信息处理服务框架，将常见的遥感图像处理服务功能采用通用的 Web Service 规范封装成地理信息处理服务，依赖后台的集群计算能力和并行框架支持，对外提供遥感图像处理服务。OpenRS 中的遥感影像处理服务在通用的 Web Services 规范的基础上进行了一定扩充，实现了一种支持运行状态监测的异步网络地理信息处理服务。OpenRS 作为一个开放的平台，允许用户将自己的处理算法上传至 OpenRS 平台发布成处理服务，实现与其他用户的共享。

（4）HiGIS 项目

国防科学技术大学研发的 HiGIS 软件平台，是一个可以提供高性能数据服务、计算服务和制图服务的地理信息系统。系统基于高性能计算集群，集成管理地理数据、地图、地理处理工具和流程，提供基于脚本的交互式制图服务，提供高性能的并行地理计算任务调度。HiGIS 平台同时也是地理信息服务框架，能够以 Web Services 规范发布和共享地理数据以及地图服务，支持用户以插件式方式扩展地理处理工具并发布为处理服务，能够为用户提供以 CartoCSS 脚本方式的 Web 交互式制图服务，允许用户通过 Web 共享 HiGIS 平台的数据、地图、工具和流程。

（5）GeoSquare 项目

武汉大学测绘遥感信息工程国家重点实验室开发的 GeoSquare 平台，是一个开放的地理信息资源的共享平台。该平台基于完整的 SOA 架构思想，提供了各种地理数据（包括矢量和栅格），地图数据服务，地理信息处理服务及模型的元信息注册、浏览、查询及访问。该项目致力于实现从地理信息数据、服务到知识的共享。当前，该项目中发布的地理信息处理服务的元信息主要来自于用户的注册，通过 GeoSquare 平台可以实现对已注册地理信息处理服务的访问与调用，同时能实现该地理信息处理服务在指定用户范围内的限制共享（龚健雅等，2012）。

（四）地理信息处理模型共享与服务

随着 Web 技术和基于服务的架构（Service-Oriented Architecture，SOA）的相关规范、技术及框架的成熟与发展，Web 服务已成为异构、分布式环境下实现空间信息共享和互操作的主流方案。然而，这些 GIS 服务大部分只能完成单一任务，实现简单功能，不能满足地理信息空间分析和处理的复杂要求。如何对地理信息服务进行组合建模，弥补单个 Web 服务功能上的孤立性，实现深层的集成和增值利用，是本领域的研究热点之一。

在此背景下，相关研究机构提出了 GIS 服务链的概念和理论，以指导 GIS 服务组合的研究和应用。ISO/TC211 联合 OGC，推出了 ISO19119 服务体系结构规范。该服务体系结构中明确定义了 GIS 服务链：即为了完成某一 GIS 功能所需 GIS 服务的执行顺序。该执行顺序要求相邻两个服务之间存在必要性，即第一个服务的执行结果是第二个服务执行开始的必要条件。GIS 服务链具有分布式跨平台、面向任务和松散耦合等特点。通过组合 GIS 服务，GIS 服务链具有更完整而强大的空间分析和处理能力，这种能力进一步通过 GIS 服务链模型的共享而得到最大程度的传播。因此，GIS 服务的组合与服务链模型的共享将极大地促进地理信息知识的产生，是地理信息计算科学发展的必然趋势。

OGC 和 ISO/TC211 提出了地理信息服务链 3 种类型（透明链、不透明链和半透明链），同时给出了地理信息服务的分类体系，为地理信息服务链的研究奠定了基础。其中，透明链需要用户负责组织服务链及调用服务，实现简单，但要求用户具备一定专业知识；不透明服务链将若干服务集成为一个独立单一的服务，面向用户屏蔽内部细节，这种方式用户控制范围小、灵活性低；半透明链要求用户预先定义服务链，将服务链的流程定义交给工作流引擎，由工作流引擎负责执行返回结果。

GIS 服务组合成链的方式分为两类：服务编制（Web Services Orchestration）和服务编排（Web Services Choreography）。服务编制方式强调服务链编制引擎的集中控制，每个原子服务只了解自身的输入和输出要求，并不知道其他原子服务的存在，由编制引擎负责协调原子服务间的协同工作，是一种松散耦合的服务链模式；服务编排方式要求每个原子服务必须了解它的前驱原子服务和后继原子服务，需要原子服务之间相互通信来共同完成服务链的任务，原子服务之间关系较为紧密。

针对服务组合的需求，工业界建立了一系列相关规范用来描述 Web 服务组合，包括：WS-BPEL（Web 服务业务流程执行语言）、WS-CDL（Web services Choreography Description Language）规范、IBM 的 WSFL、Microsoft 的 XLANG 等，为地理信息服务的组合提供了规范基础。其中，WS-CDL 是服务编排的描述规范，WSFL、XLANG 和 WS-BPEL 是服务编制的描述规范。在这些标准中，OASIS 的 WS-BPEL 现已成为最流行的服务组合标准。WS-BPEL 是一种 XML 编程语言，可以在业务流程执行环境所执行的 XML 文档中对业务流程进行描述。它依赖于许多现有的标准和技术，如 WSDL、XML 模式、Xpath、Web 服务寻址等。目前主流的支持服务组合的工作流引擎包括 Oracle BPEL Process Manager、WBI Server Foundation、BEA Integration、ActiveBPEL、JbossBPEL 等。

在上述相关定义、规范、技术及框架背景下，中国学者及机构围绕地理信息服务链在以下几个方面开展了研究。

1. 地理信息服务组合的支撑技术研究

地理数据共享和互操作服务的实施和应用面临各种技术非技术问题，如语义模糊、服务组合灵活性缺乏依据、服务异常难以处理等问题，Zhang 等（2012）结合服务计算、自主计算、策略管理及 OGC 地理信息服务规范，提出了一种地理信息服务协作模型 GEI&GAM，这种松散的两层服务模型促进了地理信息服务的智能表达，减少了用户干预，为地理信息公共服务平台中服务资源的松散集成、动态装配和管理提供一种新的方法。地理信息处理工作流数据密集，结构复杂且人工干预较少，为了协调地理信息处理工作流的有效运行，Yu 等（2012）设计了一种 BPEL 执行引擎 BPELPower，该引擎兼容 GML 和 OGC WPS 与 WFS 服务规范，支持 22 种工作流控制模式和 17 种数据流模式，有效地提高了工作流引擎的工作效率。龙凤鸣等（2012）针对地理信息服务的组合应用，提出面向任务的服务应用思想，探讨了面向任务思想在服务组合应用中的实用性，给地理信息服务组合应用提供了一种可行的方法。Yue 等（2010）对于可执行地理信息服务链的创建过程中所需的服务实例与数据的详细元数据问题，研究元数据追踪方法在服务链中生成并添加数据溯源的语义元数据，该方法不仅解决了地理数据溯源信息的自动记录，而且提供了一种使用语义进行地理数据溯源的更适合的方式。针对地理信息服务应用对不同粒度的服务组合及协调机制的需求，金宝轩（2010）研究提出了基于 Petri 网的地理信息服务组合建模的理论，能够为用户提供不同粒度的地理信息服务及服务组合，便于各个系统间的信息共享及互操作。刘书雷等（2007）提出了一种服务聚合中 QoS 全局最优服务选择算法，探讨了如何提高地理信息 Web 服务质量的评价模型与组合算法。

当前空间信息服务组合建模理论基础比较薄弱，模型表达能力有限并缺乏动态性，桂志鹏等（2009）提出了一种基于有向图和块结构的遥感空间信息服务链元模型 DDBASCM，设计并实现了遥感信息服务链可视化建模与执行平台，为基于服务链建模的遥感空间信息资源的增值利用提供了基础。王艳东等（2011）将 MDA 模型驱动技术引入到空间信息服务领域，提出一种基于 MDA 的空间信息服务组合建模方法，该方法有效描述了控制流和数据流，提高了组合模型的层次化程度，通过引入空间信息服务本体库，支持了服务资源的动态选择。Yue 等（2008）提出了从语义网方法中自动转化语义描述成为地理信息处理服务链中的语法描述的方法，实现了 OWL–S 到 BPEL 自动转换的原型工具，该方法促进了语义网技术在地理信息领域更广泛的应用，也为通用信息领域提供了一种有价值的方法。

2. 地理信息服务组合的框架研究

针对地理信息处理过程时间长、不可监测且难以定位错误的特点，You L 等（2012）研究提出一种支持实时状态监测的地理信息服务组合框架，该框架支持对地理信息服务链的实时监测，有效帮助用户发现服务链的性能瓶颈，为服务链模型的后续优化提供了准确依据。Sun 等（2012）研究提出了面向任务的地理信息处理服务链框架，该框架采用 Web 服务和工作流技术设计和执行任务，促进了用户需求的表达，支持任务执行的监测，并隐藏了复杂的技术细节。为了降低创建地理信息服务链的专业知识门槛，围绕地理信息服务链的生命周期，Wu HY 等（2011）提出了一种空间信息服务链的可视化工具，解决了服务链创建、验证、转换及部署过程中的难题。

现有的地理信息目录服务往往不能满足需求，Yue 等（2011）提出了一种语义支持的地理目录服务架构，通过对地理信息目录服务的 ebRIM 模型的元素扩展，对地理数据、服务及处理服务链的语义描述进行结构化存储、组织和注册，处理服务链模型可作为地理知识被发现、注册和搜索，该目录服务对于满足 CyberInfrastructure 中地理信息发现和分析需求有一定作用。

当前 GIS 服务资源丰富，但缺乏以用户需求为中心的，由轻量级客户端动态定制的 GIS 处理服务聚合流程的研究，张磊（2009）、张珊（2011）以 REST 式 GIS 服务资源为支撑，研究基于轻量级客户端实现 GIS 服务动态聚合所涉及的理论、方法和体系架构等方面的问题，这些方法对 GIS 服务聚合提供了一种新思路。针对如何合理、高效地组合地理信息服务，承达瑜等（2010）提出了一种用户参与组合的地理信息服务组合简化框架，该框架能够较快速地构建地理信息服务组合。左怀玉等（2009）提出非集中式的地理信息服务协同执行技术，在协同过程中分开调度数据流和控制流，提高多用户环境下地理信息服务协同效率。

3. 基于工作流技术的地理信息服务组合研究

地理信息处理工作流通常运行时间较长，采用普通的同步消息机制往往会超时无效，Zhao 等（2012）提出采用异步消息机制，针对如何构建异步地理信息处理工作流的方法进行了研究，该方法有效地解决了异步处理工作流的构建问题，具有灵活性和可用性。对于传感网环境下的 e-Science 应用，如何将传感系统、观测以及处理过程集成为一个地理处理的 e-Science 工作流模型是难题，Chen 等（2012）提出了一种基于 SensorML 过程链的地理信息处理工作流模型，该方法在传感器观测处理模型中集成了传感网资源，同时将逻辑过程和物理过程链接到复合的地理信息处理过程中，有效地创建了面向数据流的地理信息处理工作流 e-Science 模型，该方法解决了复杂观测任务需求时传感网资源的实时协同问题。传统 WPS 服务链的调用存在接口不匹配以及运行效率低下的问题，张建博等（2012）提出了基于图形工作流的空间信息服务链聚合模型，解决了以往空间信息服务应用于工作流的接口瓶颈问题，并通过改进的数据流调度策略提高了 OWS 服务链的执行效率。

4. 基于语义的地理信息服务组合研究

为了提高 Web 服务匹配的准确性，Ke CB 等（2012）研究提出了一种基于语义的 Web 服务自适应匹配方法，该方法利用了概念相似度和结构相似度的关系定义了一系列约束规则，通过约束规则自适应地重建本体树，该方法提高了匹配服务集的精确性。当前，基于单个服务的匹配选择方法忽略了组合服务中各原子服务之间的相互协作关系，容易导致服务组合的无效，罗安等（2011）提出了一种顾及上下文的空间信息服务组合语义匹配方法，该方法根据空间信息服务组合的特点，考虑了空间信息组合服务对内部抽象原子服务匹配的约束，以及匹配过程中各抽象原子服务上下文之间的相互影响，提高了空间信息服务链的准确有效性。针对时域、空间、专题、分辨率等多种语义相互关联所导致的遥感信息处理服务组合的准确性难题，朱庆等（2010）提出了一种基于语义匹配的遥感信息处理服务组合方法，该方法为遥感数据的高效处理提供了一种可行解决方案。

如何以 WSDL 为接口描述语言实现高效可靠的地理信息 Web 服务动态组合是当前 GIS 服务需要解决的问题之一，邬群勇等（2011）根据接口匹配和语义本体的思想，提出一种基于语义接口匹配的地理信息 Web 服务动态组合方法，该方法兼顾参数和语义两个层次对地理信息 Web 服务进行动态发现与组合，能够充分利用已有的服务资源，减少了用户交互操作和候选服务的数目，提高了服务选择和匹配的精确度和动态服务组合效率。李宏伟等（2008）提出了一种基于任务本体来解决 Web 服务组合问题的思路，能够满足用户在已有的 Web 服务中自动地找出能满足需要的所有服务组合方案，并通过服务组合执行匹配度的比较，求解出最佳服务组合方案，该思路对人机之间、机器和机器之间的语义理解具有一定的实用价值。

5. 基于 Agent 技术的地理信息服务组合研究

为了给用户提供智能化、一体化的网络地图服务，王强等（2010）提出基于 Agent 的地图服务聚合模型，该模型提高了地图服务的自动聚合和交互能力，为用户使用带来便利。针对分布式地理空间数据共享和互操作服务系统动态、灵活、快捷、有效、安全的应用需求，谢斌（2010）结合了语义本体、Agent、策略管理以及 OGC 空间信息服务技术，提出了"空间 E 机构—空间智能体"两层空间信息协同服务模型，该模型提升了空间信息服务协同的智能化表达和灵活管理能力，减少了人工干预，为促进地理信息服务资源的松耦集成、动态装配及管理调度等方面，提供了一种新的思路和实现途径。为了给用户提供智能集成的 Web 地图服务应用，Wang 等（2009）提出了基于 Agent 实现灵活的 WMS 服务聚合的方法，该方法为用户提供了 OGC WMS 服务的聚合能力。

6. 地理信息服务组合的应用研究

传统碳循环模型应用中存在数据处理量大、运算复杂、互操作性差、难以推广等问题，吴楠等（2012）采用 OGC WPS 标准以 SOA 设计了碳循环模型服务平台的整体架构，该平台的建立为我国碳循环模型研究的发展提供了技术支撑。为了促进北极圈的研究，Li 等（2011）结合知识方法、空间 Web 门户技术以及智能服务组合的推理机制，提出了一种北极 SDI（Spatial Data Infrastructure）的实现方法，促进了地理信息服务技术在全球气候环境变化研究领域的应用。为了满足复杂的在线空间处理任务需求如在线遥感影像融合处理，谢斌等（2011）在 Web 服务技术、OGC 规范和工作流技术的基础上，提出了具备流程编排能力的地理空间处理服务链框架，该框架使客户应用程序能够基于 Web 服务定制、部署，实现了在线的地理空间处理能力。将传感网服务集成进地理信息处理工作流是传感网应用的瓶颈，Chen 等（2010）提出了一种基于传感网数据服务的通用地理信息处理工作流框架，该框架的原型系统应用于火灾燥点探测，该框架有效地提高了传感数据检索和处理服务的质量。

由于工业界规范大多是面向 IT 的，地理信息服务组合的构建大多直接采用基于工业界规范的可视化建模方案，在描述形式上关注于底层实现细节（如消息编码、交互、服务描述等），模型语言复杂，需要用户对 XML 和 Web 服务规范族有深入的了解，对服务组合模型语言进行专门的学习，这些严重影响了 GIS 领域的非 Web 服务专家的用户对模型语言的直接使用。因此，国内部分科研机构开发了地理信息服务链的可视化建模软件以帮助用户创建地理信息服务链（组合）模型，具有代表性的有：①可视化地理信息服务组合建模工具 GeoChaining，它是地理信息共享与协同计算平台 GeoSquare 的组成部分之一，采用 GeoSquare 的数据与服务为资源池，支持通用 Web Services 和 OGC 的地理信息服务规范，兼容同步和异步的地理信息服务，内置服务链执行状态的实时监测机制。GeoChaining 是集空间信息服务链建模、验证、转化、部署、执行于一体的可视化环境，极大程度上降低了用户构造地理信息服务链的困难（Huayi Wu 等，2011）；②地理信息处理服务链框架 GeoPWTManager，该框架从用户需求出发，实现面向任务的地理信息处理服务链框架，支持地理信息处理工作流任务的可视化设计、监测和执行，封装了复杂的技术细节，减少了用户的学习成本（Sun 等，2012）；③地理计算引擎 Higine，支持地理计算并行算法和传统串行算法在集群服务器下的执行，实现对串、并行地理计算任务进行资源分配、计算调度、状态监控等功能，能够对复杂地理计算任务计算进行流程建模，支持多用户并发调用地理计算算法。

（五）公共地理信息服务平台

公共地理信息服务平台是针对政府、专业部门和企业对地理信息资源综合利用、高效服务的需求，依托测绘部门现有地理信息生产、更新与服务架构，以及国家投入运行的涉密与非涉密广域网物理链路，联通分布在全国各地的国家级、省级、市级地理信息资源，实现全国不同地区宏观、中观到微观地理信息资源的开发开放与 7×24 小时不间断的"一站式"服务。公共地理信息服务平台的"分建共享、联动更新、协同服务"的高效运维机制，全面提升了信息化条件下地理信息公共服务能力和水平（李德仁等，2009；曹建成等，2013）。

近年来，随着物联网、Web2.0、高性能计算以及空间对地观测技术的发展，公共地理信息服务平台可为各种用户提供多样、互动的服务。基于 Web Service 技术，采用 OGC 的相关标准，以 XML、SOAP、UDDI、WSDL、WSFL 等分布式计算技术为核心的服务平台可对各种空间信息资源进行发布，可提供在线服务，对多种服务进行组合，可加工提取更高级的信息，提供更多、更高智能化的空间信息服务（李德仁等，2010；张永生，2011）。同时，从面向空间数据的共享发展到面向空间信息服务的共享集成，选择 B/S 的分布式系统架构，基于多级异构空间数据库的地理信息公共服务机制，实现为社会各部门提供空间参考和地理位置等基础服务的公共地理信息平台（李德仁等，2008；徐开明等，2008）。

实现公共地理信息平台的主要技术有 SOA 模型（陈军等，2009；王艳军等，2012）、OGC 的目录服务参考框架模型（张涛，2010）、分布式地理地理资源共享集成（杨慧等，2009）、网络地理要素的更新维护、网络空间分析服务等方法。在 SOA 中，地理信息公共平台提供一站式服务，即服务提供者也可以定制和使用服务，服务使用者也可以向平台注册和发布自定义服务（徐开明等，2009；刘卫等，2012）。在开放地理信息和互操作方面，OGC 已经制定了 WMS（Web Map Service，网络地图服务）、WFS（Web Feature Service，网络要素服务）、WCS（Web Coverage Service，网络覆盖服务）和 WPS（Web Processing

Service，网络处理服务）等标准（周耀学等，2011；兰钰等，2012），提供了地理信息向可方便访问和操作的 Web Service 转换的解决方案，并针对地图服务，制订了一系列的空间过滤、规范和地理处理规范等；OGC 提出目录服务（Catalogue Service）规范（张涛，2010），从抽象层次定义统一的接口，使得按该接口规范开发的目录服务可以在分布和异构的环境中执行地理元数据的搜索、浏览和查询操作；分布式地理资源融合集成是普适地理信息（史云飞等，2009）及公共平台的基础和目标，能够实现线性传递链状、共建共享星状和 Web2.0 网状等空间信息服务模式（孙庆辉等，2009）应用。

近几年，各地数字城市地理信息公共服务平台建设在如火如荼地展开，涌现出很多平台建设与运行的案例。据不完全统计，目前已初步建成国家主节点，已有 23 个省级分节点地理信息公共服务平台公众版上线，占省级分节点的 74%，经济较为发达区域也已经开始着手建设区域性的地理信息公共服务平台。

截至 2013 年 6 月底，已有 310 多个地级市、150 多个县级市开展了数字城市地理空间框架建设工作，其中 170 多个地级以上城市建成并投入使用。全国累计开发了涉及国土、规划、房产、公安、消防、环保、卫生等几十个领域，2000 多个应用系统。数字城市地理空间框架建设的核心内容是"一库、一平台、一机制、若干应用"。一库是指建立城市的基础地理信息数据库，一平台是指搭建可共享的地理信息公共平台，一机制是指形成一套保障更新维护运行的长效机制，若干应用是指在城市的国土、规划、房产、公安等领域开展若干典型应用示范。数字城市地理空间框架建设成果已在政府决策、公共管理民生工程、产业发展等方面发挥了重要作用，成为城市经济社会发展和信息化建设工作中不可缺少的重要基础，随着建设的深入和成果的丰富，将对城市的建设发展、社会民生产生更大的作用和影响。

当前，"智慧城市"建设在我国引起广泛重视。在"智慧城市"建设中，公共地理信息平台建设成为基本的内容。住房和城乡建设部自 2012 年以来在全国启动了国家智慧城市建设试点工作，在发布的国家智慧城市建设试点指标体系中，智慧城市公共信息平台被确定为必须建设的内容。中国城市科学研究会为此组织编制了《智慧城市公共信息平台建设指南（试行）》（中国城市科学研究会，2013）。国家测绘地理信息局目前正在开展"智慧城市"时空信息云平台建设试点工作，并出台相应的技术指南。

全国已有 112 个城市（区）开展了数字城市建设试点和推广工作（李静等，2013）。例如，2009 年 8 月，由四川省人民政府和国家测绘地理信息局共同投资，四川测绘局和中国测绘科学研究院共同承建的四川省地理空间信息公共平台一期工程——四川省地理空间信息公共平台门户网站正式开通使用。该平台以西部测图工程和四川省地理空间基础框架建设项目的成果数据为基础数据源，整合了四川省基础地理信息中心的现有数据，完成了分类数据库的建设，初步搭建起覆盖全省的地理空间信息基础框架，为"数字四川"地理空间基础设施建设以及全省的信息化建设工作奠定了基础。整个四川省地理空间信息公共平台建成后，将能够满足四川省各级政府、部门以及社会公众对地理空间信息的全面需求（王芳、张旭，2011）。

作为国家地理信息公共服务平台的公众版，"天地图"于2010年4月启动建设，并于2011年1月18日正式开通。它是由国家测绘地理信息局主导建设，为政府、企业和社会大众提供权威、统一的地理信息服务的网站，可以提供24小时不间断的"一站式"的地理信息服务。天地图数据库聚合了全国30TB的地理信息数据资源，容纳了覆盖全球的1∶100万矢量数据和500m分辨率的卫星遥感影像、覆盖全国的1∶25万公众版地图数据以及2.5m分辨率的卫星遥感影像，覆盖300多个地级以上城市的0.6m分辨率的卫星遥感影像等，是目前中国区域内的数据资源最丰富的地理信息系统网站。

另外，"天地图"已与多个省级分节点的公众版平台进行了联通，并在全国灾情地理信息系统中率先应用，实现了灾情专题数据与天地图地图服务的聚合服务。目前黑龙江、陕西、甘肃、山西、山东、湖北、江苏、江西、浙江、安徽、广东、广西、云南等各省也都相继开展了各省区基础地理信息公共平台的建设工作，并取得了一定的成效。

"天地图"的建设与运行，实现了跨地区多尺度地理信息数据资源的集成共享与服务，其权威、准确、统一、丰富的地图服务资源，为各种各样的分布式应用提供了基础。例如，基于"天地图"的应急影像地图快速制图系统，为突发事件快速响应提供重要技术支撑（梅洋等，2011）；基于"天地图"数据服务，在WEBGIS应用中将地震行业中的相关数据叠加，实现地震信息速报发布（董星宏等，2011）；将"天地图"的影像数据加载平台运用到地震信息发布工作中，根据现场资料建立三维模型，展现地震灾区灾前、灾后信息变化，给有关领导和部门机构提供及时准确的灾区信息，为及时抢险救灾提供了决策支持（邱海江，2012）。

地理信息共享与服务的技术还广泛地应用于科学数据的共享，为地理科学和相关科学的研究提供地理信息基础设施。诸云强等（2009、2010、2012）采用"元数据集中管理、数据体分散存储"的技术策略和面向SOA架构的分布式数据共享平台，实现了分布式地球系统科学数据共享平台。阚瑷珂等（2012）基于"数据—功能—用户"视图理念，应用Web Services技术与地理信息技术，建立了大型综合地学科研项目数据汇交、管理与共享的在线信息服务平台。苗立志（2012）通过引入OPeNDAP（网络数据访问协议开源项目）协议，设计了基于OPeNDAP的地球科学数据共享概念框架，提出了面向地球系统数据记录的数据共享系统体系结构及其工作流程。南卓铜等（2010）采用ASP和ArcIMS集成方案，设计并实现了中国西部环境与生态科学数据中心在线共享平台。为了满足科学数据共享的业务发展需求，王亮绪等（2010）基于B2C架构，设计并实现了一套基于B2C架构的科学数据共享系统。

（六）其他

随着地理信息服务的不断扩展与更深入应用，地理信息服务质量（Quality of Geospatial Information Service，QoGIS）的研究也逐渐展开。为了促进地理空间信息服务的广泛应用，章汉武等（2012）在分析商业服务质量与软件质量评价研究成果的基础上，对服务质量评价的概念、地理空间信息服务质量评价的分类、地理空间信息服务执行质量评价的概念与方法等问题进行了全面的描述，为地理空间信息服务质量评价过程的标准化与支持技术的成熟起到一定推动作用。为了解决目前地理信息服务质量量化评价的问题，葛文等（2012）构建了一种基于用户偏好的多维地理信息服务质量评价模型，该模型实现了地理信息服务质量的量化评价为用户准确发现最优地理信息服务提供了保障。

在 SOA 和 Web 服务基础上发展起来的 OWS 框架缺乏对服务质量的支持，章汉武等（2011）借鉴了 Web Services 服务质量、数据服务质量及商业服务质量的研究成果，提出了 Q-OWS 框架，在 OWS 的基础上增加了对服务质量描述与基于服务质量发布、发现与选择的能力，对 OWS 研究的深化与扩展起到了一定作用。Web 地图服务（WMS）的质量直接关系着地图数据是否可用，尤其当在线地图数据来自多个 WMS 服务时，WMS 的质量问题尤为明显。Wu 等（2011）提出了 WMS 资源的监测机制和质量评估模型，考虑到了 WMS 服务在注册、搜索及绑定时的质量因素，提高了 Web 地图服务在线组合的效率，有利于基于地图数据的决策支持应用。

针对当前对地理空间信息服务质量关注的缺乏，章汉武等（2010）在 Internet QoS、Web Services 服务质量、商业服务质量等相关领域研究的基础上，阐述了质量、服务、服务质量的定义及内涵，提出了地理空间信息服务质量的参考模型，该模型涵盖了地理空间信息服务质量的各种基本概念、角色与活动，促进了地理信息服务质量的基础理论研究。为适应当前地理信息服务的深层次、宽口径、多需求的应用，黄全义等（2009）提出主动式地理信息服务质量（QoAGIS）评估指标的概念，设计给出 QoAGIS 评估的逻辑结构与指标，改变了传统地理信息服务的全被动式特征，同时结合服务质量评估系统给出了服务综合评估指标，实现了服务使用者对地理信息服务的可预知性与可最优选择性。

Li 等（2012）以博弈论为基础，研究提出了服务 QoS 约束方法，目的是解决地理信息服务链在大规模并发用户时产生的资源问题。针对当前 OGC 互操作标准未提供 QoS 支持的现状，宋现锋等（2010）对 OGC 服务标准进行了 QoS 扩展，提出了一种基于遗传算法、具有全局 QoS 约束的最优化服务选择方法，该方法有效地实现了候选服务的 QoS 最优选择，且时间复杂度近似线性。

三、发展趋势与展望

地理信息共享与服务领域的发展是和信息技术、网络技术、通信技术的发展分不开的。近几年来，信息技术的发展呈现几个趋势：高性能计算的回归与云计算技术的出现、移动网络的快速发展、社会化网络与众包技术、传感网技术、语义与知识网络的提升，特别是移动智能终端的普及导致信息输送的速度和广大达到了前所未有的程度，这无疑为地理信息共享与服务的发展带来了广阔的发展空间。

（一）实时和动态数据服务

近年来，无论在技术上还是在思想观念和管理方法上，地理数据的共享已经完成了从离线数据共享到在线数据的转变。从国家到各个省市的基础地理信息共享，测绘系统都已经围绕"天地图"的数据服务架构，实现了多级纵向和横向的数据共享。其他的行业部门，如公安、交通、国土等，要么建立了自己的共享体系，要么横向贯通，使用测绘系统共享的基础数据，或者互相调用数据服务。

同时，国家测绘局已经于2012年开始酝酿，并在部分城市开展试点，建设"智慧城市"时空信息云平台。建设"智慧城市"时空信息云的最低目标就是要提供由传感器获取的实时和动态的地理数据服务，为"智慧城市"的决策服务。未来地理数据共享的趋势就是，从单纯的空间数据发展到时空数据共享，从静态地理数据的共享到广泛连接传感网的实时动态数据的共享与服务。

（二）地理信息处理与模型服务

目前，单纯的数据服务还是地理信息共享与服务的主要组成部分，但是随着数据量的增加以及计算量的增加，以地理信息处理服务为基本资源，地理信息处理组合模型为扩展的服务模式将逐渐成为地理信息共享与服务的主流。

未来在这个方向的研究将集中在以下几个方面：

1）将各种算法的实现从目前的单机运行程序移植为 Web Service 的方式，部署在各种服务器上，提供在线使用。

2）如何设计与实现基于 Web 的可视化算法服务组合工具，让专业用户更容易建立模型，让非专业用户更容易使用模型。

3）异构地理信息处理服务的同步方法。

4）在地理处理服务中，需要数据的输入和输出，如何优化数据和算法的分布与迁移，是数据处理服务规模化使用的基础。

5）交互、质量监控与可视化：在分布环境下，用户更迫切地需要随时了解处理服务和模型运行过程的信息。服务质量、交互、可视化使得用户：在运行前，可以估计运行的过程；运行中，可以了解运行的进展；运行后，可以直接看到运行的结果。

（三）高性能与云地理信息服务

高性能和云计算大规模用于地理计算虽然才起步，但这是未来的发展方向。基于高性能计算架构的新型地理信息系统平台将以高效实现复杂地理空间信息处理与应用为目标，通过采用可扩展并行处理架构，将基于集群/多核/众核的并行处理技术融入到海量空间数据组织与管理、复杂空间分析与处理、大规模空间数据并行可视化与制图等 GIS 的核心功能中，将基于桌面计算的传统地理信息系统提升为基于高性能计算的服务化地理计算平台，可为以网络为基础，以数据为驱动，以计算为核心，以空间决策支持为目标的新型地理空间信息应用奠定核心技术与平台支撑。

依托高性能地理信息服务平台，不但可提升现有地理空间数据的共享水平，还可大幅扩展现有空间分析和地理计算算法成果的共享与应用范围，在高性能计算支撑下，除地理数据和计算外，制图和可视化也能够以服务的方式高效提供。利用高性能地理计算平台及其技术，不但可集成现有的多类型空间分析和地理计算并行算法，而且其建立的算法运行、集成和扩展机制，可方便地集成第三方研发的各类串行、并行扩展算法。用户通过平台提供的工具，可将按照接口规范自主研制的算法安装、注册到平台中，也可对现有算法成果进行一定的接口改造，并部署、注册到平台中，即可利用平台提供的数据接口、计算引擎和可视化功能完成算法的调用、运行、查看和应用开发支持，从而可让众多平台用户直接利用已有算法成果，支持形成各领域、各方面的新应用。

（四）社会网络和志愿者 GIS

社会化网络，也称为社交网络（Social Network），目前正处于研究的热点。社会化网络的本质是提供一个在人群中分享兴趣、爱好、状态和活动等信息的在线平台。新浪、腾讯、搜狐等公司都开设了各自的社交网络平台，用户数目处于急速上升状态。社交网络是继互联网搜索引擎后的又一次重大的技术进步，已经开始对社会产生巨大影响。

社会化网络的兴起为泛在的地理信息获取与共享提供了良好平台。随着智能移动终端及位置感知设备的普及，地理信息在社会化网络中的影响逐渐深入，随之带来了大量崭新的研究和应用机会，例如基于位置的服务、轨迹信息管理与挖掘等。社会化网络与位置感知技术的结合带来了大量新的时空数据，尤其是目标位置和轨迹数据，如何利用这些时空数据来更好地挖掘用户兴趣，乃至分析社会行为和现象，不仅共享由此产生的各类信息，而且共享由此得出的各类知识，是当前重要的研究课题。

除了社会化网络中无意识地采集了地理数据外，集大众用户的志愿，有意识地通过众包方式活得各类地理数据将是未来的研究重点之一，获取的这些信息不仅包括 OpenStreetMap 这样的直接的地理位置数据，还有天气、生物、航班、景点、灾害、出租车、餐饮等带有位置属性的专题信息，并同时实时和移动互联网的用户分享，如"墨迹天气"允许移动用户上传各地实时天气的图片，与其他用户实时共享。

（五）地理服务网络与基于服务的地理信息科学

通信技术特别是移动通信与服务技术的提高，使得信息的穿透力达到了前所未有的高度。无论终端用户是谁，不管终端用户在哪里或者在什么时间，把地理位置相关的数据、信息和知识传递到终端用户的成本越来越低。同时，各种智能移动终端的出现，使得终端用户与地理信息的服务无缝粘连，不再受到时间和空间的限制。在数据层，通过传感网或者志愿者 GIS 获得的实时地理信息越来越丰富和系统性；在服务层，各种高性能的计算能力和新型的计算模式，如云计算，使得从数据到信息再到知识的实时计算处理并服务称为可能；在应用层，用户在享受越来越多的地理信息服务后，同时又对地理信息的应用提出更高的需求。这样，从后端到前端，形成了一个从数据的获取、处理到知识的完整链路，地理信息源源不断地为终端用户服务。

因此，未来的地理信息共享不仅仅是数据、信息和知识本身的交互、递进和演化过程，所有的服务提供者、用户也都成为了这个共享的一部分，一个用户提供的知识（模型）可以是另外一个用户的模型的一部分，同一个服务可以有多个提供者，同一个服务可以有很多直接和间接的用户。这样一个从数据获取一直延伸到决策支持的网络，就是地理空间服务网络（Geospatial Service Web, GSW；龚健雅等，2012；Gong et al., 2012）。地理空间服务网络的逐渐成形，代表了地理信息的共享与服务已经打破时间和空间的限制，穿透到每个人每天的生活，它将带动地理信息共享与服务的更多的突破性进展。

同时，地理服务网络也将改变地理科学研究的模式。未来的地理科学在很大的程度上依赖数据，而大数据不可以人人都拥有，必须通过广泛的共享来实现，而这个共享是通过实时、在线的服务提供的。因此，I. Foster 提出"基于服务的科学"（Service Oriented Science）的概念（Foster, 2005），在地理科学的研究中将在以地理服务网络为主体的地理空间基础设施（Geospatial CyberInfrastructure, GCI）的基础上，由众多学者、学生、学校、研究机构等共享、维护、推进的基于服务的地理信息科学（Service Oriented Geographic Information Science）。

参 考 文 献

[1] 曹建成，王凯. 陕西省地理信息公共服务平台总体设计［J］，测绘技术装备，2013, 15（1）：3-6.

[2] 曹建成，王凯，王乃生."天地图"服务聚合技术研究［J］. 测绘与地理空间信息，2013, 36（3）：77-79.

[3] 陈能成，狄黎平，龚健雅，等. 基于 Web 目录服务的地学传感器观测服务注册和搜索［J］. 遥感学报，2008, 12（3）：411-419.

[4] 陈能成. 基于 Web 目录服务的地学传感器观测服务注册和搜索［J］. 遥感学报，2008, 12（3）：411-419.

[5] 陈能成，王晓蕾，王超. 对地观测语义传感网的进展与挑战［J］. 地球信息科学学报，2012, 14（6）：673-680.

[6] 承达瑜，王发良，周治武，等. 基于 BPEL 的地理信息服务组合研究与实现［J］. 测绘科学，2010, 35（6）：259-261.

[7] 陈军，蒋捷，周旭，等. 地理信息公共服务平台的总体技术设计研究［J］. 地理信息世界，2009, 7（3）：7-11, 36.

[8] 邓红帅，李国庆，于文洋. 基于 WPS 的空间计算网格技术研究［J］. 计算机工程与设计，2012, 33（11）：4041-4047.

[9] 董星宏，和朝霞，段锋."天地图"在地震行业中的应用初探［J］. 地震研究，2011, 34（4）：552-557.

［10］范协裕，任应超，唐建智，等. 基于 OGC 数据服务的空间信息处理服务平台［J］. 计算机应用研究，2012, 29（9）: 3362, 3261, 0061.

［11］高昂，陈荣国，张明波，等. 空间数据网络处理服务模型及关键技术［J］. 计算机工程与应用，2009, 45（25）.

［12］龚健雅，高文秀. 地理信息共享与互操作技术及标准［J］. 地理信息世界，2006, 4（3）: 18-27.

［13］龚健雅，吴华意，张彤. 对地观测数据、空间信息和地学知识的共享［J］. 测绘地理信息，2012, 37（5）: 10-12.

［14］桂志鹏，吴华意，朱欣焰，等. 遥感空间信息服务链可视化建模与执行［J］. 天津大学学报，2009, 42（E）: 190-194.

［15］阚瑷珂，朱利东，汤晶，等. 服务于大型综合地学科研项目的在线数据支撑平台［J］. 地球学报，2012, 01: 91-97.

［16］胡楚丽，陈家赢，陈能成，等. 传感器建模语（Sensor ML）在南极中山气象站的应用［J］. 测绘通报，2010, 10: 31-34.

［17］胡腾波. 基于 GML 的 WebGIS 空间数据互操作研究［D］. 金华: 浙江师范大学，2009.

［18］蒋锐，宋焕斌，朱杰勇. 基于 SensorWeb 的矿山地质灾害监测预警［J］. 金属矿山，2010, 411: 162-165.

［19］蒋永国. 面向传感网的海洋观测数据集成关键技术研究［D］. 青岛: 中国海洋大学，2010.

［20］金宝轩. 基于 Petri 网的地理信息服务组合模型研究［J］. 测绘科学，2010, 35（3）: 125-128.

［21］兰钰，廖明伟，欧立业. 数字城市地理信息公共服务平台建设与应用研究［J］. 测绘通报，2012,（增刊）: 664-666.

［22］李德仁，黄俊华，邵振峰. 面向服务的数字城市共享平台框架的设计与实现［J］. 武汉大学学报（信息科学版），2008, 33（9）: 881-885.

［23］李德仁，邵振峰. 论新地理信息时代［J］. 中国科学 F 辑: 信息科学，2009, 39（6）: 570-587.

［24］李德仁，邵振峰. 论天地一体化对地观测网与新地理信息时代［C］// 中 W 测绘学会第九次全国会员代表大会暨学会成立 50 周年纪念大会论文集. 北京: 中国测绘学会，2009.

［25］李德仁，龚健雅，邵振峰. 从数字地球到智慧地球［J］. 武汉大学学报（信息科学版），2010, 35（2）: 127-132.

［26］李德仁. 论空天地一体化对地观测网络［J］. 地球信息科学学报，2012, 14（4）: 419-425.

［27］李宏伟，袁永华，孟婵媛. 基于任务本体的地理信息 Web 服务组合研究［J］. 计算机应用与软件，2008, 25（7）: 165-166, 176.

［28］李静，罗灵军. 省级地理信息公共服务平台保障体系建设［J］. 地理空间信息，2013, 11（3）: 9-11.

［29］刘书雷，刘云翔，张帆，等. 一种服务聚合中 QoS 全局最优服务选择算法［J］. 软件学报，2007, 18（3）: 646-656.

［30］刘晓丽，孙伟，赵占杰，等. 一种基于插件结构的可扩展 WPS 服务平台［J］. 测绘科学，2013, 38（3）: 187-189.

［31］刘卫，曾哲，周婷婷. 县级市地理信息公共服务平台建设——基于 SOA 架构和资源集中服务模式［J］. 测绘与空间地理信息，2012, 35（11）: 4-7.

［32］龙凤鸣，李成名，袁学旺. 面向任务的 GIS 服务应用研究［J］. 测绘通报，2012, 10: 33.

［33］罗安，王艳东，龚健雅. 顾及上下文的空间信息服务组合语义匹配方法［J］. 武汉大学学报（信息科学版），2011, 36（3）: 368-372.

［34］梅洋，赵勇，彭震中，等. 基于天地图的应急影像地图快速制作研究［J］. 测绘通报，2012（3）: 32-35.

［35］蒙智敏，熊伟，陈宏盛，等. 分布式空间数据库集成访问技术［J］. 微型机与应用，2010, 29（24）: 12-15.

［36］苗立志，李振龙，李晶，等. 基于 OPeNDAP 的地球科学数据共享原型系统与应用［J］. 南京邮电大学学报（自然科学版），2012, 32（1）: 84-88.

［37］南卓铜，李新，王亮绪，等. 中国西部环境与生态科学数据中心在线共享平台的设计与实现［J］. 冰川冻土，2010, 32,（5）: 970-975.

［38］邱海江. 天地图在地震信息发布中的应用［J］. 微计算机与应用，2012, 31（21）: 71-72.

［39］沈春山，吴仲城，蔡永娟，等．面向广泛互操作的传感数据模型研究［J］．小型微型计算机系统，2010，31（6）：1046-1052.

［40］史云飞，李霖，张玲玲．普适地理信息框架及其核心内容研究［J］．武汉大学学报（信息科学版），2009，34（2）：150-153.

［41］宋现锋，刘军志．QoS 支持下的 GIS 服务链最优化问题研究［J］．电子科技大学学报，2010，39（2）：298-301.

［42］孙庆辉，王家耀，钟大伟，等．空间信息服务模式研究［J］．武汉大学学报（信息科学版），2009，34（3）：344-347.

［43］孙雨，李国庆，黄震春．基于 OGC WPS 标准的处理服务实现研究．计算机科学，2009，36（8），86-88，137.

［44］王建国．种新型的传感器 WEB 标准传感器 WEB 整合框架［J］．型微型计算机系统，2008，29（9）：1647-1651.

［45］王建国，阳叶．基于 SWE 的无线传感观测服务研究与实现［J］．算机与数字工程，2010，38（2）：137-140.

［46］王亮绪，吴立宗，南卓铜，等．开源技术在地球科学数据中心中的应用［J］．中国科技资源导刊，2010，42（3）：17-23.

［47］王艳东，黄定磊，罗安，等．利用 MDA 进行空间信息服务组合建模［J］．武汉大学学报（信息科学版），2011，36（5）：514-518.

［48］王艳军，邵振峰．面向服务的地理信息公共平台关键技术研究［J］．测绘科学，2012，37（3）：160-162.

［49］王强，王家耀，郭建忠．基于 Agent 的网络地图服务聚合模型［J］．Computer Engineering，2010，36（4），281-282.

［50］邬群勇，许贤彬，王钦敏．一种语义接口匹配的地理信息 Web 服务动态组合方法［J］．福州大学学报（自然科学版），2011，39（5）：699-706.

［51］吴华意，刘哲，徐开明．地理信息服务集成的级联模式及其应用［J］．测绘科学，2010，35（6）：212-214.

［52］吴楠，何洪林，张黎等．基于 OGC WPS 的碳循环模型服务平台的设计与实现［J］．地球信息科学学报，2012，14（3）：320-326.

［53］谢斌，俞乐，张登荣．基于 GIS 服务链的遥感影像分布式融合处理［J］．国土资源遥感，2011，23（1）：138-142.

［54］徐开明，吴华意，龚健雅．基于多级异构空间数据库的地理信息公共服务机制［J］．武汉大学学报（信息科学版），2008，33（4）：402-404.

［55］徐开明，吴华意．地理信息公共服务平台的用户分类及服务分类［J］．地理信息世界，2009（3）：12-16.

［56］徐卓揆．基于 HTML5、Ajax 和 Web Service 的 WebGIS 研究［J］．测绘科学，2012，37（1）：145-147.

［57］杨慧，盛业华，温永宁，等．基于 Web Services 的地理模型分布式共享方法［J］．武汉大学学报（信息科学版），2009，34（02）：142-145.

［58］张登荣，俞乐，邓超，等．基于 OGC WPS 的 Web 环境遥感图像处理技术研究［J］．浙江大学学报（工学版），2008，42（7）：1184-1188.

［59］章汉武，龚俊，吴华意．地理空间信息服务质量评价的概念与方法［J］．测绘科学，2012，37（1）：161-164.

［60］章汉武，胡月明，吴华意．支持地理空间信息服务质量的 OWS 框架扩展［J］．测绘科学，2011，36（4）：148-150，130.

［61］张建博，刘纪平，王蓓．图形工作流驱动的空间信息服务链研究［J］．计算机研究与发展，2012，49（6）：1357-1362.

［62］张秋义，王春卿，郭建坤，等．我国地理信息产业标准化的分析与对策研究［J］．地球信息科学学报，2012，14（2）：143-148.

［63］张珊．REST 式 GIS 服务聚合研究及软件开发［D］，上海：华东师范大学，2011.

［64］ 张磊. 基于 REST 的空间信息服务关键技术研究［D］. 武汉：武汉大学，2009.

［65］ 张涛. 面向服务的城市基础地理信息元数据目录系统研究与实现［J］. 测绘科学，2010，35（3）：213–215.

［66］ 张小溪，刘定生，李国庆. 空间信息网格中异步 Web 计算服务设计与实现［J］. GIS 技术. 2009，6.

［67］ 张永生. 现场直播式地理空间信息服务的构思与体系［J］. 测绘学报，2011，40（1）：1–4.

［68］ 曾宣皓，张旭，李凡，等. 基于自然保护区传感器网络的整合架构设计［J］. 林业科学研究，2008，2（增刊）：126–129.

［69］ 曾宣皓. 面向林业监测的 Sensor Web 研究与成用［D］. 北京：中国林业科学研究院，2009.

［70］ 周耀学，卫东，邱文. 省级地理信息公共服务平台服务体系建设［J］. 测绘通报，2011，（8）：23–25.

［71］ 朱庆，杨晓霞，李海峰. 基于语义匹配的遥感信息处理服务组合方法［J］. 武汉大学学报：信息科学版，2010，35（4）：384–387.

［72］ 朱秀丽，李莉.《地理信息标准化体系》解读［J］. 中国科技成果，2012，（1）：34–26.

［73］ 诸云强，冯敏，宋佳，等. 基于 SOA 的地球系统科学数据共享平台架构设计与实现［J］. 地球信息科学学报，2009，11（1）：1–7.

［74］ 诸云强，孙九林，廖顺宝，等. 地球系统科学数据共享研究与实践［J］. 地球信息科学学报，2010，12（1）：1–7.

［75］ 诸云强，宋佳，冯敏，等. 地球系统科学数据共享软件研究与发展［J］. 中国科技资源导刊，2012，44（6）：11–16.

［76］ 左怀玉，景宁，唐宇，等. 一种分散式空间服务网络模型［J］. 系统工程与电子技术. 2009，31（6）：1480–1484.

［77］ Botts M, OpenGeo Sensor Web Enablement（SWE）Suite（R）［C］// OpenGeo White Papers，2011.

［78］ Chen N, Di L, Yu G, et al. Geo–processing workflow driven wildfire hot pixel detection under sensor web environment［J］.Computer & Geoscience，2010，36（3）：363–372.

［79］ Chen N and Hu C. A sharable and interoperable meta–model for atmospheric satellite sensors a nd observations［J］. IEEE Journal of Selected Topics in Applied Earth Observation and Remote Sensing. 2012，5（5）：1519–1530.

［80］ Chen N, Hu C, Chen Y, et al. Using SensorML to construct a geoprocessing e–Science workflow model under a sensor web environment［J］. Computers & Geosciences, 2012, 47：119–129.

［81］ Di L., Moe K. and Yu G.. Metadata requirements analysis for the emerging Sensor Web［J］. International Journal of Digital Earth，2009，2：3–17.

［82］ Ke C, Huang Z. Self–adaptive semantic web service matching method［J］. Knowledge–Based Systems, 2012, 35：41–48.

［83］ Li H, Zhu Q, Yang X, et al. Geo–information processing service composition for concurrent tasks：A QoS–aware game theory approach［J］. Computers & Geosciences, 2012, 47：46–59.

［84］ Li W, Yang C, Nebert D, et al. Semantic–based web service discovery and chaining for building an Arctic spatial data infrastructure［J］. Computers & Geosciences, 2011, 37（11）：1752–1762.

［85］ Li XY, Di LP, Han WG, et al. Sharing geoscience algorithms in a Web service–oriented environment（GRASS GIS example）［J］. Computers & Geosciences, 2010, 36：1060–1068.

［86］ You L, Gui ZP, Shen SY, et al. A geospatial web services composition framework supporting real–time status monitoring［C］// Ispks Annals of the Photogrammltry，Remote Sensing and Spatial Information Sciences，2012.

［87］ Yue P, Gong J, Di L, et al. GeoPW：towards the geospatial processing web［C］//Web and Wireless Geographical Information Systems. 2009.

［88］ Yue P, Gong J, Di L. Augmenting geospatial data provenance through metadata tracking in geospatial service chaining［J］. Computers & Geosciences, 2010, 36（3）：270–281.

［89］ Yue P, Gong J, Di L, et al. Integrating semantic web technologies and geospatial catalog services for geospatial information discovery and processing in cyberinfrastructure［J］. GeoInformatica, 2011, 15（2）：273–303.

［90］ Yue P, Gong J, Di L. Automatic transformation from semantic description to syntactic specification for geo–processing service chains [M] //Web and Wireless Geographical Information Systems. Springer Berlin Heidelberg, 2008: 50–62.

[91] Sun Z, Yue P, Di L. GeoPWTManager: a task–oriented web geoprocessing system [J]. Computers & Geosciences, 2012, 47: 34–45.

[92] Wang Q, Wang J. Intelligent Web Map Service Aggregation [C]. Computational Intelligence and Natural Computing, 2009.

[93] Wu HY, Li ZL, Zhang HW, et al, Monitoring and Evaluating Web Map Service Resources for Optimizing Map Composition over the Internet to Support Decision Making [J], Computers and Geosciences, 2011, 37 (4): 485–494.

[94] Yu G E, Zhao P, Di L, et al. BPELPower—A BPEL execution engine for geospatial web services [J]. Computers & Geosciences, 2012, 47: 87–101.

[95] Zhang D, Xie B, Wu Y, et al. A Two–Level Geospatial Information Services Collaborative Model [M] //Advances in Computational Environment Science. Springer Berlin Heidelberg, 2012: 119~127.

[96] Zhao P, Di L, Yu G. Building asynchronous geospatial processing workflows with web services [J]. Computers & Geosciences, 2012, 39: 34–41.

[97] Zheng WF, Mao F, Zhou WS, et al. The Third Party Logistics Geospatial Information Services Based on WPS [C] // Second IITA International Conference on Geoscience and Remote Sensing. 2010.

撰稿人：景　宁　吴华意　王　丹

地理信息可视化与虚拟地理环境进展研究

一、引言

视觉是理解空间最有用的感觉，因此地图和地理信息系统在很大程度上也凭借视觉表现（可视化）提供更为丰富逼真（具有相片质感）的信息。地理信息可视化的本质是将抽象的数据形式转换为可视的图形形式，并允许用户通过交互的方式来观察数据中的细节信息，获取数据中的隐含信息和知识。地理信息可视化的目的是扩展人类对信息空间的感知通道，其核心任务是如何将地理时空数据转换到视觉空间，在有限的视觉空间最大程度地展现数据空间中的信息和知识。纸质地图是传统地理信息可视化最基本的形式，而这种地图最大的局限就在于时间维和第三维的表达。近年来，我国在地上下、室内外一体化的大规模真三维复杂地理信息的高性能自适应可视化、虚拟地理环境的动态分析及地理过程模拟、虚拟数字战场环境和数字地球等领域取得了一系列卓有特色的研究成果，国际交流与合作日益频繁，学科队伍不断壮大，国际影响力与日俱增。随着高性能可视化技术和自适应可视化技术的发展，二维矢量地图、遥感影像和三维地形表面模型的混合可视化已成为习以为常的基本导航定位方式（李德仁，2010）。Google Earth 之类的"数字地球"让人们真正看到了一个计算机里"立体化"、"逼真化"的世界，并从此改变了人们与信息交互的方式（Butler，2006）。展望未来，随着传感网和信息通信技术的发展，计算机世界和现实世界之间的联系日益紧密，我们要努力推进地理信息可视化从二维地图可视化、三维 GIS 可视化到四维虚拟地理环境的纵深发展（朱庆，2011），加快实现地图表达、GIS 空间分析和虚拟地理环境过程模拟的有机集成（Goodchild 等，2012；Lin 等，2012、2013）。

二、中国地理信息可视化与虚拟地理环境的最新研究进展

从地图自适应可视化、三维 GIS 可视化、大规模复杂时空数据可视化、虚拟地理环境、虚拟战场环境和虚拟地球 6 个方面，总结中国地理信息可视化与虚拟地理环境学科发展取得的重要进展如下所述。

（一）地图自适应可视化研究

地图可视化隶属于更为广阔的信息可视化领域，给受众的视觉信息并不是内容越多细节越丰富就越好，过多的信息往往会淹没主体信息，同时增加信息受众不必要的视觉认知负担。因此，最终呈现给用户的可视化效果一定是根据用户需求经过加工、处理、过滤、提炼后的信息。地图自适应可视化需要在合适的时间、合适的场所、向正确的人提供所需的地理相关信息。

地图自适应可视化可定义为电子地图或地理信息可视化系统能够根据用户的需求或兴趣（如地图交互方式、显示设备规格、用户环境上下文、地图使用目的等）自动的改变其本身的特性（要素选取、表达方式、内容详略、细节层次、配色方案、符号配置等），以提高受众的地理信息认知效果（Reichenbacher，2004；王英杰等，2012）。地图自适应可视化的关键是建立用户驱动机制，实现用户和信息服务的显式联系，自适应的实现机制根据自动化和智能程度划分为以下几种方式：用户自定义、预定自适应模板、实时在线自适应、智能推荐以及多种模式的结合等。

与传统的地图可视化相比，自适应可视化将地图制作由数据驱动转变为用户驱动，同时将地图的功能由空间信息可视化发展为空间知识可视化。地图自适应可视化的发展方向体现在两个方面：一是地图制作数据资源的自适应加工处理；二是地图受众用户的自适应服务。前者包括多源异构、多尺度、多形式地图数据的智能化处理，适应可视化表达的数据集成匹配与变换。后者体现在针对不同用户群，在地图内容、形式、应用环境方面能够因人而异、量体裁衣地输出地图服务，彰显以人为本的特点。地图自适应可视化的应用种类繁多，因此研究通常针对某一种或几种类型进行。在地图自适应可视化的概念框架内，计算机领域的自适应用户界面也纳入研究范畴，如提高人机交互操作自适应能力，降低软件交互时的认知负荷（Reichenbacher，2004；王英杰等，2012）并提出了可变比例尺设计和地图内容表达和细节层次配置在小屏幕和导航应用中的自适应可视化方法（艾廷华等，2007；杨必胜等，2008）。

地图自适应可视化目标是以人为本和"个性化"实时服务，当前技术尤其是移动互联网、智能手机、传感器网络和泛在计算的发展为地图自适应可视化从理论走向实践提供了丰富的现实基础。未来，用户模型依然是研究的重点，对用户的需求进行分类、聚类、匹配，需要通过地图应用受众分析、地图认知实验等方法获得用户的分类、用户需求获取方

式可通过用户设定、交互学习（统计分析用户的地图交互操作方式，建立同类用户群体）、基于阅读环境传感器的主动感知（王英杰等，2012）。技术方面，实时在线制图综合算法与多种载体相匹配的地图可视化方法、地图设计模板的用户匹配技术、针对地图阅读分析的感应器技术以及三维印刷和大数据的地图表达等亟待解决。

（二）三维 GIS 可视化研究

我们生活在日益复杂的三维立体空间，以三维坐标（X、Y、Z）表示空间位置、格局与形态结构及其关联的各种属性，系统研究地上、地下、室内、室外完整三维空间实体的统一表示，关注整个三维实体空间一体化的高精度建模和准确度量分析是 GIS 研究的永恒主题与核心（朱庆，2011）。近年来，关于三维 GIS 可视化的研究，针对地下的地质、管线、构筑物，地表的土地、交通、建筑、植被以及室内的设施、房产等整个立体环境信息的一体化处理与集成分析，提出了几何、拓扑、尺度和语义统一表示的三维 GIS 数据模型，刻画三维空间实体几何—尺度—语义的特征及其相互关系，建立了低层视觉特征与高层语义之间的有效连接，为解决多粒度对象统一表示的复杂性与高性能计算难题奠定了基础（Zhu 等，2008、2010），并在三维几何模型细节层次的量化分析与保特征的数学形态学综合简化方法（Zhao 等，2010、2012）、顾及多细节层次的自适应三维 R- 树空间索引（Zhu 等，2007；龚俊等，2011）、大规模三维空间数据库高效管理与多级缓存的海量三维空间数据动态调度（朱庆等，2011）、CPU 和 GPU 协同的复杂三维场景高性能真实感可视化、语义约束的三维实体分析（Xie 等，2012）等一系列核心技术上取得了突破，研制成功了自主知识产权的大型高端真三维 GIS 基础软件平台 GeoScope（地球透镜），制订了中华人民共和国住房和城乡建设部标准《城市三维建模技术规范》并已颁布实施，这些成果在日益普及的三维数字城市建设中得到了广泛应用（科学技术部，2012）。

针对城市公共安全和室内应急响应等重大需求，在三维 GIS 基础上，深化发展了视频 GIS 和全息位置地图等新概念和新方法，多层次、多粒度、全方位、动态三维的室内地图将为室内外三维立体空间中精细化的位置感知与智能化的位置服务提供新的更有效的技术支撑，这也是国内外争夺的战略制高点。

（三）大规模复杂时空数据真实感可视化研究

真实感可视化指的是通过用计算机描述场景中物体间的相对位置关系、相互遮挡关系以及物体自身的纹理颜色、外观形状与内部细节等信息，从而转换成人的视觉可感受的与现实对应的真实场景，实现辅助或提高人类对地理世界现象与规律的认识与理解。时空数据的真实感可视化在地理信息系统、战场模拟、飞行和地面驾驶模拟等领域都有着重要和广泛的应用。大规模复杂时空数据真实感可视化强调实时性、低延迟、稳定的图像质量和逼真的场景效果。但对一个复杂的时空场景来说，其不仅包含三维地形数据（影像、

DEM），还包含很多实体的几何结构和形态描述以及地理现象与过程的动态反演与预测，随着逼真度的提高，图形的实时绘制工作量将显著增加。场景的复杂性与实时绘制之间的矛盾一直是真实感可视化研究的核心问题。提高真实感三维图形可视化效率的途径主要有：简化场景细节层次、图形硬件加速和并行绘制等。

在大范围地形景观的实时可视化方面，较好地解决了漫游过程中不同 LOD 拼接和变换过程中的裂缝与突跳等关键问题，视点相关的 LOD（levels of detail）技术已经相对成熟并被普遍采用。近年来，针对海量复杂三维城市模型的实时可视化难题，提出了基于感知测度的细节层次定量化分析和复杂建筑物实体模型综合简化的数学形态学方法（Zhu 等，2010；Zhao 等，2012），三维景观中大规模矢量数据的高效简化与视点相关的可视化方法（Yang 等，2011），面向大规模车载激光扫描点云的自适应可视化方法（Gong 等，2011），以及兼顾几何与纹理简化的三维城市建筑物模型高效可视化方法（Zhang 等，2012）。针对大型建筑内部导航和应急响应需要，建立了一种表达建筑内部结构和路径的多层次结点模型，并发展了兼顾室内拓扑和行为的疏散规划方法（Wang 等，2011）。

随着计算机硬件和高性能计算技术的发展，GPU 加速的并行计算和 LOD 技术在复杂空间环境和时空过程模拟的真实感可视化方面也取得了一定突破。随着时空信息的规模不断扩大，数据的可视化处理对计算性能的需求也不断提升。GPGPU（图形处理器通用计算）的兴起，使多核并行计算得到日益广泛的关注。多核 CPU 与多核 GPU 的协同计算环境提供高效性的同时也造成了计算环境的异构复杂性，这也为复杂时空数据的可视化带来了机遇和挑战。针对高性能复杂地理计算技术的重大应用需求，国家"863"计划地球观测与导航技术领域主题项目"面向新型硬件架构的复杂地理计算平台"（2011—2013）基于多核处理器和并行集群系统发展高性能复杂地理计算，在海量多维时空数据高性能处理计算及复杂地理过程模拟等方面取得了技术突破，为以网络为基础、以计算为核心、以空间决策支持为目标的新型 GIS 奠定了核心计算技术。李真等（2007）利用 GIS 技术对海洋水文数据的管理和可视化方法进行研究，基于空间位置管理水文数据实现了以矢量图、统计直方图等方式对水文数据的可视化表达。Guo 等（2007）针对海洋温度场的可视化研究实现了数据插值、数据模型与体绘制。屈华民等（2007）基于极系统（polar system）、平行坐标和加权完全图等方法可视化分析了香港空气污染问题。芮小平（2010）和张立强（2011）提出基于弹性网络图的多维信息可视化方法，并利用自组织映射网络（SOM）方法对 2003 年中国非典的多维信息进行了可视化分析。

（四）虚拟地理环境研究

虚拟地理环境是现实世界在计算机中的一种并行映射，并提供超越现实的多维动态表达、交互操纵和可视化探索能力。如果说地图、GIS 是地理学的第二代甚至第三代语言，那么，虚拟地理环境被认为是地理学的新一代语言（林珲等，2003；林珲、朱庆，2005；王家耀等，2011）。作为地理学语言与空间认知探索的最新发展工具，虚拟地理环境具有许多鲜明的特征，如对现实世界抽象表达的多维特征、时空过程、多视点和多重细节的多模态可视表现，多种自然交互交融方式和跨时间、空间与尺度的地理协同，多感知、多模式时空综合认知与地理思维，地理科学与美学的集成统一等。虚拟地理环境提供了一种综合表意系统和更接近自然的多感知的空间交互认知能力，在强调地理信息使用者身临其境之感受的同时，提供了超越现实的抽象表示与解析理解能力，达到了增强现实的目的。2007 年，*Science* 文章 "The Scientific Research Potential of Virtual Worlds" 指出构建虚拟空间将成为新一代科学实验和分析的方法（Bainbridge，2007），微软亚洲研究院也在 2012 年指出 "利用虚拟世界对现实世界进行有效管理及分析是一个值得探索的研究领域"。王家耀（2011）认为，"作为地理信息表达与创新思维的空间信息可视化与虚拟地理环境，是信息时代地图学的一个新的生长点，对于拓宽学科领域和促进地图学理论、方法与技术的深化发展必将产生深远的影响。"

近年来，随着地理学与地图学、认知与思维科学、图形学与虚拟现实、网络通信计算、复杂性与视觉文化等多学科的交叉融合，虚拟地理环境研究取得了突破性进展。提出了面向空间分析、结合地理时空过程模型的虚拟地理环境建设与实验地理学以及虚拟地理实验等思想（Lin 等，2012；闾国年，2011；林珲等，2009；龚建华等，2009）；面向地理分析与实验的虚拟地理环境技术研究主要集中在数据环境、模型环境、表达环境、协同环境和社会环境等方面（闾国年，2011；龚建华等，2010），发展了多尺度（全球、区域等）海量多维（三维以上）数据的高效组织与管理，分布式环境下的数据调度与压缩传输方法，城市地上地下、室内室外三维无缝模型等，解决了二维、表面三维、体三维一体化数据模型问题，形成可定制、可集成、多维度融合的虚拟地理环境统一数据模型；探索了分布式地理模型共享、地理模型构建和地理模型运行等问题，发展了在网络空间中可充分参与的地理建模新方法，初步实现了多源异构地理模型在网络环境下的共享、重用与分布式集成，研制了分布式地理建模与计算模拟原型系统；研究了基于自然语言、具身、化身与系统的交互，三维非真实感虚拟环境与地学多维可视化分析，地理信息图谱表达与知识可视化，基于影像信息环境的可视化导航与分析（李德仁等，2008；李德仁，2010）等；研究可会商协同的多媒介一体化的工作流协同环境以及集聚知识表达与分析综合、基于认知的协同表达等，实现地理建模与模拟的分布式协同交互（Xu 等，2011），为进一步人在虚拟环境中对地理环境、地理问题及地理现象的交互操作、虚拟试验与情境体验等奠定了基础；在虚拟社会地理环境与现实地理环境的虚、实耦合关系，赛博空间与现实世界中人群时空行为特征与模拟实验，可计算的人地关系理论等方面也取得了一定进展。上述成果在数字城市、智慧城市、虚拟战场环境、虚拟海洋环境、虚拟森林环境与火灾模拟等领域得到了成功的应用示范。

（五）虚拟战场环境研究

虚拟战场环境研究的目的是构建一个覆盖整个作战空间的多维、多尺度、大立体、高动态、智能化的时空信息模型，服务于作战指挥、军事训练和装备研制，是虚拟地理环境理论、技术、工程的高度集成和综合应用。近年来我国虚拟战场环境研究的主要进展总结为以下 4 方面：①从地表空间仿真拓展到地下、地表、水下、天空、太空的多维战场空间仿真；②从地理环境仿真拓展到含地理、气象、电磁、核生化、网络的综合战场环境仿真；③从单纯地理现象表达拓展到装备、人员的技战术行为仿真，作战态势的三维标绘及推演；④从桌面型单机显示拓展到嵌入式平台、人在环的装备模拟器及大型分布式作战仿真系统等。我国虚拟战场环境技术作为测绘保障的新手段先出现，大大扩展了指挥员的空间认知手段和范围，深刻地改变了传统的地形环境仿真与模拟方式。随着在训练模拟器、分布式作战模拟、智能化武器平台等领域的广泛应用，其科学性、交互性、实时性等诸多优点更加凸显，为军队在新时期实现战略、战役、战术演练提供了有效的途径，大大提高了军事作战训练质量。

（六）虚拟地球研究

1998 年美国前副总统戈尔提出了 "数字地球"（Digital Earth）的概念。希望通过对真实地球及其相关现象统一的数字化重现和认识，来处理整个地球的自然和社会活动诸方面的问题，最大限度地利用资源，并利用它作为工具来支持和改善人类活动和生活质量，其特点是构建无缝的覆盖全球的地球信息模型，嵌入海量空间数据，实现对地球进行多分辨率、多尺度、多时空和多种类的三维描述，即 "虚拟地球"。虚拟地球近年来在地理信息门户和可视化服务等应用方面取得了重大进展（Goodchild 等，2012）。虚拟地球发展主要经历了全球离散网格理论方法研究，全球多源多尺度海量空间数据无缝组织、管理和可视化方法研究，基于虚拟地球的多源异构空间信息集成应用等方面。

在全球离散网格理论方法的研究中，由于全球离散格网（Discrete Global Grids, DGGs）具有全球层次性、唯一性、一致性等特点，还能够明确表示空间数据的分辨率（Goodchild，2000），可为虚拟地球的构建提供三维球面模型，从而为快速有效地组织、管理和表达全球多尺度海量空间数据奠定了基础。目前 DGGs 的研究主要分为经纬度格网、正多面体格网和自适应格网 3 类。近年来，适应不同地区、不同细节层次数据可视化的地球剖分方法和投影方法得到了不断完善，从球体退化八叉树格网发展到适应性球体退化八叉树格网（余接情，2009；吴立新，2012）。此外，针对极地离散网格构建中容易产生几何变形和数据冗余的问题，提出面向极地的四元四边全球离散网格模型（Zhou 等，2013）。

在全球多源多尺度海量空间数据无缝组织、管理和可视化方法研究中，针对面对分布式环境下全球海量（PB 级以上）空间数据不同组织管理的挑战，龚健雅等（2010）创立了全球无缝多级格网递归剖分与异构虚拟地球协同服务理论，建立了时空一体的多源多尺度异构全球数据模型。提出了全球一体化金字塔空间数据组织方法和可扩展的四叉树层次空间索引方法，从而实现了全球、大规模、多时相空间数据的高效无缝组织。Wu 等（2010）基于虚拟地球发布城市规划信息，并利用 Web Services 和面向服务架构（SOA）支持虚拟规划模型共享和交互。Li 等（2011）提出了一个虚拟地球的系统性框架，基于八叉树的多分辨率数据结构组织时间序列的三维空间数据。为了在虚拟地球上表达和分发地质信息，Zhu 等（2014）给出了建模可视化大规模钻孔数据的自动化方法。

在基于虚拟地球的多源异构空间信息集成应用方面，虚拟地球与地理信息服务的结合日益紧密，通过集成 Web Service 的空间信息共享与智能服务，实现兴趣点与非空间信息的关联并服务全民（李德仁，2010）。虚拟地球不仅提供面向大众化的三维可视化服务，也提供面向地理信息共享与处理服务的能力，与各种多源异构信息系统集成，虚拟地球不仅为相关研究提供了集成管理和快速显示全球海量多源、多尺度、多时相三维空间数据的通用平台，更为大众化的信息在线服务提供了一个直观方便的入口。我国虚拟地球的建设与发展突破了多源、多尺度、海量空间数据高效组织与异构虚拟地球数据共享，各种分布式空间数据的统一索引与协同调度，在有限带宽条件下实现空间数据的高效传输与实时可视化以及分布式异构系统之间的数据集成和软件共享与互操作等关键技术。成功建成具有中国特色的地理信息综合服务网"天地图"，并正在国民经济和社会信息化发展过程中发挥着空间信息基础设施日益重要的特殊作用（龚健雅等，2010；陈静等，2013）。

此外，2011 年 3 月，中国数字地球学会成立十周年之际，在北京组织了一次关于数字地球发展的高层学术研讨会，展望未来十年数字地球的发展，发布了《面向 2020 数字地球理念》（Craglia 等，2012）。为了推动国际数字地球的研究与学术交流，国际数字地球学会还依托中国科学院对地观测与数字地球科学中心（现中国科学院遥感与数字地球研究所）创办了国际学术期刊 *International Journal of Digital Earth* 并由国际著名学术出版机构 Taylor & Francis 出版发行。

三、趋势与展望

随着数字地球的不断发展，人们面临的数据很多、信息处理很难、知识很少、自动化与智能化程度很低等问题日益突出。通过物联网和传感网与现实世界中人类的活动全面集成并提供仿真和预测功能的智慧地球已经成为我国地球空间信息学研究的核心问题。现实世界的复杂性体现在人口、各种设施和资源在空间的三维立体分布（从地上到地下、室外到室内）和在时间上的动态变化。复杂多变的世界在人口、资源与设施的优化配置及其安全等日益严峻的问题上急需新一代 GIS 技术的支撑。因此，实时 GIS 被提到议事日程，空间、时间、尺度和语义统一表示的实时 GIS 数据模型，特别是支撑时空大数据高性能关联分析的分布式时空数据自适应组织与时空语义一体化索引，任务驱动的天空地协同观测，来自于物联网和传感网的各种动态观测数据的实时接入，云计算环境下泛在信息的时空关联与地学计算，时空大数据融合分析与地理知识发现，动态观测数据驱动的自然与人文时空过程综合模拟，知识图构建及其可视化等成为新的挑战性问题（Goodchild 等，2012；Lin 等，2013）。相应的，室内地图、情境感知和位置相关信息智能推送等已经成为自适应制图研究的热点前沿（王立才等，2012），并在智能位置服务、室内导航、商场导购等应用中蕴藏着巨大潜力。

参 考 文 献

［1］ Bainbridge WS. The Scientific Research Potential of Virtual Worlds［J］. Science, 2007, 317（5837）: 472–476.

［2］ Butler D. Virtual globes: The web-wide world［J］. Nature, 2006, 439: 776–778.

［3］ Chen J, Xiang LG, Gong JY. Virtual globe-based integration and sharing service method of GeoSpatial Information ［J］. Science China Earth Sciences. 2013, 56（10）, 1780–1790.

［4］ Guo J, Tian Z, Cheng F. The key techniques of 3D visualization of oceanic temperature field［C］//Geoinformatics 2007: Geospatial Information Science, 2007.

［5］ Batty M, Axhausen, K.W., Giannotti F., et al. Smart cities of the future［C］// The European Physical Journal Special Topics, 2012.

［6］ Craglia M, De Bie K, Jackson D, et al. 2012, Digital Earth 2020: towards the vision for the next decade, International Journal of Digital Earth, 2012, 5（1）: 4–21.

［7］ Gong J, Zhu Q, Zhong K, et al. An Efficient Point Cloud Management Method Based on a 3D R-Tree［J］. Photogrammetric Engineering & Remote Sensing, 2012, 78（4）: 373–381.

［8］ Goodchild MF, Guo H, Annoni A, et al. Next-generation Digital Earth［C］// Proceedings of the National Academy of Sciences of the United States of America, 2012.

［9］ Lin H, Chen M, Lu G. Virtual Geographic Environment: A Workspace for Computer-Aided Geographic Experiments ［J］. Annals of the Association of American Geographers, 2013, 103（3）: 465–482.

［10］ Lin H, Chen M, Lu G, et al. Virtual Geographic Environments（VGEs）: A New Generation of Geographic Analysis Tool, Earth-Science Reviews［J］, 2013, 126: 74–84.

［11］ Wang Y, Zhang L, Ma J, et al. Combining Building and Behavior Models for Evacuation Planning［J］. IEEE Computer Graphics and Applications, 2011, 31（3）: 42–55.

［12］ Xie X, Zhu Q, Du Z, et al. A Semantics-Constrained Profiling Approach to Complex 3D City Models, Computers［J］, Environment and Urban Systems, 2013, 41: 309–317.

［13］ Xu B, Lin H, Chiu LS, et al. Collaborative virtual geographic environments: a case study of air pollution simulation ［J］. Journal of Information Science, 2011, 181（11）: 2231–2246.

［14］ Qu H, Chan WY, Xu A, et al. Visual Analysis of The Air Pollution Problem in Hong Kong［J］. IEEE Transactions on Visualization and Computer Graphics（Proceedings Visualization/Information Visualization）, 2007, 13（6）: 1408–1415.

［15］ Wu H, He Z, Gong J, et al. A virtual globe-based 3D visualization and interactive framework for public participation in urban planning processes Original Research Article［J］. Computers, Environment and Urban Systems 2010, 34 （4）: 291–298.

［16］ Zhu LF, Wang XF, Zhang B. Modeling and visualizing borehole information on virtual globes using KML［J］. Computers & Geosciences, 2014, 62: 62–70.

［17］ Li J, Wu HY, Yang CW, et al. Visualizing dynamic geosciences phenomena using an octree-based view-dependent LOD strategy within virtual globes［J］. Computers & Geosciences, 2011, 37（9）: 1295–1302.

［18］ Yang L, Zhang LQ, Ma JT, et al. Efficient Simplification and View-Dependent Rendering of Large Vector Maps on 3D Landscapes.［J］. IEEE Computer Graphics and Applications, 2010, 31（2）: 14–23.

［19］ Zhang M, Zhang LQ, Mathiopoulos PT, et al. A geometry and texture coupled flexible generalization of urban building models［J］. ISPRS Journal of Photogrammetry and Remote Sensing, 2012, 70: 1–14.

［20］ Zhao JQ, Zhu Q, Du ZQ, et al. Mathematical morphology-based generalization of complex 3D building models incorporating semantic relationships［J］. ISPRS Journal of Photogrammetry and Remote Sensing, 2012, 68: 95–111.

［21］ Zhou MY, Chen J, Gong JY. A pole-oriented discrete global grid system. Quaternary quadrangle mesh［J］

Computers & Geosciences, 2013, 61：133-143.

［22］ Zhu Q, Gong J, Zhang YT. An Efficient 3D R-tree Spatial Index Method for Virtual Geographic Environments［J］. ISPRS Journal of Photogrammetry and Remote Sensing, 2007, 62（3）：217-224.

［23］ Zhu Q, Li Y. Hierarchical lane-oriented 3D road-network model［J］. International Journal of Geographical Information Science, 2008, 22（5）：479-505.

［24］ Zhu Q, Hu MY. Semantics-based 3D Dynamic Hierarchical House Property Model［J］. International Journal of Geographical Information Science, 2010, 24（2）：165-188.

［25］ Zhu Q, Zhao JQ, Du ZQ, et al. Quantitative analysis of discrete 3D geometrical detail levels based on perceptual metric［J］. Computers & Graphics, 2010, 34（1）：55-65.

［26］ Zhu Q, Zhao JQ, Du ZQ, et al. Quantitative analysis of discrete 3D geometrical detail levels based on perceptual metric［J］. Computers & Graphics, 2010, 34（1）：55-65.

［27］ 艾廷华, 梁蕊. 导航电子地图的变比例尺可视化［J］. 武汉大学学报（信息科学版）, 2007, 32（2）：127-130.

［28］ 龚建华, 李文航, 周洁萍, 等. 虚拟地理实验概念框架与应用初探［J］. 地理与地理信息科学, 2009, 25（1）：18-21.

［29］ 龚健雅, 陈静, 向隆刚, 等. 开放式虚拟地球集成共享平台 GeoGlobe［J］. 测绘学报, 2010, 39（6）：551-553.

［30］ 龚俊, 朱庆, 张叶廷, 等. 顾及多细节层次的三维 R 树索引扩展方法［J］. 测绘学报, 2011, 40（2）：249-255.

［31］ 李德仁. 论地球空间信息的 3 维可视化：基于图形还是基于影像［J］. 测绘学报, 2010, 39（2）：111-114.

［32］ 李德仁, 龚健雅, 邵振峰. 从数字地球到智慧地球［J］. 武汉大学学报（信息科学版）, 2010, 35（2）：127-132.

［33］ 李真, 艾波, 陶华学. 基于 GIS 的海洋水文数据可视化方法研究［J］. 海洋信息, 2007, 4：1-3.

［34］ 林珲, 龚建华, 施晶晶. 从地图到 GIS 和虚拟地理环境—试论地理学语言的演变［J］. 地理与地理信息科学, 2003, 19（4）：18-23.

［35］ 林珲, 朱庆. 虚拟地理环境的地理学语言特征［J］. 遥感学报, 2005, 9（2）：158-165.

［36］ 林珲, 黄凤茹, 闾国年. 虚拟地理环境研究的兴起与实验地理学新方向［J］. 地理学报, 2009, 64（1）：7-20.

［37］ 闾国年. 地理分析导向的虚拟地理环境：框架、结构与功能［J］. 中国科学：地球科学, 2001, 41（4）：549-561.

［38］ 芮小平, 张立强. 基于弹性网的多维信息可视化研究［J］. 系统仿真学报, 2010, 22（2）：415-420.

［39］ 芮小平, 张立强. 基于 SOM 的多维信息可视化研究［J］. 应用基础与工程科学学报, 2011, 19（3）：79-88.

［40］ 王家耀, 孙力楠, 成毅. 创新思维改变地图学［J］. 地理空间信息, 2011, 9（2）：1-5.

［41］ 王立才, 孟祥武, 张玉洁. 上下文感知推荐系统［J］. 软件学报, 2012, 23（1）：1-20.

［42］ 王英杰, 陈毓芬, 余卓渊, 等. 自适应地图可视化原理与方法［M］. 北京：科学出版社, 2012.

［43］ 杨必胜, 孙丽. 导航电子地图的自适应多尺度表达［J］. 武汉大学学报（信息科学版）, 2008, 34（4）：363-366.

［44］ 余接情, 吴立新. 球体退化八叉树网格编码与解码研究［J］. 地理与地理信息科学, 2009, 25（1）：5-9.

［45］ 余接情, 吴立新. 适应性球体退化八叉树格网及其编码方法［J］. 地理与地理信息科学, 2012, 28（1）：14-18.

［46］ 朱庆. 3 维 GIS 技术进展［J］. 地理信息世界, 2011, 9（2）：25-27.

［47］ 朱庆, 李晓明, 张叶廷, 等. 一种高效的三维 GIS 数据库引擎设计与实现［J］. 武汉大学学报（信息科学版）, 2011, 36（2）：127-132.

［48］ 科学技术部. 这十年——地球观测与导航领域科技发展报告［M］. 北京：科学技术文献出版社, 2012.

撰稿人：朱　庆　林　珲　游　雄　龚建华

艾廷华　张立强　万　钢　陈　静

地图学与国家地图集
进展与趋势研究

一、引言

  近 5 年来，地图学发展处于重大转折时期，地图学由低潮逐渐转向新的开端，随着地图编制技术的不断发展，地图产品形式的多样化和地图介质的变化，新的地图理论不断涌现，地图技术不断更新，地图产品呈现多极发展的态势。我国的地图学与地图集编研也取得了较为显著的发展，从理论、方法和技术，到平台、产品以及分析和应用等方面，均取得长足的发展，地图（集）产品的研究与编制的主体除科研院所外，各级政府、企业、社会团体在很大程度上都有介入并研制了大量的产品，地图介质由传统的纸质，CD-ROM 逐渐向以交互式的屏幕地图发展，地图由单一与多组的静态地图形式向多维动态地图发展，并形成了可交互的地图系统，许多纸质地图产生的理论与方法体系在向屏幕地图移植中在不断地更新与扩展，产生了不少的知识专利和地图平台，同时还在国家、区域与地方的国民经济建设和国防建设中取得引人注目的工程应用成果，为未来的全数字化、智能化、集成化与个性化结合的现代地图学的发展奠定了深厚的基础。

二、地图学与国家地图集主要进展

（一）现代地图学理论

  地图学理论研究是现代地图学发展的基础，对于地图编制方法和技术的发展及其应用深度与广度有理论指导和引领作用，因而越来越多的学者开始重新关注现代地图学理论问题。

1. 现代地图学理论体系

早在 20 世纪 90 年代初期，陈述彭院士就开始探讨信息时代地图学的概念及其发展动力需求（陈述彭，1993）。之后，高俊院士提出了实地图与虚地图，静态地图与动态地图，平面地图、立体地图与可进入地图等 3 对地图新术语的内涵及相互关系（高俊，1996），并将现代地图学体系概括为由实地—地图—数字地图—读者 4 个顶点构成的"地图学四面体"，从而将现代地图学的理论体系由"地图学三角形"的 3 点和 3 个关系扩展为四个主体之间的 6 个关系，反映了信息时代地图学的发展与变革（高俊："地图学四面体：数字化时代地图学的诠释"，2004）。之后，王家耀院士等（陈述彭，1993）提出了一系列地图学的新思维，包括引入"演化论"，采用"来源域"到"目标域"的"隐喻映射"方法，勾勒地图演化过程的历史脉络并从地图演化与人类社会的演进及生产力发展、地图演化过程中出现的连续性和非连续性与社会演进的连续性与非连续性、地图演化与社会科技进步、地图演化与文化变迁、地图演化与地图哲学思维等 5 个方面分析了它们之间的关系；认为传统地图学（地图制图学）已发展成为地图制图学与地理信息工程（地理信息系统）学科，传统地图学已经被数字化地图学所取代，正向以地理空间信息综合服务为核心的信息化地图学转变。

随着信息化社会的到来，地图学的本质所面临的变化主要体现的地图内容、形式和传播的现代化。孟立秋和王英杰等指出，地图学在当今这个充斥着移动计算、云计算和志愿者地理信息共享的信息社会中面临挑战，从而提出了 3 个并行发展着的研究新动向：地图混搭、增量制图和可视化分析学。随后，王英杰等提出了自适应地图可视化的现代地图学研究体系。

关于数字地图学体系的发展（齐清文等，2011）首次提出数字地图在精度和科学性、抽象度和智能化、创意性 3 个维度的评价结构体系，并在此基础上构建了"1 个本体对象、7 个技术环节"的数字地图体系结构框架，形成了数字地图产品系列的新框架。

2. 现代地图学各种新理论

随着地图学研究和工程实践的发展，特别是技术和应用模式的日臻成熟和完善，隐含在技术应用和实践中的理论问题逐渐引起了学术界的重视，将传统的理论和新的实践环境相结合，形成了近年来地图学理论研究的主流特点。该领域的研究受到模型理论、传输理论、认知理论、本体理论及语言学理论的启发，进而在新的数字环境下加以扩展和深入探讨。

（1）地图学的自组织、自导航、自适应的"三自"理论

王英杰、刘岳、陈毓芬等，联合海外地图科学家孟丽秋，提出了地图学自组织、自导航、自适应的"三自"理论，即经过构建智能化的技术系统，能使地图制图对象具有变无序为有序的自组织能力；通过构建自适应可视化用户模型、自适应数据对象模型、自适应地图符号、自适应地图可视化过程控制、自适应地图可视化评价机制、自适应用户界面，使地图制图系统通过本身的发展和优化，形成具有丰富结构和有机性、反馈性、自适应功

能的地图信息可视化系统；进而，在此基础上建立的地图制图系统，将具有从界面到内容目录、再图层、图幅，再到文字说明等的超媒体式自动导航和跳转机制。

（2）空间模型与传输理论

空间数据模型是地图学的核心问题之一，它既涉及真实世界本身，又与人对于世界的认识密切相关，如何在数字世界表达真实世界及其认识是空间信息建模的基本问题，一直为理论界所关心，导致了近年来地理本体理论的发展。李霖等（2011）提出了以地理要素为对象的从地理要素空间向地图要素空间转换的制图模型。根据地图表达的特点，将地理空间信息抽象表达为二元结构，即反映语义属性及空间位置属性的地理要素和要素间空间关系；利用代数结构形式，在地理空间数据库和地图中分别构建表达地理空间信息的地理要素空间和地图要素空间；地理要素空间中的空间关系是基于欧式空间原理建立的，而地图要素空间中的空间关系则是用视觉模型来刻画。通过定义符号单元同核变换将目前制图过程中的符号化过程从面向地理要素类层延展到面向地理要素实例层，克服统一符号化过程不能同时满足共性和特性要求的矛盾。

地图传输也是地图学的经典理论之一，将地图作为人与真实世界及概念世界的中介物，研究如何有效地在人与地图或人与机器之间传输空间信息也是地图设计与人机交互设计的关键理论环节。钟业勋等（2012）认为地图是人们获取地学空信息的中介和桥梁；地图信息以视觉传输为主要传输方式，故可视化是地图学的核心。他在论述地图可视化必须满足的基本条件的基础上，对地图比例尺、地图内容的有限性、地图概括及其相关概念的派生、地图色彩的运用、地图符号性质与地图比例尺的相关性、相似现象的普遍存在与它空间认识中的意义、制图资料的处理、计算机制图中的质量监控、地图制印中样图的作用等分别进行了论述，从而解释了可视化是地图学的核心问题。尹章才（2012）在柯拉斯尼模型的基础上，借助因特网通信体系的分层方法，提出了 Web 2.0 地图作为空间信息平台的双向传输体系，丰富和完善了 Web 2.0 环境下的地图信息传递理论。马超等（2012）分析了移动地图的特点，通过对现有地图信息传输模型的改进，得到了一种基于移动通信条件下的地图信息传输模型。该模型强调了实时信息在移动地图信息传输中的重要作用，分析了移动地图的信息传输过程，为移动地图的设计提供了理论支持。宋龙等（2011）指出目前的信息传输理论不能够正确地指导移动地图模式的发展，他结合用户对移动电子地图的新需求，提出了新的信息传输模式，以适应移动电子地图的发展。

（3）空间认知与视觉感受理论

认知理论一向是理论界关注的问题，它涉及人与地理空间本身及其各类表达的交互过程中产生的认识论问题，空间认知理论的研究和发展对于更好地认识世界、表达世界直至更好地理解地图和地理信息系统等信息产品具有重要意义。

李淑霞等（2011）针对地名本体研究还仅局限于技术层面，缺乏系统认知理论的深入研究的现状，提出了由朴素地理学、认知地图和初级理论构成的常识空间认知理论；结合地名本体设计目标和这些常识空间认知理论，总结出了设计地名本体的常识空间认知原则。

许俊奎等（2012）以面状居民地为例，分析了人在进行同名对象匹配时的心理历程和视觉思维特点。基于相似性理论，建立了居民地匹配过程中的相似性认知模式。通过设计不同层次的问卷调查，获取并分析了知识背景不同的制图人员在不同的匹配场景下对面状居民地匹配的认知习惯和行为差异，总结了面状居民地要素匹配的空间认知特点。

王家耀、孙群等（2011）提出多模式时空综合认知和视觉感受理论，认为它在地图学中既是认识论，又是方法论。其中视觉感受是多模式空间综合认知体系中最重要的组成部分，同时也要采用地图模型、空间数据挖掘和知识发现以及本体论等多种模式对地理复杂对象和现象进行认知。多模式时空综合认知将推动信息化地图学理论各个分支领域研究的进一步深化和科学化。

（4）地图本体理论

本体理论主要源于哲学领域，但目前在知识工程领域得到发展，进而影响地图学的研究，主要表现在客观世界的领域建模及其分析应用方面。

杜清运等（2004）从理论的抽象性、思辨性出发，结合人类哲学发展的三个主要阶段，提出了基于哲学主线的理论地图学和地理信息科学框架，其中以本体论、认识论和语言学理论为其核心理论，分别代表人对于存在和真实世界本身、人们的认识能力和知识系统到人们对于认识结果的表达和传输关注点的转移，认为该哲学主线对于形成理论地图学和地理信息性科学的学科范式具有重要意义。

陈虎等（2011）提出通过对地理知识进行有效地组织和管理，实现语义级别的地理信息和地图本体、地理知识库等的共享和重用；普帆等（2011）通过研究基础地理信息中概念间的语义层次来改进现有本体分类，分析了基础地理信息中存在的3种概念间的层次关系，并通过推理得到了基础地理信息概念的语义体系，验证了概念格方法建立本体层次的有效性；胡玲等（2012）研究了本体对齐，指出范畴论可屏蔽本体间的异构性并为本体集成提供统一的方法框架，将范畴论引入本体对齐研究领域中，在范畴论的基础上，结合地理本体特征，对态射进行了重新定义，构造了一个更复杂的范畴。

（5）地图语言学理论

地图设计中的符号学及语言学概念模型是指导建立空间信息传输通道的重要环节，对于提高地图表达质量、增强空间认知工效和扩展空间传输通道具有十分重要的意义。

钟业勋等（2011）系统研究了地图符号的基本结构与功能，指出地图符号表达制图物体的位置及其性质或量值的功能源于其基本结构，论证了地图符号由定位点集D和表达点集B构成的结构特点，根据两类点集在点、线、面地图符号中的存在和差异，给出了新的点、线、面地图符号定义。通过3类地图符号表达功能的分析，阐释了地图符号具有强大的表达功能的结构基础，揭示了地图符号具有定位功能和表达性质特征功能的基本原理。

邓毅博等（2012）分析了地图语言和自然语言的概念，分别从视觉、听觉及触觉方面讨论两种语言在信息传输方式上的异同点。借鉴自然语言的多通道传输方式，探讨地图信息传输的多感知表现形式，为地图符号设计提供新的思路。

郭立新等（2012）从地图语言学的概念模型出发，研究认为海图语言和自然语言在语法、语义、语用等方面都具有隐喻映射关系。以现代语言学理论为指导，研究了普遍语法原则、转换生成规则等海图语言的语法规则，探讨了海图语言语法的两类隐喻关系，提出了语法同构性是语义解释一致性的基础，并以其作为构建通用海图语言系统的前提条件。

（二）地图制图方法和技术

1. 数字地图数据同化和持续更新技术

目前，数字地图制图技术被广泛应用并朝着更加深入的方向发展，数字地图制图的自动化、智能化水平正在不断提升。

一方面，目前由于空间数据获取的时空基准、数据模型、相关标准、方式方法的不同，造成了地理空间数据在基准、尺度、时态、语义、精度等方面存在不一致，使得获取的地图空间数据不能够得到有效利用。因此，采用地理空间数据同化技术，将不同空间基准、不同尺度、不同时态、不同语义等地理空间数据统一到一个标准（基准、尺度、时态、语义）下，得到同一个体系下的地理空间数据。主要包括：不同数学基础地理空间数据同化、不同语义的地理空间数据的同化、不同时态地理空间数据同化、不同尺度地理空间数据同化以及多源统计数据与地理空间数据的融合与同化。

另一方面，数字地图制图的工作重点已经从数字地图和纸质地图的生产向基础地理信息的持续更新转移，增量更新、级联更新成为研究的热点和难点问题。目前空间数据库采用的是单一比例尺单独存储、单独管理的方式，因此同一地理实体可能存在多个比例尺的不同表达，所以在空间数据库更新过程中会出现数据的不一致性的问题。多比例尺空间数据库联动更新就是在解决某个比例尺下的数据更新问题的同时解决多个比例尺数据之间的联动更新，从而保证数据的正确性和一致性。陈军等[24]将空间目标的集合交加入到图形差的判断，以综合地考虑目标变化前后的异同部分，构建一个由目标差、被差、交组成的形式化分类描述模型；并对集合操作进行正则化处理，以保证快照差具有实际的时空变化语义；继而对面、线的快照差进行了形式化分类描述，给出了完备性分析，并探讨了快照差分类在增量信息采编与表达中的应用。蓝秋萍等深入研究了地图数据多比例尺级联更新方式。目前，我国基础地理信息数据的更新正由定期全面更新向持续动态更新转变。2012年，为了更好地满足国民经济建设与社会发展对基础地理信息现势性的需求，不断提升维持数据的现势性，国家测绘地理信息局启动了国家基础地理信息数据库动态更新工程，计划对国家 1∶50000、1∶250000、1∶1000000 基础地理信息数据库进行持续动态更新。

2. 制图综合（地图概括）研究

作为地图学最具挑战性和创造性的研究领域，地图制图综合（地图概括）研究历来受到国内外学者的高度关注。进入 21 世纪以来，制图综合着重研究基于模型、算法和知识的全要素、全过程的自动制图综合，特别是致力于制图综合智能化、基于综合链的自动综合过程控制与质量评估，取得了实质性、突破性进展。经过数十年的研究，实现了由把地图综合作为"主观过程"到把地图综合作为"客观的科学方法"，由制图综合的定性描述到定量描述，由地图模型到基于模型、算法和知识的自动制图综合，由追求制图综合的全自动化到人机协同，由单要素的自动综合试验到把自动综合作为一个整体的过程控制和保质设计的深刻转变，构建了空间数据自动综合的理论、方法与技术体系，取得了一批具有国际先进水平的研究成果。武芳、王家耀等（2012）的研究成果为计算机模拟人在制图综合过程中的思维方式创造了十分有利的条件，比较客观和正确地反映了人和计算机处理地图信息的工作特点，实现最佳人机协同，为实现利用大比例尺数字地图数据生产较小比例尺地图、基于大比例尺基础数据库自动派生多尺度空间数据库及一体化更新、地理信息系统中空间数据的多尺度表达等，奠定了坚实的理论、方法和技术基础。郭敏等（2012）提出基于 ID3 决策树的知识推理模型，将该模型引入到道路网智能化选取当中；李木梓等（2013）提出一种基于层次随机图的道路选取方法；周庆冲（2011）从海图制图综合的原则与要求出发，结合航海者安全航行的需求，研究了与海图相关的各种要素的综合方法；潘东华等（2012）在地理学与地图学的基础上，从灾害系统的角度，探讨了图层约束（LC）和道格拉斯—普克（DP）相结合的线状地图自动综合问题；姜莉莉、齐清文等（2008、2009）提出并实现了水网数字地图智能化、知识化取舍和流域地图自动概括和更新的技术方法。

3. 知识制图和地图数据挖掘

空间数据挖掘与知识发现（Spatial Data Mining and Knowledge Discovery，SDMKD），是指从海量空间数据集中识别或提取出有效的、新颖的、潜在有用的、最终可理解的模式（知识）的非平凡过程。在传统地图应用和分析中，是通过人们的视觉读图和简单的量算获取对地理环境知识和规律的认识，这样在很大程度上受到人的知识与经验和量算工具与方法的限制，而 GIS 中的空间分析仍主要以图形操作为主，隐藏在海量空间数据中的许多有用的信息、知识的提取和发现方面的功能仍相对薄弱，因此，SDMKD 是传统地图应用和分析在数字地图环境下的发展，是 GIS 空间分析功能的拓展、延伸和深化，适应了信息化时代地图学着重点由信息获取一端向信息深加工一端飘移的趋势和需要。郭瑛琦等（2011）采用地学信息图谱特有的数据挖掘手段，从国内 222 个地级市的数字地图中归纳和挖掘出中国城市形态形成的自然、社会、人文驱动因素和机制，找出了其形成和演化的时空规律，为未来城市规划提供了可借鉴的预警限制和调控方向和依据。莫洪源（2010）采用统计地图图谱特有的知识制图技术手段，找出了中国贫困人口的时空分布规律，同时提出了中国扶贫的宏观措施和未来可预期的贫困人口调控方案。张岸等（2013）采用知识地图谱系对比方法，研究和发现了北京市 PM2.5 的人口暴露时空分布规律，并将这些时空地图与呼吸道疾病病人的时空统计地图相叠加，找出了北京市暴露在 PM2.5 下人口发生呼吸道疾病的时空规律。

4. 数字地图安全技术

地理空间数据安全问题涉及国家安全、科技交流、知识产权保护、数据共享等方面，是地理数据相关领域又一研究和发展的问题，在网络化时代、数字化时代，地理空间数据在获取、访问、传播、复制等方面更为便捷，导致地理空间数据违法、侵权行为屡禁不止，地理空间数据的安全性问题更加突出。传统的信息安全技术主要是加密技术，但密码一旦被破译，数据就会失控，数据安全就得不到保护。因此，发展新的安全技术弥补传统加密技术的不足十分必要。

数字水印是信息安全领域中发展起来的前沿技术，它将水印信息与载体数据紧密结合并隐藏其中，成为载体数据不可分离的一部分，由此来确定版权拥有者，跟踪侵权行为，认证数字内容真实性，提供关于数字内容的其他附加信息等。数字水印技术广泛应用于数字图像领域，如栅格地图数字水印，近年来，矢量地图数字水印、DEM 水印也有广泛应用。

朱长青等（2013）基于数字栅格地图的数据特性，运用小波变换工具，结合人类视觉系统特征，提出一种自适应的数字栅格地图可见水印算法。试验分析表明，该算法不仅具有良好的抗差性，同时还较好地保持了可见水印和原地图的视觉特征，以一种更积极有效的方式保护了数字栅格地图的版权；朱长青还分析了脆弱水印对于矢量地理数据保护的作用，并阐述脆弱水印的基本原理和技术原则，然后针对矢量地理数据更新中存在的安全和时效性问题，利用数字水印设计了一种解决方案，并对脆弱水印的应用进行研究。

5. 地图信息表达与可视化

地理数据的可视化是人类认知地球环境、进行社会交流与传递地理信息的重要媒介。随着技术的进步，地理增强现实、地理数据交互式表达、自适应地图可视化的研究丰富了地理数据可视化的内涵。在地理信息应用日益普及的环境下，地理表达仍存在 3 个挑战：从高空看世界（二维正射）与从侧面看世界（三维透视）的挑战，基于地图的抽象理解与基于多媒体的形象理解相统一，以及专业化表达方式与大众化表达方式相统一。王英杰等（2012）长期从事地图可视化研究，在电子地图多维动态可视化领域取得了较大进展。俞肇元等（2012）运用几何代数理论和统一时空观，对时间、空间与属性进行一体化的表达与建模，构建了时空统一表达的层次体系，提出了矢量时空数据时空统一建模流程，定义了相应的数据组织结构与存储结构，实现了对几何代数空间的对象表达与存储，以及常见矢量数据的集成与预处理方法。谢炯等（2011）提出了一种显式建模地理过程的 HAS 表达框架，将过程视图剖分为发生（Happenings）、动作（Actions）与状态（States）三域，分别描述时空过程的起因、行为过程和结果状态。江南等（2013）将地理区域划分为最密区、密集区、中密区和稀疏区 4 种类型，针对不同区域建立了适合其显示的电子地图多尺度显示模型。艾波等（2012）利用电子地图中透明度视觉变量产生的虚实感，在对当前焦点时刻时空内容进行完全表达的同时，以不同透明度图形对时间上下文中的内容进行辅助表达，实现兼顾焦点时刻和时间上下文的时空可视化。周平等（2012）阐述了统计数据的时空特性，扩展了动态空间可视化的动态视觉变量，设计了 3 种用于多时相统计信息动态空间可视化的"动态统计图表"，采用时间地图动画技术及关键帧插值动画技术实现了统计数据随时间变化动态特性的可视化表达。

此外，越来越多的地图可视化研究结合了虚拟现实的增强现实的技术（张岸等，2012），使地图的真三维动态可视化有了强大的生存、发展和应用空间。数十位学者的研究成果在国内外学术刊物中发表，全面反映了地图可视化研究的最新成果。

（三）数字地图制图系统和平台

1. 基于数据库驱动的快速制图技术系统

国家基础地理信息中心根据国家 1:5 万数据库更新工程的特点和任务需求，研究并构建了一整套基于 1:5 万空间数据库驱动的地形图制图快速制图生产系统（王瑜婷，2013），地图制图效率大幅提高。系统实现地形数据库和制图数据库的紧密关联和集成管理，可对两个数据库进行联动编辑和同步更新，实现了制图要素符号、注记、图外整饰的自动优化配置，可进行灵活的制图编辑及图形关系处理。地名字库和系统适用于地形图出版要求，包含约 6 万常用字和 3000 多个生僻汉字，以及 5 种字体和 6 种字形，生僻字地名可与普通汉字地名同样输入、显示和制图输出。

2. 互联网地图系统

近两年来，国内互联网地图与移动地图系统的研发和应用风起云涌，从总体上看在技术深度和应用广度上正逐步赶上国际研究水平，产业化应用处在迅速发展阶段（中国测绘学会，2010）。其中这些系统和平台的符号库的研发和进展最为明显，产生了基于符号构成变量的数学模型和用户交互体验模式的符号设计、编辑和动态自适应体系。同时，互联网地图的发展也从后台离线制作发布逐步演化为在线式交互制图的技术系统；地图表达的交互性、个性化需求也在越来越多的互联网地图、手机地图等中得以实现。用户不再仅满足于把自己的内容添加到现有系统中，对地图的设计特色和分析功能的关注也越来越强烈。因此，能够体现以用户为中心的设计方式，提供个性化的地图表达和注记设计，结果可以和其他用户共享的地图编辑和制作工具与开放式的地图服务系统成为当前的流行趋势。增强现实地图也逐渐出现在互联网地图平台和系统中，为用户提供了多种可选的强大工具。网络地图服务正由数据提供向信息管理进而向知识服务转变，由提供单向的地图浏览服务发展成为大众参与和共建的开放的地图共享服务平台。在面向服务的在线地图系统中，混搭地图（Map Mashups）将政府制图部门、私营软件开发商和志愿者的互联网地图内容和交互功能进行无缝拼接，形成了新的地图内容和交互功能，为用户提供了各种开放式服务。

3. 移动和导航电子地图系统

近年来，随着智能移动终端普及和 3G 网络下的手机导航地图应用，导航地图从单一的导航平台到综合信息服务平台和社交平台，发生了巨大变化，功能也更加完善。表现在：①导航地图向二维空间、室内空间发展；②提供包含深度 POI 服务内容的综合信息；③支持语音导航、网络云导航；④提供更逼真的三维实景导航等。

在导航电子地图表达方面，主要研究目标是移动地图与全景图的融合。在线移动地图服务正在进入三维全景时代。移动地图和互联网地图的主要供应商——国外如 Google、Microsoft 和 Apple 等，国内如百度、天地图、四维图新、高德等公司相继推出三维实景地图服务平台。博世也于去年推出用于导航系统的"三维艺术地图"（3D Artmap）。SmartMap Berlin 则是一款德国首都 3D 地图模型应用。

移动地图受使用环境限制，具有快速响应性、显示方式多样以及交互性、实时性特点。地图信息的传输由传统的单向传输发展为双向的不断循环过程。国内学者更关注移动地图的信息特点、传递过程及信息传递效率：分析了移动地图的信息传输过程，建立了基于移动通信条件下的地图信息传输模型；基于空间认知理论，分析网络地图和移动地图的信息传输的模型及其特点，冯长强等提出影响移动地图信息传输效率的因子，为移动地图可视化表达和设计提供了理论基础（冯长强等，2012）。马青等则着眼于儿童对地图表征认知的特点，针对儿童移动地图的内容设置、符号和注记设计、交互、功能等提出了设计方法和模板（马青等，2013）。

（四）国家与区域地图集编研

近年来，出版了相当数量的各种专题地图集，包括多部国家和区域的地图集，并在图集出版编制技术方面也有所进步。

1. 近年来主要编制的国家和区域地图集

近年来中国出版了大量的国家和区域地图集，涉及自然、社会、经济、文化、生态等多个专题，这些地图集广泛应用于国民经济建设、防灾减灾等多个领域。国家科技奖励主管部门于 2006 年设立了优秀地图作品"裴秀奖"，目前已经举办 4 届。此外每两年举办一次的国际制图大会，也有不少中国地图参展并获得大奖。

（1）新世纪国家大地图集编研

从国际上看，世界上已有 90 多个国家编制出版了国家地图集，近年来其中大多数国家进行过再版、三版，美国、加拿大等还都建立了国家级地图集网站，面向科研部门、政府和社会公众提供服务。我国先后于 20 世纪 60 年代和 80 ～ 90 年代曾经过两个版本的国家大地图集编制出版工作，先后编制完成了农业、经济、普通、自然等国家大地图集，近年来还相继推出了国家大地图集部分分卷的英文版和电子版，国家历史地图集也将于近期出版。在 2005 年前后，以陈述彭院士为首的地图学家们提出了编纂"新世纪版国家大地图集"的建。经过多年努力，2013 年，科技基础性工作专项重点项目《新世纪版〈中华人民共和国国家大地图集〉编研》正式得到科技部立项，并确立了《中华人民共和国普通地图集》《中华人民共和国经济地图集》和《中华人民共和国区划地图集》为示范编研图集，其中前二者为更新编研，后者为补充编研，承担单位分别为基础地理信息中心、中国科学院地理科学与资源研究所、武汉大学与中国地图出版社等。随着新世纪版《中华人民共和国国家大地图集》编研的正式启动，将带动编制出版一批新的国家和区域专题地图集。

（2）自然专题地图集编研

近年来也出版了一系列优秀地图集作品，包括植被、地貌、人口与环境变迁、行政区划、公共健康、世界遗产等专题。主要代表作如《中华人民共和国植被图》《中华人民共和国地貌图集》《中英双语亚洲"两图一书"》《中国南方构造—层岩相古地理图集（震旦纪—新近纪）》《中国冰川冻土沙漠图》《中国西部地区典型地貌图集》等自然地图集。其中《中华人民共和国植被图》包括覆盖我国陆疆全域的 1∶1000000 图件 60 幅，全面反映出我国 11 个植被类型组，55 个植被型的 900 多个群系和亚群系（包括自然植被和栽培植被）以及约 2000 多个群落优势种、主要农作物和经济植物的地理分布。《中华人民共和国地貌图集》采用 1∶1000000 分幅，总图幅 77 幅，是全面反映我国地貌宏观规律、揭示区域地貌空间分异的国家级基本比例尺基础性图集。《中英双语亚洲"两图一书"》（以下称《两图一书》）指《亚洲与邻区陆海地貌全图》（1∶800 万）、《亚洲与邻区板块造貌构造图》（1∶1400 万）及其配套的《亚洲地貌圈及其板块造貌构造纲要》研究专著。

此外还出版了一系列区域生态环境地图集，《长江流域生物多样性格局与保护图集》反映了长江流域的生物多样性分布格局与优先保护规划，以促进该流域自然资源的保护与合理开发利用，实现人与自然的和谐共处，也可为相关部门决策提供参考。《三江源地区生态环境地图集》展示了三江源地区生态环境的背景、资源、特征与效益、规划和典型区域等内容，《图集》是国家西部测图工程成果之一。《洞庭湖历史变迁地图集》全面揭示和解读洞庭湖各个历史时期的湖泊演变、堤垸演变、洪枯水灾害、水利工程建设、农业、资源环境等内容。

（3）月球图和南北极地图集

作为我国绕月探测工程的重要成果，先后出版了《嫦娥一号全月球影像图集》《嫦娥二号高分辨率月球影像图集》和《嫦娥一号全月球地形图集》，其中《嫦娥一号全月球地形图集》采用彩色晕渲配合等高线的方法详细表示了月球的地表形态，可为研究月球地形地貌、地质构造和演化提供基础性的资料。

在我国极地科学考察 25 周年之际，首部反映南北极自然地理环境与中国南北极测绘科学考察成果的地图集——《南北极地图集》出版发行。该地图集对我国南北极测绘的各类地图成果进行了系统化、规范化、科学化的概括与整理，并收集了国内外相关资料，综合反映了 25 年来我国南北极测绘的历史与科学研究成果。

（4）社会经济、文化、体育地图集

近年来出版的经济社会、文化等代表性图集主要包括《地图见证辉煌：中国改革开放30 年地图集》《中国人口与环境变迁地图集》《中国战争史地图集》《中国文物地图集》（系列）《中国妇女平等地图集》《世界遗产遥感图集 ——中国篇》《辛亥革命历史地图》

等，以及区域性图集如《中国西部人文地图集图集》《新疆维吾尔自治区资源经济地图集》《陕西省环境资源图集》《河北省资源地图集》《江苏省资源环境与发展地图集》等，这些图集全面展示了我国与各省区人口资源、经济、社会发展空间分布与变化特征。

中国先后成功举办 2008 年北京奥运会、2010 年上海世博会、2010 年广州亚运会，体育盛事召开的同时也出版了多本图集，如《北京奥运场馆旅游交通图》《上海市地图集（中国 2010 年上海世博会专版）》《广州亚运地图》。

（5）行政区划和版权地图集

《中华人民共和国行政区划地图集》由中国地图出版社主编，2010 年出版，图集充分运用地图、表格、文字等表示方法，展示了我国行政区划的沿革和现状，突出了行政区划这一主题，主题鲜明，信息量大，现势性强。图集从设计、编制和制版等方面普遍采用了先进的数字制图技术，既反映了当代地图集印制的最高水平，又在表现效果上层次分明，清晰易读，利于读者从中了解我国的行政区划情况。

为了维护钓鱼岛及其附属岛屿、南海诸岛的神圣主权，编制出版了《中华人民共和国钓鱼岛及其附属岛屿》《中华人民共和国钓鱼岛及其附属岛屿地形》《中华人民共和国钓鱼岛及其附属岛屿立体影像》等地图。《南海地图选编》搜集、整理了古今中外与南海相关的代表性地图，编制反映南海有关问题现状的地图，展现了我国对南海拥有主权的地图以及地理信息方面的证据。《中国南海主权态势演变图集》为摸清岛礁实际管控现状、资源环境基本状况等情况，提供了可靠的参考。

（6）人口公共健康地图集

近年来，人口和公共健康越来越受到关注，陆续出版了多本相关图集，包括《中华人民共和国人口与环境变迁地图集》《中国性别平等与妇女发展地图集》《中国血吸虫病地图集》《中国出生缺陷地图集（1996—2006）》等。

《中华人民共和国人口与环境变迁地图集》对我国面临的人口和环境的两大挑战，进行了较全面系统的分析和图形表达，特别是总结和反映了新中国成立和改革开放以来，我国人口与环境的变迁及其时空特征，分析了其演变过程和规律，揭示了未来发展趋势和相应对策。《中国性别平等与妇女发展地图集》是中国第一部以性别为主题的综合性专题地图集。该图集全面系统地反映中国性别平等与妇女在参政、就业、教育、婚姻家庭、生育健康、环境领域等方面的状况。《中国血吸虫病地图集》展示了 2002—2010 年我国血吸虫病的流行特征和疫情变化趋势，真实地反映了我国血吸虫病的防治成效。《中国出生缺陷地图集（1996—2006）》展示了 1996—2006 年我国 16 类主要出生缺陷发生的长期趋势、地理差别、城乡差别和性别分布，采用照片、趋势图、地图等多种表现形式形象地描述了出生缺陷的胚胎发育、临床表现和流行病学特点。

（7）灾害地图集

近年来自然灾害频繁发生，特别是 2008 年汶川地震、2010 年玉树地震发生以后出现了一系列的灾害专题地图集，如《汶川地震灾害遥感图集》《汶川地震公路震害图集》《汶川地震灾害地图集》《汶川地震区域简明图集》《汶川地震灾害监测评估图集》《玉树地震区域生态环境图集》等，近年来还陆续编制出版有一批全国性的灾害地图集《2010年中国重大自然灾害图集》《2011年中国自然灾害图集》《2012年中国自然灾害图集》、《中国自然灾害风险地图集》《中国典型县（市）地质灾害易发程度分布图集》（包括华北东北卷、华中华南卷、华东地区卷、西南地区卷、西北地区卷）《中国泥石流灾害图》、《中国崩塌滑坡灾害图》等。这些地图集不仅反映了自然灾害分布范围、危害程度、成因及其演变规律，也为防灾减灾提供了科学依据。

（8）古地图集

古地图的整理汇编出版或复制出版，对传播地图文化，研究历史变迁具有重要价值。这两年出版的代表性作品有：《中华舆图志》《舆图指要：中国科学院图书馆藏中国古地图叙录》《黄河全图》《运河全图》和《淮河全图》等。《中华舆图志》共收录了战国至清末有代表性的舆图共103幅，包括天下寰宇图、疆域政区图、军事图、河渠水利图、风景名胜图、交通通讯图和城市图7大部分。《图志》对中华舆图各发展阶段和不同类别舆图测量、绘制方法及相关事件等进行了分析和研究，准确而详细地记述了中华舆图的发展，同时对舆图中表示的专题内容的发展、变化以及地图的绘制做了客观描述。

（9）省市综合地图集

在改革开放30周年和新中国成立60周年之际，各省先后启动综合地图集编制工作，先后出版了《安徽省地图集》《上海市地图集》《江西省地图集》《浙江省地图集》《重庆市地图集》《吉林省地图集》《河南省地图集》《内蒙古自治区地图集》《辽宁省地图集》《福建省地图集》等。这些省市综合地图集综合反映各省市的行政区划、地理环境、自然资源、生产力布局以及政治、经济、社会、文化等方面的发展状况，为政府决策和重大项目服务。大部分图集编制精良、质量上乘，不少图集获得裴秀奖，集中体现了我国省市综合地图集编制的最高水平，形成了具有中国特色的大型省级地图集编纂体系。

除了上述提到的地图集外，地图文化创意产品是近年来创意开发较快的一类新颖产品，在市场上也引起较好反响。地图文化创意产品是指借助地图几千年发展中积淀的厚重文化，通过现代的创意设计，形成以地图为核心或以地图元素为主要设计理念的各类产品，涉及手袋、箱包、方巾、丝巾、文化衫、竹简、笔筒、家居用品等。如《清代北京西郊园林与三山五园图》漆器工艺屏风、《宁郡舆地图》挂轴、《皇明大一统地图》竹简、《世界地理景观全图》无框画、《颐和园图》丝巾等。

2.近年来地图集编制技术进展

（1）一体化的图集编制技术

在当今信息时代，地图集编制呈现出地图集编制的内容纵深化发展、成图方法的多样化、资料的多元化、地图符号的多样化、地图整饰的灵活性的五个特征（张会霞，2008）。近年来编辑出版的地图集已经由传统制图模式逐步转换到全数字化的数据制图模式。与传统地图集繁重复杂的编制生产方法相比，现代计算机制图、GIS、制印新技术的发展大大缩短了地图编制周期，精简了技术方法与工艺流程，而且也改变了地图集的编制与出版模式，通过对现有地图集编制特点以及其制印生产新工艺方法进行总结与探讨，提炼出一种程序化、结构化、标准化的地图集生产流程出来，便于专业成果图件与地图集的编制出版（高晓梅，2008）。区域性地图集编制技术方法都是采用 GIS 技术、RS 技术、GPS 技术、地图制图学理论、DTMP 技术和 CTP 技术来实现的。计算机全数字制图与制版一体化从根本上改变了综合制图设计与生产的传统工艺，3S 技术与数字地图方法相结合，把综合制图推向更高水平（袁勘省，2007）。

从制图数据源来说，除了大量采用遥感、数字地形、矢量数据外，地图数据库开始广泛应用与制图系统，使得地图集的成图时间大大缩短，工作量也减轻了许多（张会霞，2008）。《中华人民共和国地貌图集》就采用遥感、地理信息系统和计算机制图技术，在数值地貌分类和编码系统、运用多源遥感信息的数字地貌遥感解析技术的基础上编制而成（周成虎，程维明，2010）。《2010 年中国重大自然灾害图集》的设计与编辑中把多部门、多尺度、多时相和多类型的自然资源和地理空间数据通过 MAPGIS 软件转换后，把作者原图和底图套合，然后输入直接用于桌面出版的 CorelDRAW 软件进行专题地图的编辑加工（祁彩梅，2013）。

除了传统的数据制图和作者原图编绘，近年来编制的专题地图集还尝试将学科知识融入模型，产生面向专题地图编制的二次或多次派生数据，实现基于专业知识或基于模型的智能化地图制图，也就是实现知识制图。《中华人民共和国人口与环境变迁地图集图集》以人口与环境变迁为主题，突出反映了人口与环境发展演变过程，同时表达了近期现状，把历史和现状相结合是该图集编制一个重要特征；图集一方面表达了我国人口与环境变化过程，同时也注意阐明人口与环境的相互关系；图集在表达人口与环境特征上的最大优势，在于鲜明地阐述其空间分布架构和表现区域分异规律（姚鲁烽，2010）。

（2）图集设计的多样化

从专题地图集的选题设计来看，以往专题内容相对单一，以自然地图集、人文地图集划分，但是近年来出现了大量围绕某一主题的综合地图集。选题也和当前热点和国民经济社会发展密切相关，例如近期出版的多部灾害地图集和公共健康地图集。

从产品模式设计来看，以往地图集以纸质地图为主，或附有电子光盘，近年来逐渐发展为地图集系列产品，不仅包括纸质地图集，还包括说明书和相关研究报告，以及电子地图系统或 GIS 系统。这些地图集往往图文并茂，甚至以文字为主，突破了传统地图集地图较多文字说明较少的形式。如《中华人民共和国植被图》产品系列就包括包括《中华人民共和国植被图（1∶100 万）》（1 册）、《中华人民共和国植被区划图（1∶600 万）》（1 幅）、说明书《中国植被及其地理格局》（上下）、图件和说明书电子版光盘 1 枚、图件数字化数据库和植被信息管理系统软件光盘 1 枚共 6 件。在图件数据库和植被信息管理系统中，可对所有图幅做拼接、裁剪、缩放、叠加变色、标识，重组成图，并可对各图面要素检索、提取、测算、统计，可用数学模型生成专题图件，或与自然和社会等各种要素作相关多元分析及模型运算和产生新图，极大提高了植被图的应用技术水平。

传统的纸质地图难以承载海量的地理空间信息，因此出现了一些与纸质地图进行多媒体互动的语音地图集。如《中华人民共和国语音地图》将点读笔数字出版技术应用于地图领域，在地图本身所承载的地理信息之外，又以唱音形式增加了大量的地图所无法表达的自然和人文信息。《北京市政区地图集（语音版）》将语音技术引入地图出版领域，被称作第一部使用电子语音技术的行政区划专题地图集，其兴趣点内容介绍用美妙的语音替代繁杂的文字。（张保钢，2011）等。这些地图文化创意产品极大地丰富了地图产品的形式，为传统纸质地图带来了新意。

（五）电子与网络地图（集）

1. 电子地图（集）

满足公众需求，服务百姓生活的普及性电子地图和地图集层出不穷，包括交通旅游电子地图（集）、教学电子地图（集）、导航电子地图（集）等，呈现品种多、数量大、覆盖广、销势旺的繁荣景象，同时电子地图应用也已经深入到社会的各个层面。据统计，2012年全国出版各类电子地图产品有数百种之多；国家测绘地理信息局"天字号工程"天地图建设已推出第 4 个版本 2013 版，地图数据资源不断丰富，服务功能不断完善。天地图 2013 版主要包括平台软件、英文频道、三维城市服务频道、综合信息服务频道、手机地图等，并提供标准的应用程序接口（API）。数据内容主要包括多比例尺矢量数据、多分辨率遥感影像数据、地形晕渲数据、地名地址数据及有关综合信息等。在推进天地图国家级主节点建设的同时，天地图省、市级节点不断推出，为社会公众提供基本的地理信息公共服务。

2. 其他地图产品

除了上述印刷地图（集）、电子地图产品外，还出现了一些特殊类型的地图产品，例如刻版地图、丝绸地图、长卷地图、手绘地图、盲文地图、点读笔语音地图、鸟瞰地图等。这些地图产品既适用了特殊人群的需求，也是地图形式和模式的新尝试，丰富了地图产品的类型，为用户提供了更多携带方便、易读易用的地图产品选择。未来的地图产品市场将形成是百花齐放的局面。

三、主要特点与趋势

地图学和地图学产品在过去 5 年来取得了长足的进步，其主要特点是在经过一段低潮期后，中国地图学在理论与方法上取得了一定的进展，除在经典的研究领域上有所拓展外，提出了一些针对现在地图学的理论方法体系；其二是地图产品的多样化，纸质、CD-ROM，网络地图产品愈来愈丰富，尺度不一国家与区域性地图集不断呈现，在编制与表现手法上，更多注重知识的表达与概括，在介质上，呈现向网络和移动网络发展的态势；第三，地图技术发生了巨大的变化，网络地图系统平台与地图系统已经呈现多元化、专业化、大众化和拥有国产核心技术的方向上发展，在多维动态、自适应可视化、基于知识的地图挖掘与制图、移动制图等方面取得了较大的进展；第四，制图的群体的不断扩大，除专业制图人员外，其他各类专业人员和许多公众都积极参与到地图制图中来。可以预见，未来5年中，新的地图学理论、方法与技术会取得更大发展，在国家大地图集示范编研的带动下，新一轮地图集编制和地图集产品将出现一个新的高潮。

参 考 文 献

［1］陈述彭. 地学的探索（第二卷）：地图学［M］. 北京：科学出版社，1990.

［2］高俊. 进入21世纪的地图学［C］// 庆祝中国人民解放军测绘学院建院五十周学术报告会论文集. 信息工程大学测绘学院，1996.

［3］高俊. 地图学四面体：数字化时代地图学的诠释［J］. 测绘学报，2004，33（1）：6-11.

［4］王家耀，孙力楠，成毅. 创新思维改变地图学［J］. 地理空间信息，2011，9（2）：1-5.

［5］王家耀，安敏. 地图演化论及其启示［J］. 测绘科学技术学报，2012，29（3）：157-161.

［6］孟立秋. 地图为人人，人人都制图［J］. 测绘科学技术学报，2012，29（5）：313-320.

［7］王英杰、陈毓芬、余旧渊，等. 自适应地图可视化原理与方法［M］.北京：科学出版社，2012.

［8］齐清文，姜莉莉，张岸. 数字地图的研究进展和应用新方向［J］. 地球信息科学学报，2011，13（6）：727-734.

［9］李霖，朱海红，贺彪，等. 基于代数结构的地形图制图模型［J］. 测绘学报，2011，40（3）：373-378.

［10］钟业勋，朱重光，童新华，等. 地图可视化与地图学概念的相关性研究［J］. 玉林师范学院学报，2012，33（2）：146-149.

［11］尹章才. Web 2.0地图的双向地图信息传递模型［J］. 武汉大学学报（信息科学版），2012，37（6）：733-736.

［12］马超，刘文兵. 移动地图的信息传输模型研究［J］. 测绘与空间地理信息，2012，10：153-155.

［13］宋龙，夏青，李之歆. 移动电子地图空间认知与信息传输的研究［J］. 地理信息世界，2011，9（3）：38-40.

［14］李淑霞，安敏，李宏伟，等. 常识空间认知研究与地名本体设计［J］. 测绘科学技术学报，2011，28（6）：446-449.

［15］许俊奎，武芳，魏慧峰，等. 面状居民地匹配的空间认知特点研究［J］. 测绘科学技术学报，2012，29（4）：303-307.

［16］王家耀. 地图学与地理信息工程学科进展与成就［M］.北京：测绘出版社，2011.

［17］陈虎，李宏伟，马雷雷. 本体在地理知识库构建中的应用［J］. 地理空间信息，2011，9（5）：78-81.

［18］普帆，李霖，王红. 概念格在基础地理本体层次构建中的应用［J］. 测绘科学，2011，36（6）：235-237.

［19］胡玲，李霖，王红. 基于范畴论的形式化地理本体对齐和集成研究［J］. 计算机科学，2012，39（7）：242-244.

［20］钟业勋，胡宝清，郑红波. 地图符号的基本结构和功能［J］. 桂林理工大学学报，2011，31（2）：229-232.

［21］邓毅博，王雨生，侯彦虎. 地图语言信息传输方式研究［J］. 北京测绘，2012，5：22-25.

［22］郭立新，刘灿由. 海图语言语法及其隐喻关系综述［J］. 海洋测绘.2012，32（06）：72-75.

［23］陈军，林艳，刘万增，等. 面向更新的空间目标快照差分类与形式化描述［J］. 测绘学报，2012，41（1）：108-114.

［24］蔺秋萍，李嘉. 地图数据多比例尺级联更新方式研究［J］. 测绘通报，2013，4：33-36.

［25］ 郭敏，钱海忠，黄智深，等. ID3 决策树推理模型及其在道路网选取中的应用［J］. 测绘科学技术学报，2012, 29（4）：308–312.

［26］ 李木梓，徐柱，李志林，等. 基于层次随机图的道路选取方法［J］. 地球信息科学学报，2013, 14（6）：719–727.

［27］ 周庆冲. 基于航行需求的海图制图综合［J］. 测绘通报，2011, 9：56–58.

［28］ 潘东华，王静爱，贾慧聪. 线状自然灾害风险地图的自动综合—以铁路承灾体为例［J］. 武汉大学学报·信息科学版，2012, 37（12）：1500–1503.

［29］ 郭瑛琦，齐清文，姜莉莉，等. 城市形态信息图谱的理论框架与案例分析［J］. 地球信息科学学报，2011, 13（6）：781–787.

［30］ 莫洪源. 中国贫困地区空间格局的信息图谱分析与可视化研究［D］. 北京：中国科学院研究生院，2010, 6.

［31］ 朱长青，符浩军，缪剑，等. 一种自适应的数字栅格地图可见水印算法［J］. 测绘学报，2013, 42（2）：304–316.

［32］ 俞肇元，袁林旺，胡勇，等. 基于几何代数的矢量时空数据表达与建模方法［J］. 地球信息科学学报，2012, 14（1）：67–73.

［33］ 谢炯，薛存金，张丰. 时态 GIS 的面向过程语义与 HAS 表达框架［J］. 地理与地理信息科学，2011（4）：1–7.

［34］ 江南，曹亚妮，赵军喜，等. 不同密度区电子地图多尺度显示模型的建立与应用［J］. 武汉大学学报（信息科学版），2013, 38（4）：465–469.

［35］ 艾波，唐新明，艾廷华，等. 利用透明度进行时空信息可视化［J］. 武汉大学学报（信息科学版），2012, 37（2）：229–232, 259.

［36］ 周平，唐新明，张过. 多时相统计数据空间动态可视化模型研究［J］. 武汉大学学报（信息科学版），2012, 37（9）：1130–1133.

［37］ 张岸，庄剑顺，齐清文，等. 基于增强现实技术的纸质地图增强表达与交互［J］. 热带地理，2012, 32（5）：5–7.

［38］ 王瑜婷. 2012 版国家 1∶5 万数据库建成［N］. 中国测绘报，2013-4-27：1.

［39］ 中国测绘学会. 测绘学科与技术学科发展研究报告（2009-2010）［M］. 北京：中国科学技术出版社，2010（4）.

［40］ 邓毅博，陈毓芬，郑束蕾，等. 基于认知实验的旅游网络地图点状符号设计［J］. 测绘科学技术学报，2013, 30（1）：99–103.

［41］ 邓毅博，王雨生，王俊超，等. 地图图例位置的眼动实验研究［J］. 测绘与空间地理信息，35（10）：201–204.

［42］ 马超，刘文兵. 移动地图的信息传输模型研究［J］. 测绘与空间地理信息. 2012, 35（10）：153–155.

［43］ 王家耀，安敏. 地图演化论及其启示［J］. 测绘科学技术学报，2012, 29（3）：157–161.

［44］ 周成虎，朱欣焰，王蒙，等. 全息位置地图研究［J］. 地理科学进展，2011, 30（11）：1331–1335.

［45］ Ma C, Ma C, Li R. Visual Communication in Art Design of Maps［C］// Proceedings of 26th ICA Conference, 2013.

［46］ Ren F, Du Q. Web Driven Dynamic Generative Mechanism of Thematic Map［C］// Proceedings of 26th ICA Conference, 2013.

［47］ Zhang X, Ai T, Cheng X. Adaptive Cartography in the Context of Neogeography and Ubiquitous Computing：Research Issues［C］// Proceedings of 26th ICA Conference, 2013.

［48］ Jiang N, Hua YX, Zhang YJ, et al. Research and Practice of Electric Map Multi–pattern Display［C］// Proceedings of 26th ICA Conference, 2013.

［49］ Qi QW, Jiang L, Zhang A. Summary and Achievements of City Atlases in P.R. China［C］// Proceedings of 26th ICA Conference, 2013.

［50］ Yu C, Ren F, Du Q, et al. Web map–based POI visualization for spatial decision support［C］// Proceedings of 26th ICA Conference，2013.

［51］ Jiang L, Qi Q, Zhou F, Zhang A, River Classification and River Network Structuration in River Auto–selection［C］//

Proceedings of 26th ICA Conference, 2013.

[52] Jiang N, Sun Q, Cao Y, et al. Research and Application of Two-peak Changing Law of Electronic Map Load [C] // Proceedings of 26th ICA Conference, 2013.

[53] Fei L, Huang L, He J. The integrated cartographic generalization of water system and geomorphology using 3D Douglas-Peucker algorithm [C] // Proceedings of 26th ICA Conference, 2013.

[54] Wei Y, Ji G, Chen Y, et al. 3D Symbolization and Multi-Scale Representation on Geo-Information [C] // Proceedings of 26th ICA Conference, 2013.

[55] He Z, Hu A, Li J, et al. A DL-based Approach for Detecting Semantic Relations in Geo-Ontology Matching [C] // Proceedings of 26th ICA Conference, 2013.

[56] Fan H, Gong H, Fu Q, A Novel Approach of Selecting Arterial Road Network for Route Planning Purpose [C] // Proceedings of 26th ICA Conference, 2013.

[57] Mu L, Li G, Liu J, et al. A New Mapping Method for the Moon With the Chang'E-1 Data [C] // Proceedings of 26th ICA Conference, 2013.

[58] Fei Z, Du Q, Cong W, et al. A Construction Theory of Thematic Map Taking A Carto-Linguistic Perspective [C] // Proceedings of 26th ICA Conference, 2013.

[59] Luo A, A Semantic Matching Method of Heterogeneous Geospatial Service Classification Based on the Concept Lattice [C] // Proceedings of 26th ICA Conference, 2013.

[60] Ai T, Consistency Matching in the Integration of Contour and River Data by Spatial Knowledge [C] // Proceedings of 26th ICA Conference, 2013.

[61] Xu S. Multi-Scale Data Organization and Management of 3D Moving Objects Based on GIS [C] // Proceedings of 26th ICA Conference, 2013.

撰稿人：王英杰　齐清文　张　岸　李洪省

我国GIS专业高等教育
现状调查研究

一、引言

21世纪以来，随着地理信息系统（Geographic Information System，GIS）相关学科技术的快速发展及GIS应用领域的迫切需求，我国GIS专业高等教育蓬勃发展，目前，已有超过170所高校开设GIS专业，每年培养GIS毕业生近万人。然而，在GIS专业迅猛发展的背后，也存在着专业定位、专业发展、师资建设和教学管理等方面的诸多问题，而这些问题必将阻碍我国地理信息产业未来的发展。2012年，教育部的本科专业调整方案中已经将"地理信息系统"专业更名为"地理信息科学"，势必将对专业培养目标、培养模式、培养要求等方面产生深远影响。本文在对全国地理信息系统专业情况进行调查的基础上，分析这些问题出现的缘由并提出建议。

二、GIS高等教育发展回顾

我国GIS高等教育起步稍晚，20世纪80年代，武汉测绘科技大学首先开设了专门培养GIS人才的本科专业。90年代，我国GIS教育发展也进入快车道。1998年，教育部颁布的《普通高等学校本科专业目录》中，地理科学类中新增了地理信息系统专业，促进了中国GIS高等教育的迅速发展。至2000年，全国已经有30余所院校设立了地理信息系统专业。2002年，这个数字翻了近一番，到2004年，已经迅速发展到100余所院校。至今，我国开设GIS本科专业的高等院校已近170余所，不同省市设有GIS专业的高校数量见表1。另外，有超过百所高校具有与地理信息系统相关的理学及工学硕士点和博士点。

表 1　我国各省份设有地理信息系统本科专业的院校数目统计表

设 GIS 专业院校数目（个）	0 ~ 5	6 ~ 10	11 ~ 15	15 以上
省　份	天津、黑龙江、辽宁、内蒙古、新疆、青海、甘肃、宁夏、山西、安徽、上海、浙江、云南、贵州、重庆、广西、西藏	吉林、陕西、河北、江西、湖北、湖南、四川、广东、福建	北京、山东、河南	江苏

三、GIS 高等教育现状调查

为摸清我国 GIS 专业发展的情况，2013 年，中国 GIS 协会教育与科普工作委员和教育部地理学教学指导委员会合作，向全国具有地理信息系统专业的高校进行问卷调查。对象涵盖不同专业背景和发展层次的院校；内容涉及专业建设与发展的各个方面，包括专业开设情况、教学团队情况、科研情况、教学成果等，详细内容见表 2。

表 2　全国 GIS 专业高等教育现状调查问卷内容

问卷项目	具 体 内 容
专业开设情况	专业获批时间、专业招生时间、年均招生规模、第一志愿比例、男女生比例、文理科比例、专业背景、相应的硕士专业情况、相应的博士专业情况
教学团队情况	专业教师总人数、教授、副教授、讲师的人数、青年教师博士比、外聘教师、教学团队结构
取得成果情况	近三年取得科研情况、教学成果获奖情况、承担的教改项目、出版的教材、取得的标志性成果
学生发展情况	一次性签约率、参加考研学生比率、年均考研率、学生就业单位与本专业相关的比例、学生获奖情况
硕士、博士点情况	相关硕士、博士点的获批时间、招生情况以及发展态势

本次调查，大部分高校发来反馈信息，基本上能够反映出我国 GIS 高校的情况。调查结果如下。

（一）专业发展状况

1）专业开设时间及招收规模。自 1988 以来，GIS 专业高等教育经历了 30 多年的发展史。21 世纪以来，国内开设 GIS 专业的高校增势迅速。从图 1 可以看出，国内高校开设 GIS 本科专业时段中，1999—2005 年为快速增加期，2005 年后为相对平稳期，GIS 专业的快速发展反映社会对 GIS 技术需求日益增大，GIS 应用领域不断拓展。

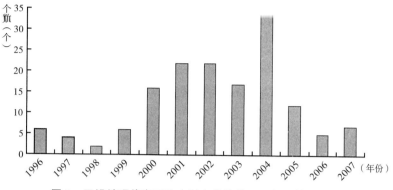

图 1 开设地理信息系统本科专业院校、研究所数量变化

　　从表 3 中可以看到，各院校 GIS 专业本科生招收规模主要集中在 60 ～ 79 人这个区间段中，其次是 20 ～ 39 人和 40 ～ 49 人区间段，分别占到了 35.6%、28.8% 和 24.7%，人数在 100 人以上的和 20 人以下的院校相对较少。但是，本科生招生人数在 60 人以上的院校累计达到 45.2%，相对比重偏高，招收规模偏大。全国共有 58 个院校具有一级学科硕士点，二级 GIS 专业硕士点的高校已超过 55 所；具有一级学科博士点的院校有 33 所，二级 GIS 专业博士点的院校有 14 所。从数量上看硕士、博士点的数量已经初具规模。从硕、博士点分布上看，除西藏、海南外，各省均有硕士点，其中北京、江苏、山东、四川数量较多，这些地区对于地理信息系统的需求大于其他地区，总体上看教育资源的分配还比较合理。从表 4 和表 5 中可以看出，硕士招生人数在 20 人及以上的占到了 30.9%，在硕士招生人数段中比例最高；博士招生中 5 人及以上的院校占到了 28%。

表 3　各院校 GIS 专业本科招生规模统计表

本科生招生规模（人）	0 ～ 19	20 ～ 39	40 ～ 59	60 ～ 79	80 ～ 99	100 及以上
各规模范围内的院校数目比例（%）	1.4	28.8	24.7	35.6	5.5	4.1

表 4　各院校 GIS 专业硕士招生规模统计表

硕士生人数规模（人）	0 ～ 4	5 ～ 9	10 ～ 14	15 ～ 19	20 及以上
各规模范围内的院校数目比例（%）	10.9	12.8	29	16.4	30.9

表 5　各院校 GIS 专业博士招生规模统计表

博士生人数规模（人）	1	2	3	4	5	5 人及以上
各规模范围内的院校数目比例（%）	20	28	12	12	4	24

2）本科学生第一志愿比率。学生第一志愿比例高低反映了学生对专业的兴趣程度。图 2 反映出学生选 GIS 专业为第一志愿比例为 20%～39% 的高校约占 34%，排名第一；第一志愿比例低于 60% 的高校约占 68%，第一志愿比例低于 40% 的高校约占 51%，也就是说，有超过一半的院校 GIS 专业本科生招生中第一志愿比例还不到 40%。由此可见，GIS 专业本科生多数是从其他专业调剂的，对于 GIS 专业不了解，前期兴趣并不浓厚。

3）本科生男女生比例、理科 / 文科生比例。图 3 反映出约 75% 的院校全部招收理科生，只有约 3% 的院校文科生多于理科生。图 4 表明有约 67% 的院校 GIS 专业男生多于女生。GIS 专业本科生男女比例和文理比例的这种不平衡结构，同时反映出 GIS 专业作为一门综合性交叉性学科和技术，对学生理性思维能力和实践动手能力要求相对较高，这是 GIS 专业人才培养的重要特点。

4）学科背景。我国 GIS 高等教育已形成了多元化、层次化、规模化的发展格局（Tang et al, 2008）。其中多元化主要表现为其依托的学科背景有地理学、测绘学、计算机科学或由相关的科研项目驱动，培养的人才类型包括理学、工学或理工交叉或其他相关行业领域。图 5 为所调查高校中各种学科背景所占比例情况，其中地理背景占了 45.6%，其次是

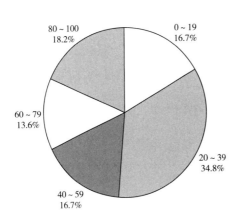

图 2　不同程度第一志愿比例的院校数目比

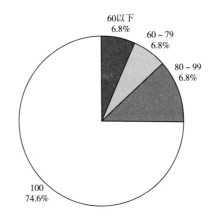

图 3　不同程度理科生比例的院校数目比

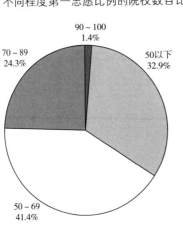

图 4　不同程度男生比例的院校数目比

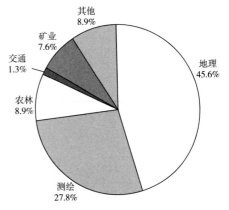

图 5　不同专业的院校数目比

测绘背景占了 27.8%，反映了 GIS 与专业地理学起源与测绘技术发展关系密切。其中部分学校开设 GIS 专业依托的学科包括农林、交通、矿业、水利、生态环境、自然灾害等，显示 GIS 专业在不同行业中的应用不断深入。依托学科影响着 GIS 专业发展方向和研究重点，各大院校要结合自身情况开设 GIS 专业，势必进一步推进 GIS 专业发展多元化特色。

（二）教学团队情况

1）教师总人数。随着 GIS 产业化趋势不断增强，社会对 GIS 人才需求日益增大，对从事 GIS 人才培养的教师需求同步增多。从图 6 可以看出，教师人数达到 20 人及以上的院校占到了 55%，超过 15 人的占到了 70% 以上。同时，近 25% 院校有外聘教师，可以有效促进院校之间的交流，实现教育资源共享。根据问卷中相关数据，GIS 专业的教师来自于师范类院校、理工类院校、农林类院校和综合性院校等，各大院校在进行师资建设时也要注重教师专业素养和知识结构相结合，对培养 GIS 专业学生综合能力具有重要意义。

2）教师职称结构。教师专业素养对于 GIS 人才培养以及专业自身发展至关重要。GIS 专业起步晚、发展迅速，且具有交叉性的特征，某种程度上造成了教师学科背景较为复杂，部分教师专业知识积淀需进一步加强的问题。对教师职称结构调查结果如图 7 和图 8。其中，大多数院校教授比位于 20% ~ 39% 之间。教师中的高级职称比例相对较高，有近半数的高校达到 60%，36% 的高校高级职称比例在 40% ~ 59% 之间。由此可见，GIS 专业教师职称结构趋于理想。

3）教师学历结构。教师专业素养和专业发展潜力同时还体现在学历结构上，尤其是青年教师学历层次对于专业科研发展以及教育教学具有重要影响。图 9 反映的是各大院校中青年教师博士比的相关情况，有 20% 院校青年教师全部为博士，有约 40% 的院校青年教师博士比为 80% 以上。由此可以看出，GIS 专业青年教师专业素质高，对 GIS 专业人才培养和专业自身发展提供了重要支撑。

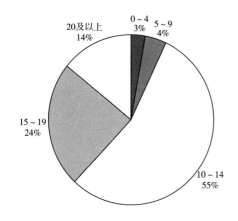

图 6　不同规模教师人数的院校数目比重

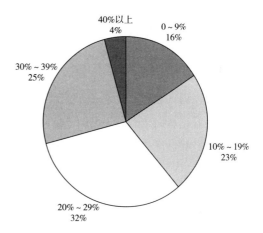

图 7　不同教授比重的院校数目比

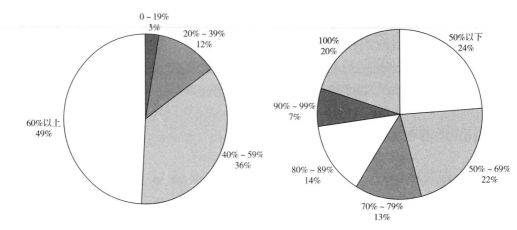

图8 不同教授和副教授比重的院校数目比　　　图9 不同青年老师博士比的院校数目比重

（三）教学科研成果

本次调查问卷就 GIS 专业的高校教师所取得的教学成果奖、近 3 年科研和出版的地理信息系统教材情况以及 GIS 学科课程建设情况进行了调研分析。

教学成果奖是教学研究成果的积淀与结晶，也衡量教学质量的重要指标之一。自 GIS 专业高等教育开展以来，各高校在 GIS 专业教学成果方面硕果累累，部分教师在 GIS 教育方面获得了市级、省级甚至国家级的教学成果奖。据调查显示，约有 50% 的高校获得过至少一项以上地理信息系统教学成果奖，时间上大部分集中在 2005 年以后，尤其是 2009 年以后成果获奖约占总量的 70%。2009 年，南京师范大学的教学成果"把握信息学科特点，推进地理信息系统课程与系列教材一体化建设"获国家教学成果二等奖，刘耀林、汤国安、李满春教授还获得高等学校教学名师奖，显示我国 GIS 高等教育在教育界的影响力正在逐步提升。

科研是高校不断发展的推动力，是提高学校质量、培养高素质人才的重要方法和途径。就 GIS 专业方向近 3 年科研情况而言，各高校成果卓著。在 GIS 专业教师获得国家自然基金资助方面，大约有 80% 高校承担过国家自然基金项目，其中约有 50% 左右的院校承担过 4 项以上的国家自然基金项目。共有 3 人获得国家杰出青年基金项目支持，相对于其他数理学科人数偏少，高水平的科研工作有待继续努力。GIS 教育工作者科研素质与能力不断提升，从而也有利于 GIS 人才培养质量的逐步提高。

优秀教材和高质量学术著作，是教学和科研长期积累的成果，是高校教师软实力的重要体现。本次调查对近 5 年内我国出版的 GIS 专业教材按类型进行了分类统计，共统计有 200 多本，约有 75% 的高校出版或者参加编写了教材，这些教材大致可以分为 3 类：原理类教材、技术方法类教材、应用类教材。出版社包括了高等教育出版社、科学出版社、武汉大学出版社、测绘出版社、清华大学出版社、水利水电出版社、电子工业出版社、机械工业出版社 7 个主要出版社。在统计的出版书目中，地理信息系统专业的教材有 127 本，对各类型的教材进行分类统计得到：原理类书占 40.16%、应用类书占 26.77%、技术方法类书占 33.07%。一定数量高质量教材不断出版，普通高等教育"十一五"国家级规划教材共有 39 本，其中 GIS 占 43.59%。虽然在普通高等教育"十二五"国家规划教材中未有专门的 GIS 教材，但相关学科如测绘学已有多部著作。由图 10 分析得：原理性类教材和技术方法类教材比较多，应用类教材相对较少。在"十二五"规划教材中，可适当增加这些类型的教材出版，使得地理信息系统学科在理论发展的同时，能够提供学生以相应的开发与实验类书籍，更好地掌握学科前沿理论。

专业课程直接影响了学生能否深入掌握专业知识、锻炼专业技能。就 GIS 专业近几年的学科课程建设情况调查来看，主要涵盖了 GIS、测绘、地图、遥感在内的地理信息系统类专业。经统计，地理信息系统类国家级精品课程共有 26 门，其中地理信息系统国家级精品课程 5 门，测绘类国家级精品课程 11 门，地图学国家级精品课程 2 门，遥感国家精品课程 3 门。在这 26 门国家级精品课程中，有 11 门国家级精品视频课程。此外，地理信息系统类国家级双语教学师范课程总共有 3 门。我国地理信息系统专业的课程建设取得了阶段性的进步，为我国高校 GIS 学科的教学与发展奠定了基础。但对于全国性、普及性地 GIS 教学，这些课程的建设量还未达到最佳的数量，还需国家学科带头人、国家教学名师等大家的倾力推动，以及青年教师的努力才能使得地理信息系统学科迈上一个新的台阶。

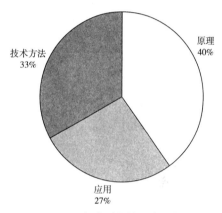

图 10　各类型书籍所占比例

（四）学生发展情况

1）本科生参加实践及大赛情况。GIS 作为一门注重开发应用的工具性学科与技术，对于学生动手实践能力以及创新能力要求较高。积极鼓动学生参加各类专业比赛是锻炼学生实际操作能力、激发学生创新能力的有效途径。据统计，所调查高校中有超过 70% 的院校参加省级以上 GIS 相关比赛并获奖。其中参加较多的赛事有 Esri 全国 GIS 软件开发大赛、各省"挑战杯"、大学生课外学术科技作品竞赛、全国高校 GIS 应用技能大赛、"超图杯"全国高校 GIS 大赛等。ESRI 举办的赛事每年都有 150 所院校，2000 余名师生参加，Surper Map 举办的比赛每年约 150 所院校，2000 余名学生参加。参赛院校在开设地理信息系统专业的院校中比例约 75%，参赛学生人数比例不大。参加大型政府组织的比赛情况，以教育部举办的挑战杯大赛为例，与其他学科相比，每年参赛的与地理信息系统相关的优秀作品比例较小，占数理类 20%，信息技术类 12.5%，地理信息系统专业学生的创新能力和动手能力还有待提高。另一方面，获奖院校集中在 40 所院校中，超过 70% 的院校从未获奖，甚至从未参加过挑战杯，这反映出有些院校对于学生创新热情的引导欠缺，对于创新与实践能力的培养不够重视，不同院校之间学生的创新与动手能力差距较大。综上可以看出部分院校对于学生的实践动手能力培养工作欠缺，缺少对于学生创新的热情和能力的培养。

2）本科生就业情况。学生就业率是对反映不同专业人才的社会需求以及人才培养质量，也是本次调查重点关注的方面。调查项目包含本科生一次性签约率和就业单位与本专业相关的比例两项，调查结果如图11所示。其中，一次性签约率为100%的院校有9%，有半数以上的院校能够达到80%。但是，同样也有13%的院校该项低于50%。让人担忧的是，GIS专业本科生就业单位与本专业相关的比例并不高，其中仅有49%的院校能够达到80%以上，19%的院校毕业生中有一半以上从事与本专业无关的行业。由此可以看出：一方面GIS毕业生目前大于GIS产业市场需求；另一方面GIS高等教育还必须不断提高人才培养质量。

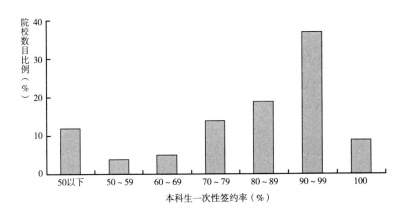

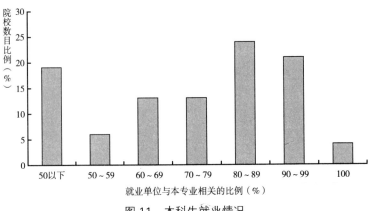

图11　本科生就业情况

3）本科生考研情况。GIS专业学生考研率相对较高。学生选择考研动机主要是自身提升需要，同时一定程度上也受到GIS专业就业状况的影响。因此，对于考研率的调查能够及时掌握人才培养需求，调整GIS专业人才培养模式和培养方向。图12反映了各院校参加考研学生比例和年均考研率的整体情况，其中这两项指标在 50% 以上的院校分别为 49% 和 22%，有低于 10% 的院校分别为 0 和 4%，整体来看，GIS 专业本科生考研率目前处于高热状态。

4）研究生科研情况。近 4 年，地理信息系统研究方向仅一人入选全国百篇优秀博士毕业论文。

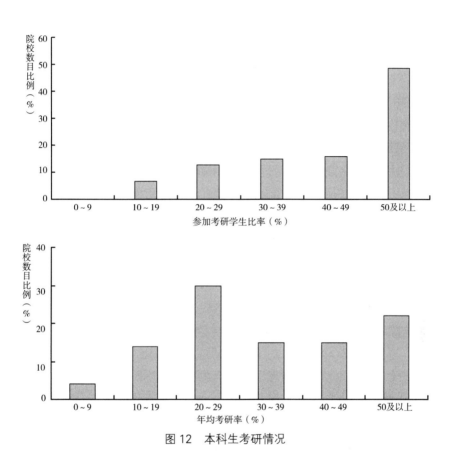

图 12　本科生考研情况

四、结论与展望

（一）专业发展迅速，招生规模偏大

21 世纪以来，随着 GIS 产业化不断发展的趋势以及社会对 GIS 认可度不断提高，GIS 技术应用逐步扩展到交通、规划、环境、农林等多个领域，社会对其的需求越来越大。GIS 技术发展与应用最终推动了 GIS 专业教育的跳跃式增长（安聪荣，2011）。众多高校纷纷组织师资力量增设 GIS 专业，已有 GIS 专业的招生规模不断扩大。应当讲，我国地

要认识到，我国 GIS 高等教育目前还存在高速发展带来的一系列问题与矛盾。其中，招生规模过大是问题之一。正如中国 GIS 协会前会长陈军教授在 2005 年所指出的（边馥芬，2004）："我国所培养的 GIS 学生比世界各地的总和还要多，这种现象在令人欣喜的同时也让人担忧"。毕竟专业开设和发展、招生规模变化要符合产业发展规律，需经过严格论证，盲目跟风可能导致泡沫经济、海市蜃楼，最终经不起社会的检验。

（二）人才层次不合理，市场供需存在矛盾

目前，我国 GIS 专业高等教育已形成了具有培养本科、硕士、博士、博士后以及留学生的完整教育体系，这对培养高层次的 GIS 人才奠定了坚实基础。在"21 世纪高校地理信息系统发展战略研讨会上"将地理信息系统的教育分为大众层、应用层、专业层和精英层（安聪荣，2011）。从目前来看，学生考研率较高，硕士、博士招生人数较多，导致精英层所占比例相对较大，而真正从事企业研发与应用的人才相对不足。与此同时，各高校培养单位师资、设备力量相差悬殊，导致培养的人才良莠不齐（常胜，2010），最终出现了学生在本专业领域就业率不高与企业找不到合适人才的尴尬局面。因此，各高校在进行专业建设时，找准人才培养定位，挖掘自身人才培养特色，提升师资力量，培养出 GIS 产业发展迫切需要的人才。

（三）支撑学科多样化，深化院校交流

我国 GIS 专业早期主要是从地理学和测绘学中分化出来的。21 世纪以来，各大高校结合自身学科背景开设 GIS 专业，使得 GIS 专业人才培养呈现出多元化格局。GIS 专业支撑学科差异就导致了不同院校在人才培养方案侧重点不一样，课程设置表现出具有明显的"母系"特征（陈军，2004）。在这样的情形下，各高校应该根据自身特点，面向 GIS 产业发展的不同需求，量身定做特色人才培养方案，培养面向基础研究及行业应用的 GIS 专门人才（邓运员等，2011）。如计算机背景院校应该注重学生 GIS 开发能力培养，地理学背景院校适宜提升学生应用 GIS 解决地学问题的能力，测绘背景院校加强培养学生空间数据获取及处理能力。这样既能发挥不同高校自身优势，又能满足市场对不同类型不同层次 GIS 人才需求。另外，不同院校之间也应该深化交流，更好地了解 GIS 产业对 GIS 人才培养新变化，避免 GIS 人才培养市场脱节，做到 GIS 教育资源共享与优化配置。

（四）打造特色教学团队，完善立体化教学模式

团队教学是很多国家当前大力提倡的一种教学组织方式，是不同知识背景、不同年龄

层次、不同学历水平的教师为了共同的培养目标而结合在一起的组织，为教师之间的交流互动提供良好的平台，加强教育资源团队整合能够发挥意想不到的教学效果。根据 GIS 专业具有支撑学科多元化以及应用领域多样化的特点（杜培军等，2007），更加需要打造优秀特色教学团队。同时，用新教育理念、新技术手段、新教学方法，将教师和学生、理论教学与实践教学、教学与考核紧密结合起来，构建一个完整的、丰富的、互动的课程系统的立体化教学模式，以推动 GIS 专业人才培养质量的全面提高。

参 考 文 献

［1］ Tang Guoan，Dong Youfu. Geo-spatial Information Technology Education in China, Present and Future ［A］. Proc. of ISPRS, 2008.

［2］ 安聪荣. GIS 专业地理基础类课程教学内容的改革［J］. 长春师范学院学报（自然科学版），2011, 30（2）：93-95.

［3］ 边馥苓. 我国高等 GIS 教育：进展、特点与探讨［J］. 地理信息世界，2004, 2（5）：16-18.

［4］ 常胜. 资环专业地理信息系统课程教学改革研究［J］. 中国现代教育装备，2010（17）：76-78.

［5］ 陈军. 中国地理信息系统理论与方法第二届会议论文集［C］// 南京师范大学出版社，2004.

［6］ 邓运员，何清华，郑文武. 高师院校 GIS 专业人才培养模式的优化［J］. 衡阳师范学院学报，2011, 32（3）：147-151.

［7］ 杜培军，李京，张海荣，等. 从 UCGIS 地理信息科学技术知识体系谈地理信息系统专业教育［J］. GIS 高等教育，2007, 8（4）：54-61, 80.

［8］ 郭锦霞. 浅谈 GIS 人才的教育培养［J］. 内蒙古科技与经济，2011（17）：24-25.

［9］ 胡圣武，侯红松. 论 GIS 专业高等教育的问题及解决的方法［J］. 测绘科学，2009, 34（1）：230-232.

［10］ 黄解军，袁艳斌，詹云军. 高校 GIS 专业实验教学模式改革与创新［J］. 理工高教研究，2007, 26（4）：122-123.

［11］ 黄解军，袁艳斌，张晓盼，等. 面向地理信息系统（GIS）专业创新型人才培养的教学改革与探索［J］. 大学教育，2013：93-94.

［12］ 黄木易. 非 GIS 专业地理信息系统课程教学改革及优化实践［J］. 农业基础科学，2011（10）：11-12, 16.

［13］ 柯新利，黄莉敏，刘蓉霞. 地理科学专业 GIS 课程教学方法研究［J］. 咸宁学院，2011, 31（6）：106-108.

［14］ 李波，刘青利. 地理科学专业中 GIS 课程教学方法探讨［J］. 现代商贸工业，2010, 19：259-260.

［15］ 李朝奎，王利东. 不同学科背景下 GIS 专业建设的探讨［J］. 当代教育理论与实践，2011, 3（4）：93-95.

［16］ 李亚丽，刘立平. GIS 专业和资环专业中地图学教学改革研究［J］. 山西建筑，2011, 37（27）：235-236.

［17］ 刘国栋，王政霞. 案例教学法在 GIS 原理教学中的应用与实践［J］. 矿山测量. 2011, 6（3）：90-90.

［18］ 罗明良，汤国安，周旭，等. 我国大学高校地理信息系统教育发展与空间分异分析［J］. 地理信息世界，2009（6）：27-33.

［19］ 罗小波，刘明皓. 从社会需求角度探讨 GIS 专业人才实践能力的培养［J］. 信息系统工程，2011, 7（20）：100-102, 104.

［20］ 马千程，闻国年. 国内外高校地理信息系统专业课程设置及比较［J］. 山东师范大学报（自然科学版），1997, 12（2）：230-235.

［21］ 齐述华，罗小平，舒晓波. 我国不同学科背景下 GIS 专业培养方案的比较研究［J］. 测绘与空间地理信息，2009, 32（1）：4-7.

［22］ 秦其明，董廷旭. 中国高校地理信息系统专业发展问题探讨［J］. 中国大学教学，2011（5）：34-37.

［23］唐桂文，余旭，张兴福．"地理信息系统"课程内容与实验教学探讨［J］．广东工业大学学报（社会科学版），2010,7（10）：188-190.

［24］唐桂文，余旭，张兴福．GIS课程内容与实验教学探讨［C］//广东省测绘学会第九次会员代表大会暨学术交流会论文集，2010.

［25］涂超．应用性GIS课程教学内容研究［J］．福建电脑，2010,（8）：18-20.

［26］王行风．地理信息系统专业教育研究初探［J］．教育研究，2009,（19）：289.

［27］王平，刘慧平，潘耀忠．中国地理信息系统教育现状分析与政策建议［J］．地理信息世界，2003（4）：12-18.

［28］邬伦，刘瑜，毛善君．GIS专业本科教学探讨——北京大学教学实例［J］．地理信息世界，2004,2（2）：27-30.

［29］吴德华，杨冰，陈奕，等．GIS专业本科生导师制的实施与探讨［J］．中国电力教育，2011,（26）：67-68.

［30］薛丽霞，王佐成，余嵃．认地理信息系统的多层次教育模式［J］．重庆邮电大学学报（社会科学版），2007,S1：180-182.

［31］杨树文，闫浩文，孙建国．地理信息系统专业教学实践与改革探索［J］．测绘科学，2011,36（1）：226-228.

［32］姚顽强，李崇贵，马庆勋，等．地理信息专业教学与教育改革研究［J］．技术与创新管理，2011,32（2）：195-198。

［33］尹珂，李孝坤．高校地理信息系统专业实践教学改革浅析［J］．科教文汇（上旬刊），2011,（19）40-42.

［34］袁峰，周涛发，岳书仓．关于地理信息系统教育的思考［J］．合肥工业大学学报（社会科学版），2002,16（1）：30-33.

［35］张萍，张柏．地理信息系统教育中的创造性思维能力培养的探讨［C］//中国地理学会2004年学术年会暨海峡两岸地理学术研讨会论文摘要集，2004.

［36］张秀凤，张玲，朱海燕．在西部落后地区开展地理信息系统教育的方法探讨［J］．教育教学．2009（9）230-231.

［37］赵冠伟．地理信息系统设计与开发课程教学质量优化探讨［J］．实验室科学，2011,14（4）：14-16.

［38］郑朝洪．高校GIS教育方向探讨［J］．测绘与空间地理信息，2008,31（5）：221-223,228.

［39］郑贵州，吴信才．对面向21世纪地理信息系统教育的思考［J］．中国地质教育，2001（4）：54-56.

［40］郑贵州，赵雷．地理信息系统（GIS）专业实践教学系统构建［J］．测绘科学，2010,35（5）：250-253.

［41］郑贵洲，晋俊岭．地理信息系统课程教学团队建设［J］．测绘与空间地理信息，2012,35（8）：1-4.

［42］郑贵洲，吴信才，晁怡．面向异构环境的GIS课程教学团队构建［J］．测绘通报，2008（9）：72-75.

［43］周立，刘付程，费鲜芸，等．GIS创新应用能力本位教育模式的探索与开发［J］．测绘通报，2011（9）91-94.

撰稿人：汤国安　杨晓梅

ABSTRACTS IN ENGLISH

Comprehensive Report

Recent Progress and Outlook of Cartography and GIS

1. Preface

Geographical Information System (GIS) was enlightened in the 1960s. It is developed to acquire, process, and analyze geospatial information and data; an interdiscipline combining geographical science, survey science, information science and other disciplines. As the foundation of GIS, cartography is a long lasting subject that has almost equal history of human culture. Cartography and GIS have been categorized as the subordinate of Geography in China. This report focuses on the research development and the overall situation of Cartography and GIS in the last two years, and includes their summarized development for the past five years. With close relation and deep penetration, Cartography and GIS can be taken as the two aspects of one discipline which will be further introduced and discussed in this report.

2. Recent Progress

As a frontier subject, the development of Cartography and GIS is driven by the science and technology planning and market demand. With the support from National Natural Science Fund Committee, Chinese Academy of Sciences, the Ministry of Education and others, the theoretical research of Geographical Information Science has made considerable developments. Also with support from Ministry of Science, the Development and Reform Commission, the Chinese Academy of Sciences and others, our domestic GIS software platform is improving and the brand recognition of GIS software is increasing, indicating a booming in the GIS industry. The GIS education in China has successively provided professionals to scientific research and industry.

2.1 Geographic Information Expression and Management

Geographic Information Expression is the basic subject of GIS research. The most outstanding research focuses on three dimensional (3D) representation and modeling, especially represented by Zhu Qing's and Lv Guonian's research team. Liu Gang etc. have presented a 3D spatial database model combining the spatial and the semantic relationship for the integrated management of aboveground and underground features. It supports various storage environments. Based on the ordinary 3D spatial model research, Yuan Linwang etc. have introduced the conformal geometric algebra（CGA）into GIS 3D spatial modeling, and effectively solve the inconsistency between the multi-expression of spatial data models and the analyzing frameworks, creating a new methodology.

Effectively manage large volumes of unstructured geospatial information is the basic direction of GIS research. Chen Rongguo and his research team, based on a systematically analysis of the relational database management system, have proposed a method to expand spatial data model inside the relational database kernel. This solves the eight kernel technical problems: high accuracy spatial database system space identification; spatial data storage; spatial indexing; spatial operators; space affairs; spatial query optimization; spatially distributed processing; and secured data space access. They have successfully built the first high security geospatial database management system in China. Wu Lixin etc. have promoted the concept of Earth System Spatial Grid（ESSG）. Meanwhile, based on the Sphere Degenerated-Octree Grid（SDOG）, they have designed a SDOG-ESSG model that satisfies the eight basic requirements.

2.2 Geographical Information Analysis and Simulation

Geographical simulation system is a technology used to simulate, predict, optimize and display complex systems. Li Xia etc. have designed the Geographical Simulation and Optimization System （GeoSOS）to simulate, predict, and optimize geography patterns. In digital terrain analysis, Tang Guoan and his team have proposed new concepts and discussed the terrain index scale effect and scale deduction, the terrain information of digital elevation model, terrain scale similarity measurement methods, and built the parallel computing analysis platform Spatial sampling and interpolation is a basic feature of GIS. Wang Jinfeng etc. have developed the spatial sampling theory system for heterogeneous land surface, and proposed the Trinity Theory for spatial sampling. The theory includes the Modeling Spatial Means of Surfaces（MSN）, the Biased Sentinel Hospital based Area Disease Estimation Model（B-SHADE）, the Single Point Area Estimation（SPA）Model, and the Sandwich Model for heterogeneous surface interpolation. For typical spatial data interpolation and modeling, Yue Tianxiang and his team, based on the fundamental theorem of surfaces and combined with Gauss-Codazzi equations, have generated numerical methods by applying uniform orthogonal mesh on the simulation region, and build the High Accuracy Surface Model（HASM）.

Marine geographic information modeling and analysis is fundamental in marine geographic information system. Zhou Chenghu, Su Zhenfen etc., have proposed a spatial and temporal modeling strategy based on the classification and abstraction of processing object, and designed a raster-based spatio-temporal hierarchical data model. They successfully applied it in marine spatio-temporal process database system analysis.

In spatial data mining and knowledge discovery, Pei Tao, Zhou Chenghu etc. have established the theoretical model and methodology to apply multi-scaling decomposition for any spatio-temporal point process data.

2.3 Map and Geospatial Visualization

Adaptive visualization is fundamental in mapping research. Wang Yingjie, Chen Yufen, Ai Tinghua etc. have explored the theory of adaptive visualization mapping, and proposed a method for applying variable scaled design, map features and layered details on small screen and navigation. The virtual geographic environment aims to achieve the simulation and expression of the geographical environment, and change the traditional methodology. Gong Jianhua, Lin Hui, You Xiong etc. have proposed a theoretical framework for virtual geographic environment research, and developed the virtual battlefield analysis system. Lv Guonian etc. have discussed the overall framework and function for geographic analysis based virtual geographic environment. Li Deren, Gong Jianya etc., analyzing from three different aspects: the basic principle, the technical content, and the expression form, have proposed the geospatial information 3D visualization technology based on graphics and image information. They have also developed the massive visualization software Geo-Global.

2.4 GIS Technology and Software

The fundamental application software is important for GIS industry. Since 1987 the first international version of ArcInfo was introduced to China, the GIS technology has made rapid progress. Experienced the import, digestion, absorption and re-innovation, the domestic GIS software have gradually turned into strong brands. They are widely applied in national resources, surveying, environmental protection, infrastructure management, and other industries, and entered into the international market. The success of domestic GIS software platform strengthen the GIS software research and development level in China, making it comparatively equal to the international standard, and help to enhance the national strategic security.

2.5 Geographical Information Services and Applications

GIS is firstly applied in the resources and environmental information system in China, making it relatively mature. The National Water Information System, the National Soil Environmental Quality Information System, the National Land and Resources Map have been put into services. Geographical conditions monitoring, smart city, public health and hygiene have become new focuses. The location service, navigation, education, entertainment, consulting and more information service industries are emerging. The Baidu Map and Tencent Map have been providing the public with comprehensive services. In a new era of big data and cloud services, building a new GIS system for the integrated "data—model—software", promoting personalized map services and the application of spatial knowledge, give us the opportunity to interactively develop cartography and GIS.

3. Comparative Study

GIS emerged during the 1960s in the United States (US) , and was introduced into China in the 1980s. The US leaded in the fundamental theory studies in GIS. The US has carried out GIS basic theoretical research, advocacy geographical ontology, spatial relational language, large spatial database, and spatial data quality visualization. ESRI has cooperated with several universities to establish a variety geospatial analysis programs. Compared with the US, the GIS theoretical research started late in China. We have effectively started GIS researches in recent years, including spatial sampling and interpolation, spatial analysis and data mining, system modeling and simulation, spatial data uncertainty and accuracy analysis. Now, the GIS research in China and US are all focusing on the frontier subjects.

The GIS software and technology in China are moving on a new stage. The SuperMap and MapGIS series have occupied 60% of domestic market and entered into international market. GIS in China is facing opportunities to expand. We have synchronized with the US to create new generations of GIS software for big data and cloud service. The establish of the first high security spatial database management system BeyonDB, the initialization of two high performance GIS platforms gDOS and HiGIS, shows that GIS has successfully developed in China.

4. Further Development and Perspective

After 50 years of development, Cartography and GIS have entered into a development stage focusing on geographical information service. Massive dynamic data access, integrated management, integration processing, intelligent analysis, personalized graphics and knowledge sharing become popular research directions. The emerging of a new era of GIS and spatial information system, the development of GIS towards processing, networking and integration, the development of distributive massive spatial data management system, the geographical information services, and the cloud based geographical information calculation, have become the frontier and trend of GIS development in China.

Written by Zhou Chenghu

Reports on Special Topics

Progress of Geospatial Cognition and Geospatial Expression

In this part, lately literatures of our country on geospatial cognition, geospatial expression were analyzed, and the research results were summarized from the standpoint of geospatial cognition, geospatial expression and geospatial cognition application. Geospatial cognition put its key research topics on cognition map and mental map, geospatial cognition based on map, geospatial cognition based on virtual geographic environments, geospatial cognition based on natural language and particular character of people oriental geospatial cognition. The key topics of geospatial expression were the expression of spatial relation, spatial relation reasoning, geospatial knowledge expression and map expression for particular character of people. Geospatial cognition application research mainly included geospatial information application based on geospatial cognition and spatial cognition ability training of young people. Next six research topics were proposed in the end, include dynamic geospatial information cognition and expression, multi-dimensional geospatial information cognition and expression, spatial decision oriental geospatial cognition and expression, spatial cognition ability training, machine oriental geospatial cognition and expression, and geospatial cognition and expression for unconventional geographical environment.

Written by Hua Yixin, Wu Lixin, Ben Jin

Progress of Geographic Information Acquisition and Integration

Geographic information is information about places on the Earth's surface, and knowledge about where something is or what is at a given location. Remote sensing techniques is the most available way to acquire geographic information, using sensors onboard, airborne (aircraft, balloons) or spaceborne (satellites, space shuttles) platforms. With the development of hardware technology and software processing, other ways to obtain geographic information have been presented, such as the indoor-outdoor location system, sensor network, underwater sensor, volunteer information system and geospatial information service discovery. In addition, the spatial sampling methods and the quality control techniques can be considered as the way to generate geographic information based on other datasets. Owing to the characteristics of multi-source and heterogeneous for the obtained spatial data, the integration of geographic information has been researched widely. For the integration of multi-source remote sensing images, many fusion methods have been proposed, such as the fusion of multi/hyper spectral image and panchromatic image, or the fusion of optical imagery and SAR image. To solve the problem of heterogeneity, such as the data from image based sensor and non-image based sensor, the ontology based methods have been investigated deeply. The management of spatial data is also important, including the interoperability, storage and organization of spatial data. Overall, the tendency is to obtain geographic information generated by different sensors and construct the intelligent geographic information integration network. Moreover, the techniques of real-time update and analysis for spatial data and the framework of trust in spatial data and modeling should be developed.

Written by Tong Xiaohua, Tang Xinming

Progress of Geographical Information Modeling and Analysis

Geographical information is all of the useful knowledge of geographical entities related to their properties, characterizations and motion states. Geographical information analysis is a process of information mining based on geographical knowledge, through which new knowledge about geographical entities can be obtained. The geographical information model is the object of geographic information analysis. Thus, geographical information modeling is the foundation of geographical information analysis. It is the main component of geographical information representation, while geographical information representation is founded on geographical information cognition. Therefore, the cognition, representation, modeling and analysis of geographical information facilitate obtaining new geographical knowledge through abstracting and analyzing geographical information. Among these processes, the cognition and representation of geographical information are in the conceptual level, while the modeling and analysis of geographical information are in the implementation level. In recent years, geographical information modeling and analysis have advanced significantly along with the fast development of computer and internet technology. This chapter reviews the progress that the Chinese scientists have made in the recent five years regarding the theories and methods of geographical information modeling and analysis; thematic geographic information modeling and analysis and the application of the geographical modeling and analysis. The frontiers of geographical information modeling and analysis are reflected by three aspects, i.e., ① the trends of authenticity and popularization; ② the challenges in the era of "big data"; ③ the promotion of the expansion of the application of GIS technologies. The further development of geographic information modeling and analysis highly rely on the compatibility, the reliability and the prediction ability of the modeling and analysis of geographical information.

Written by Lan Hengxing, Yang Chongjun, Li Baolin

Progress of Geocomputation

Geocomputation is the application of computing technology in association with math- physical sciences and geographical knowledge for understanding complicated geographical phenomenon and processes though quantitative analyses and simulations supported by computational science and technology. Geocomputation is a typical interdiscipline involving traditional geography, remote sensing, geosciences and computational sciences. Diverse efforts have been made to promote the development of geocompuation since the concept had been proposed twenty-years ago. With the rapid development of "big data" and "cloud computing" in the computational sector, the theoretical frameworks and methods employed in geocomputation should change correspondingly as well in both aspects of the connotation and extension. Geocompuation therefore becomes an increasingly important field in geosciences owing to the potential applications in multi-source and crowd-sourced spatial data mining. Investigating the new developments in both the theoretic bases and methods in geocompation and extending its further applications in geographical studies are crucial for promoting the growth of geographical information science in our country.

Written by Ma Ting, Su Fenzhen, Zhang Yu, Fan Junfu

Progress of Mobile Geographical Information Systems and Location Based Services

Geographical Information Systems (GIS) and Location based services (LBS) are the important streams of GIS, and have moved a big step forward in China in the last five years. This report summarizes the outstanding progress in the mobile GIS and LBS in China, and lists the road map in the near future at the end of this report. The report introduces the outstanding progress in several aspects in mobile GIS and LBS. As the geospatial data and positioning are two important points, the report firstly presents the progress in the fusion of crowd–sourcing geospatial data (e.g., volunteer geographical data) and the positioning of mobile objects. Then, the research in modeling indoor environment is also described. As far as geospatial data management and analysis are concerned, the management of mobile objects including mobile objects modeling, inquiry of mobile objects, and so on is also presented. On the one hand, the mining of mobile objects trajectory data and the mining of internet based geographical data are reported and evaluated as well. Knowledge deduced from the trajectory data and the internet consists of the important input to LBS. On the other hand, issues related to the location based pushing services and data privacy in LBS are presented, showing two main research topics in the field of GIS. Finally, the outlook of mobile GIS and LBS and several research issues are summarized at the end of this report.

Written by Lu Feng, Yang Bisheng

Progress of Geospatial Data Sharing and Services

As an essential feature of human society, Sharing makes mutual benefits possible between people. Especially in the geospatial field, the role of sharing is very significant because it is rather costly to collect geospatial data while large amount of applications require such sort of data. Therefore, sharing can reduce the cost of reusing geospatial data. It should be noted that sharing does not mean totally free of charge. It depends on the business model, use case and concrete application scenario of geospatial data sharing. The topic of geospatial data sharing and services are related to several research problems of both industrial and academic fields. It covers a wide spectrum of topics from theories, principles, standards, technologies, implementations, applications, and etc. In China, great achievements have been made in recent years in terms of geospatial data standards, geospatial information sharing and services, geospatial information service platform for public, and etc. With the rapid development of emerging information technology, such as high-performance computing, cloud computing, big-data analysis and processing, more and more attentions have been paid to the research and applications of large-scale geospatial data integration and geospatial information sharing service based on new-generation information technology infrastructure. This report covers the state of the art of geospatial information sharing and service, and depicts it in five aspects: ① geospatial information standards; ② geospatial data sharing and services; ③ geospatial information processing services; ④ composite geospatial information processing services; ⑤ geospatial information platform for public.

Written by Jing Ning, Wu Huayi, Wang Dan

Development of Geographic Information Visualization and Virtual Geographic Environments

Geographic information visualization is the basic function of GIS, which has evolved for more spatial information to support decision making in different contexts. Traditional GIS has always used the idea of visualization through map displays, in the recent years, combined with the high resolution remote sensed imagery, faster and adaptive visualization of global multi-scale image maps in the network has made considerable progress. Especially, the geographic information visualization of digital city is characterized by full three-dimensional representation of space, related 3D GIS techniques such as the large-scale 3D GIS database management and the real-time 3D photorealistic visualization have made a significant breakthrough. The copyright owned full 3D GIS platform software GeoScope and the first 3D city modeling standard of *Technical specification for three dimensional city modeling* have been released, and have been playing an increasingly important role in digital city as well as the virtual globe. With the development of computer graphics and information communication technology, geographic information visualization has been becoming an integration of multi-dimensional visualization, dynamic phenomenon simulation, and public participation, a kind of virtual geographic environments, which have been proposed as a new generation of geographic analysis tool to contribute to human understanding of the geographic world and assist in solving geographic problems at a deeper level. The challenging issues include the real-time access of dynamic observation, natural and human spatio-temporal process synthesis simulation, knowledge graph construction and geocollaboration.

Written by Zhu Qing, Lin Hui, You Xiong, Gong Jianhua,
Ai Tinghua, Zhang Liqiang, Wan Gang, Chen Jing

Recent Achievements and Development Trends of Cartography and National Atlas Compiling in China

In the last five years, the cartography development in China have faced the turning over period, which shows that it comes out from "low tide to high wave" with multi-medias presentation, new theories and new technologies creation. A lot of attentions from the different fields have been paid, from the basic theories, methodologies, and technologies to the platforms, productions, analyses, and applications of the cartography have taken considerable development. Meanwhile, traditional paper- and CD-ROM-based national and regional atlases have been transferred to interactive and dynamic map systems with multi-dimensions. Along with this transformation, the theories and methodologies developed for traditional paper-based maps have been updated and extended, thus brings about a lot of new map products, producing large amount of new intellectual patents and powerful new platforms. Finally, interactive maps not only play an important role in the development of the national economy and infrastructure construction, but also the development of modern cartography with the combination of digitization, intelligence, integration, and personalization.

Written by Wang Yingjie, Qi Qingwen, Zhang An, Li Hongsheng

GIS Professionals Survey for Higher Education Situation in China

Rapid development of GIS (Geographic Information System) technology related subjects and the urgent demand of the application domain of GIS, GIS professional in higher education in china has developed tremendously. At present, more than 170 universities set up GIS professional, the annual training GIS graduates reach nearly million people. In 2012, the "geographic information system" was renamed "geographical information science" in the undergraduate professional adjustment scheme of Ministry of education. It is bound to have a far-reaching impact on professional training objectives, training mode, training requirements etc. At present the main problems include: (1) With the rapid development of professional, enrollment scale is too large. (2) The talent level is not reasonable, the market supply and demand contradictions. Future it is needed to support GIS subject diversification, deepen the colleges' exchange, create characteristic teaching team, and perfect stereoscopic teaching mode.

Written by Tang Guo'an, Yang Xiaomei

索　引